九州発 食べる地魚図鑑

Edible Fishes and Shellfishes of Kyushu, Southern Japan

大富 潤 著

南方新社

はじめに

　みなさん,魚を食べていますか？　いつも同じ魚ばかり食べていませんか？
　日本列島の南に位置する九州は,四方を太平洋,東シナ海,日本海,瀬戸内海に囲まれ,多くの内湾を有します。そして沖合を黒潮と対馬暖流が流れます。九州近海には,暖海性のものを中心にとてもたくさんの種類の魚介類がすんでおり,それらを狙った伝統的な漁業が営まれ,各地の卸売市場には様々な魚種が水揚げされています。また,現時点では未利用ながら,食べてみるとおいしい魚もあります。これほど海の幸に恵まれた土地がほかにあるでしょうか？　ところが,残念なこともあります。私は小・中・高等学校で,あるいは一般市民の方々を対象に,海の生き物や水産業,食育に関する講演や漁業体験,公開講座を行う機会が多いのですが,毎回のように参加者から「このおいしそうな魚やエビはどこに行けば食べられるの？」と聞かれます。多様な水産資源がありながら,出合える場所,食べられる場所が少ないのです。
　その昔,日本人は近くの海で獲られるいろんな地魚を,それぞれが獲られる時期に食べていました。そして,鮮魚店にならぶ魚の種類が変わることで,新しい季節のおとずれを感じていました。地産地消があたりまえだった魚介類は,冷凍技術の発達や交通網の整備などで季節性や地域性を失い,いつでもどこでも手に入るようになりました。その一方で,鮮魚店やスーパーにならぶ魚介類は「多魚種少量」から「少魚種多量」へと変化し,私たち消費者はパックづめされて陳列台にならぶ少ない種類の魚の中から「本日の食材」を選ばなければならなくなりました。「今以上に多くの種類の地魚を水揚げし,鮮魚店にならべて欲しい。料理店で扱って欲しい。一人でも多くの人に魚を食べて欲しい。そして,一種類でも多くの魚介類を料理に使って欲しい。」本書にはそんな思いを込めました。
　ところで,魚は「骨が多く,形が複雑で調理が難しいもの」でしょうか？　プロの料理人でない限り,魚を上手にさばくのは難しいことかもしれません。でも,「自分で魚をおろすことができたら…」と思っている人も多いのではないでしょうか。上手にできなくてもかまいません。魚をさばくこと,それ自体を楽しんでいただきたいのです。まずは包丁を片手にトライしてみましょう！
　なお,本書の第2部に示した各魚種の地方名は九州各地での呼び名です。体サイズは最大のものではなく,手に入れやすいサイズです。また,入手のしやすさをA〜Fの6段階で示しましたが,これは九州全土での平均的評価で,局地的には異なる場合があります。味のレベル1〜5は私なりの評価です。いろんな魚介類をご賞味いただき,ぜひみなさんの舌でも評価してみてください。本書を片手に九州の魚介類の豊富さを再認識していただければ,この上ない幸せです。

2011年6月

著者

九州発 食べる地魚図鑑

Edible Fishes and Shellfishes of Kyushu, Southern Japan

目次

はじめに 3
体の各部の名称 5

第1部
地魚をおいしく食べる 9

魚料理の基本 10
地魚料理の簡単レシピ 38
地魚料理のとっておきレシピ 54

第2部
食べる地魚図鑑 57

魚のなかま 58
エビ・カニのなかま 179
貝・イカ・タコのなかま 201
ウニ,クラゲなどのなかま 227
海藻のなかま 231

付録　九州の伝統漁法 234
主な文献 248
索引 249
おわりに 253

体の各部の名称 ――― 魚類

魚介類の体は各部に名称があります。本書に出てくる名称を中心に図で示しましたので，確認しながらお読みください。

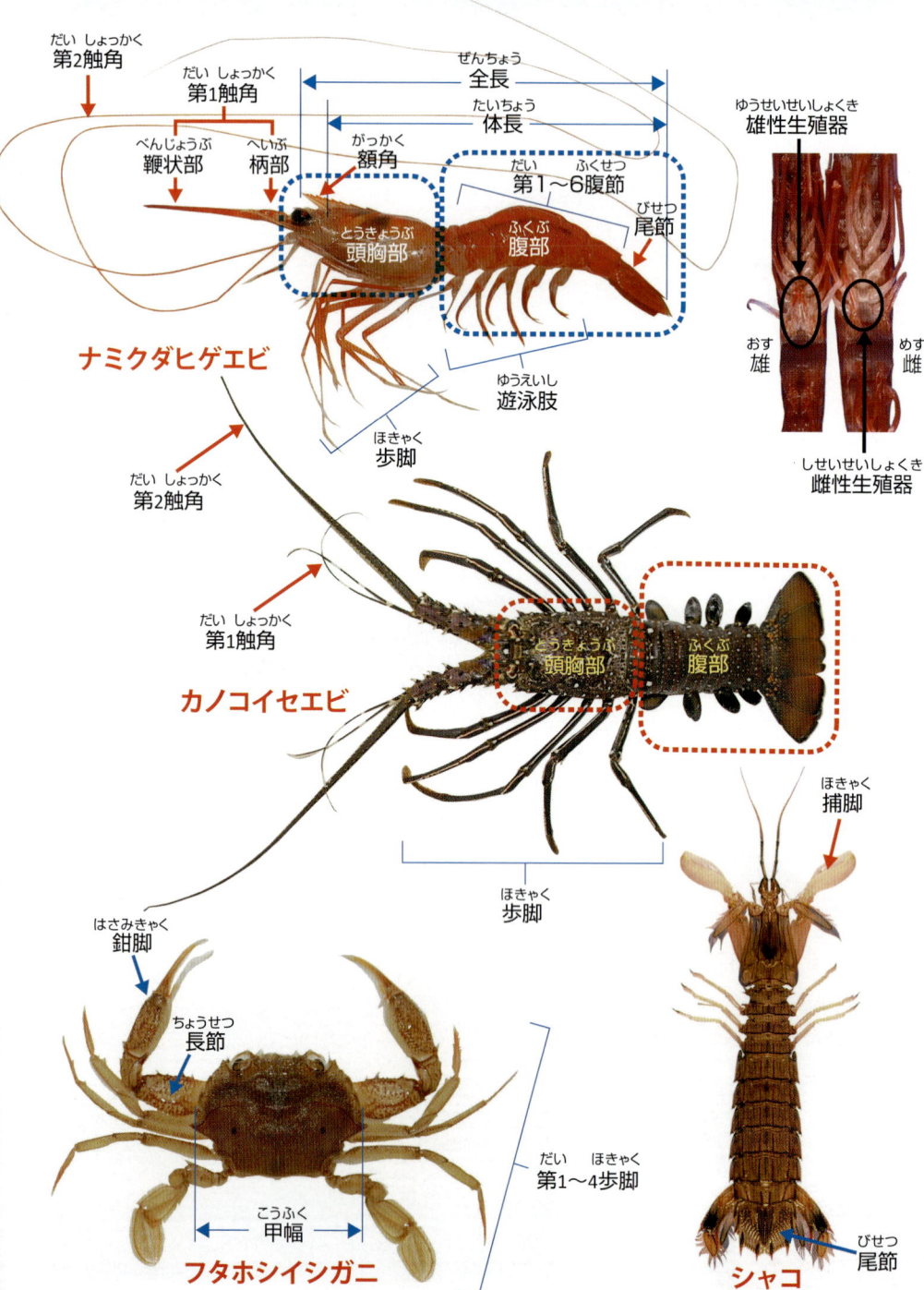

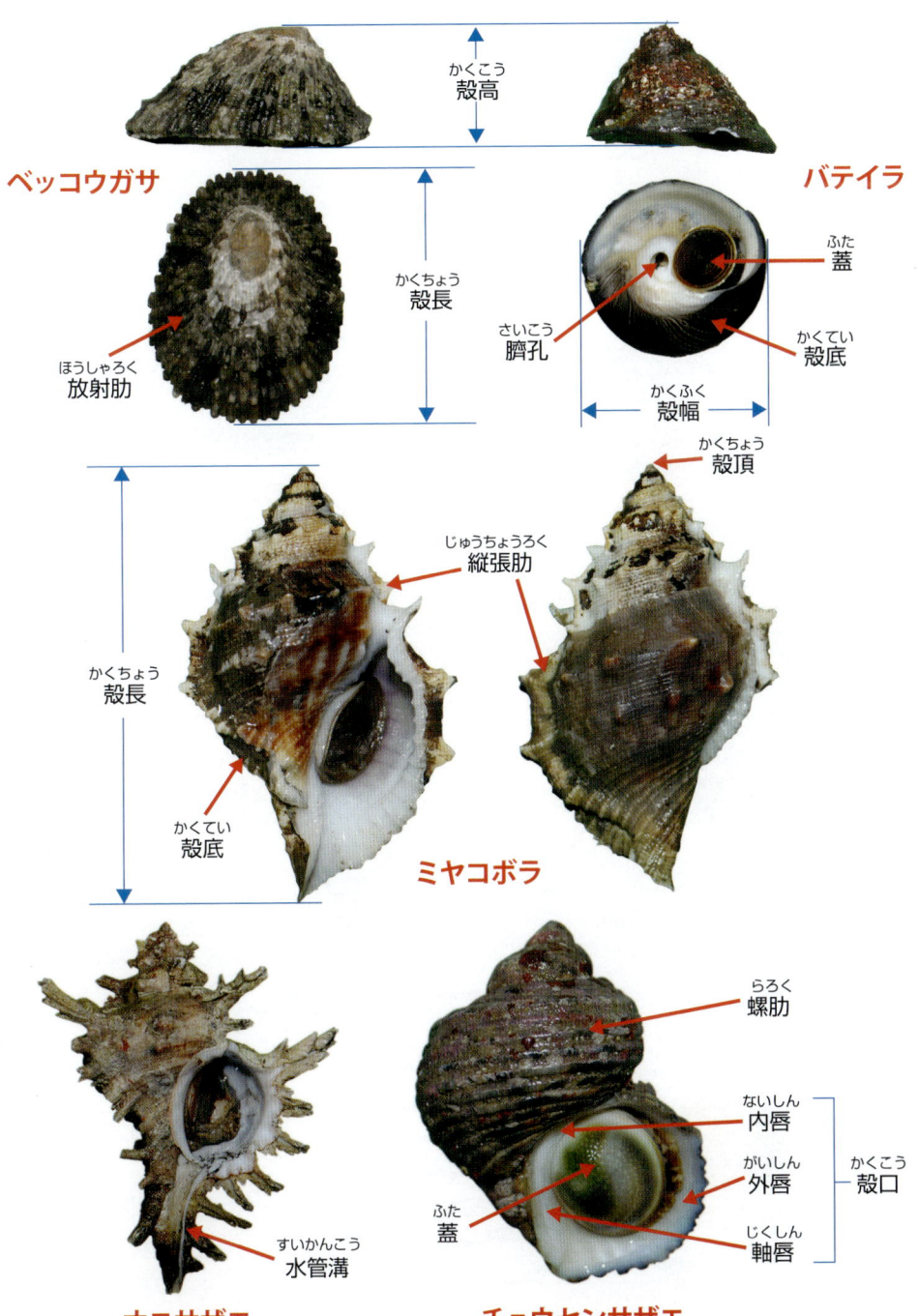

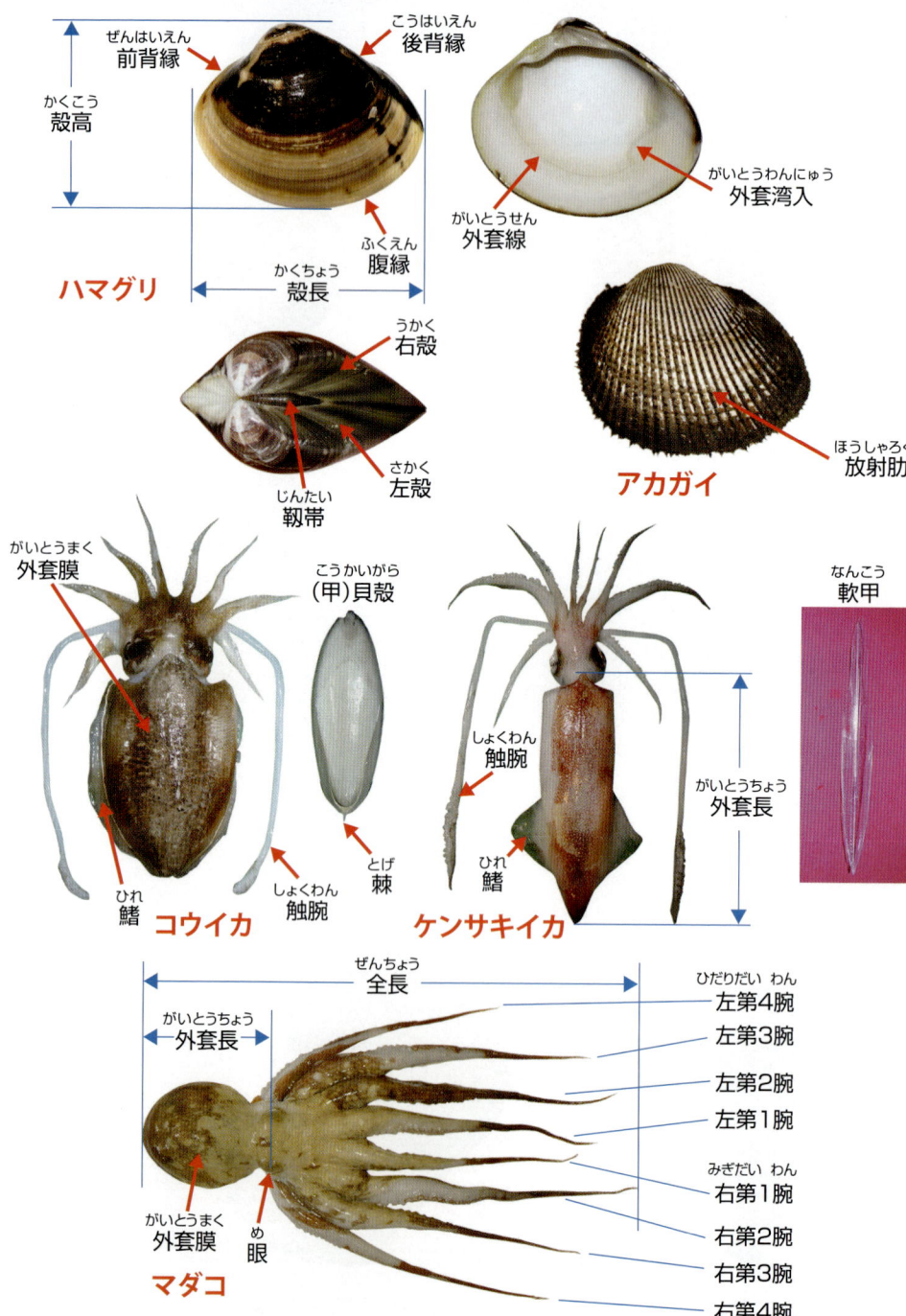

第1部
地魚をおいしく食べる

1. 魚料理の基本

さばき方から, 刺身, 茹で, 煮, 焼く, 揚げまで丁寧に手ほどき

2. 地魚料理の簡単レシピ

あなご丼やウッカリカサゴのトマト煮など, 75種類を紹介

3. 地魚料理のとっておきレシピ

これはおいしい！ ヒメアマエビのサモサなど5種類

魚料理の基本

魚をさばいてみよう！

三枚おろし

楽しく食べられれば，それで良いのです。完璧にできなくても大丈夫。まずはやってみましょう！

　魚は料理の前の下処理が面倒ですね。しかし，慣れてしまえば「あたりまえのこと」としてできるようになるはずです。また，自分で釣った魚を自分で料理することができれば釣りの楽しさも倍増するのではないでしょうか。もちろん，プロの料理人でない限り，完璧にさばく技術は必要ありません。自分自身が，あるいはご家庭で，おいしく楽しく食べることができればそれで良いのです。私も失敗を重ねて上手になっていければと思っています。まずはやってみましょう！

　基本は三枚おろしです。包丁とまな板のほかに，鱗取り器を用意しましょう。

鱗取り器

あると便利

❶ 表面のぬめりと鱗を取り除きます。魚はハマダイです。

❷ 両側の胸鰭の後方に切れ込みを入れ，頭を切り離します。

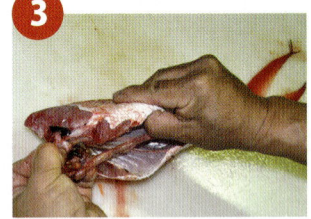
❸ 内臓を取り除いて一度洗います。

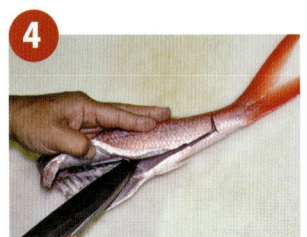
❹ 腹側から包丁を入れて中骨に沿って切っていきます。

❺ 背鰭の付け根にならぶ骨に注意しながら背側にも同様に包丁を入れます。

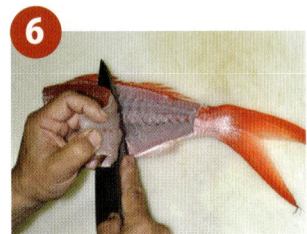
❻ 身を中骨から切り離します。

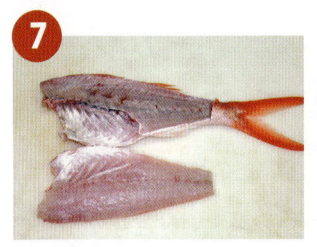
❼ この状態が二枚おろしです。

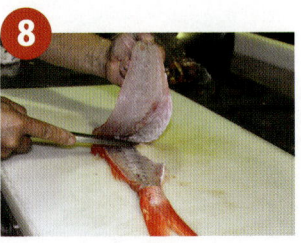
❽ もう一方の身も同様に切り離します。

❾ これで三枚おろしの完成です。いろんな料理にどうぞ。

魚料理の基本　魚をさばいてみよう！

カツオの三枚おろし

　カツオは九州ではとても身近な魚で，食べる機会が多いと思います。丸のままの鮮魚で売られていることもありますので，たまには自分でさばいてみませんか？　ほかの魚と少しさばき方が異なりますので，参考にしてください。

❶ 胸鰭後方から鰓蓋に向けて，鱗のある部分を薄くそぎ取ります。

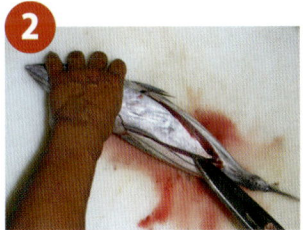
❷ 腹の部分を切り落とします。これが「腹皮」です。

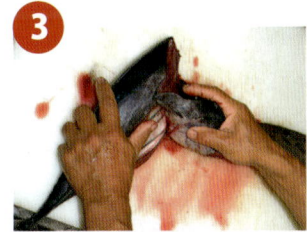
❸ 頭を落とし，内臓を取り除きます。

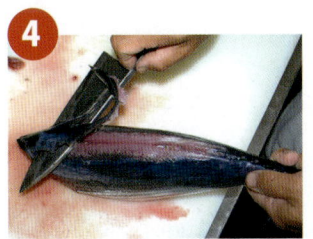
❹ 後方から前方に向けて背鰭を切り落とします。

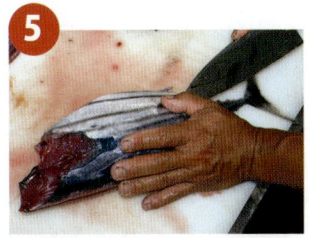
❺ 腹側，背側の両方から中骨に沿って包丁を入れます。

❻ 身を中骨から切り離します。

❼ もう片方の身も中骨から切り離します。

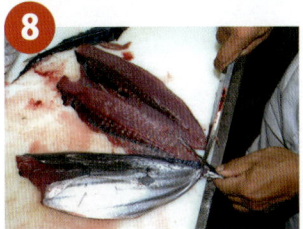
❽ 尾柄部を切り離して三枚おろしの完成です。

※ カツオは身割れのしやすい魚なので，自信があれば⑤〜⑦は魚をひっくり返さずそのままの向きで切ってみましょう。

---

column

五枚おろし　ヒラメやカレイの特別なさばき方

　ヒラメやカレイの仲間は著しく平べったい体形をしているので，三枚におろさず特別な切り方で処理をします。やや難しいですが，身と骨を切り離す前に前方から後方に向かって体の中央に切れ目を入れ，背側と腹側の身を別々に骨から切り離します。これを五枚おろしといいます。

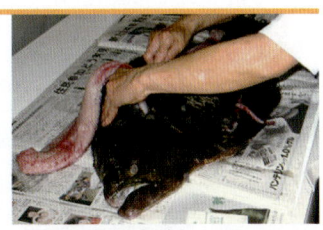
大型のヒラメをさばく

魚料理の基本

皮のかたい魚

　魚のなかには，カワハギの仲間やニザダイのようにかたい皮に覆われたものがいます。カワハギやウマヅラハギなどは皮がむかれた状態で鮮魚店にならんでいることもありますが，自分で釣った場合などには最初に皮をむかなければなりません。むき方は簡単です。

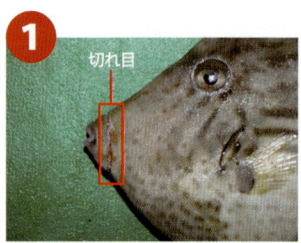

1 口の後方に切れ目を1周させるか口を切り落とし，背側と腹側に，後方に向かって少し切れ目を入れます。

2 前方から後方に向かって，手でていねいに両側の皮をはいでいきます。力を入れる必要はありません。

3 このような下処理のあと，料理に用います。頭を切り落としてから皮をむいてもかまいません。

ハリセンボン

　体中が針のついた"鎧"で覆われたハリセンボンは，一筋縄にはいきません。皮が厚いので，軍手をつけ，料理バサミで切り取っていきます。皮をむかれたハリセンボンはやや哀れな姿ですが，味は抜群です。肝もいっしょにいただきましょう。

1 まずは口の後方に切れ目を1周させます。

2 次に尾柄部に向かって腹側の中央に切れ目を入れます。

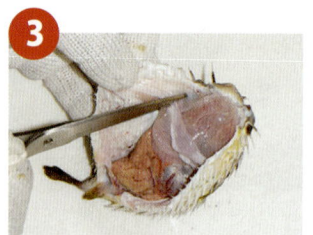

3 腹側から背側にかけて，身と皮をていねいに切り離していきます。

4 尾鰭の手前に切れ目を1周させます。

5 背側も同様に身と皮を切り離します。

6 最後に肝を取り出します。

棘に毒のある魚

　ミノカサゴやアイゴなどのように鰭の棘に毒をもつ魚は，まず料理バサミで鰭を切り取ってから料理します。

　エイの仲間には，アカエイのように尾柄部に毒棘をもつ種がいます。切り身を購入すれば問題ないですが，自分で釣った際にはこの棘に触れないようにしましょう。魚が動かないようにしっかりと固定して尾柄部から後方を切り落とすと良いです。

鰭を切り取ったアイゴ　　アカエイ　　ここを切る　　毒棘に注意！　　あると便利　　料理バサミ

アンコウ

　アンコウ，キアンコウは捨てるところがないといわれています。定番のあんこう鍋やから揚げ用はとにかくぶつ切りにしてしまえば良いのですが，体がぬるぬるぶよぶよしているので厄介です。豪快に吊るし切りをする料理屋さんもありますが，ご家庭ではまな板の上で解体するのが一般的です。けがをしないように包丁を入れていきましょう。

❶ 頭の後ろに包丁を入れます。

❷ 体の胴体部分の皮をむき，頭から切り離します。

❸ 内臓を取り出します。

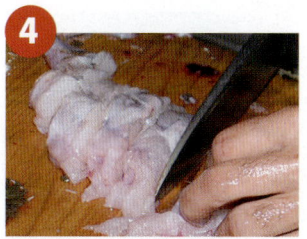

❹ 身の部分をぶつ切りにします。

❺ 頭部をぶつ切りにします。

❻ 皮や内臓を含め，余すところなくいただきましょう。

魚料理の基本

ウナギ，アナゴ

　ニホンウナギやマアナゴはすでに下処理されたものを購入するのが一般的ですが，自分で釣った場合や活魚が手に入った場合はさばくのを楽しんでみましょう！　プロの料理人は手早く処理しますが，ご家庭では上手でなくても，少々時間がかかってもかまわないと思います。さばきやすくするためのコツは，目打ちをすることです。また，生きの良いウナギは激しく動くので，静かにさせることも必要です。うなぎ料理店などでは弱い電気でウナギをしびれさせて静かにさせたりもしますが，ご家庭ではごく短時間の冷凍（凍結しないよう注意）などが有効だと思います。手順は以下の通りです。

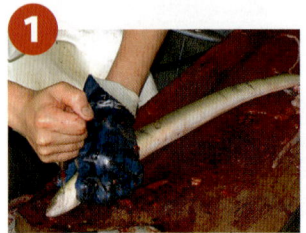

表面のぬめりをよく落とし，頭の後方に目打ちをします。家庭のまな板を使うのに支障がある場合は細長い板を購入しましょう。

中骨に沿って背中から切り開いていきます。腹側から開いても大丈夫です。失敗を恐れず思い切って包丁を入れましょう。

できる限り尻尾の先の方までしっかりと切り開いていきます。

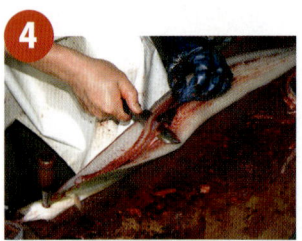

内臓を取り除き，十分に開いた状態で前方から後方へ向かって中骨を切り取っていきます。

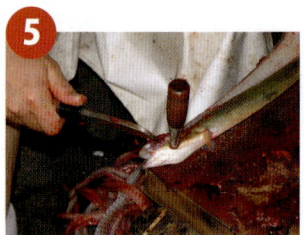

最後に頭部を開きます。切り落としてもかまいません。

開いた状態で白焼き（素焼き）や蒲焼きにします。加熱効果の高い炭火で焼くと旨味が増します。

タコ

タコも下処理が必要です。

まず，胴の部分を裏返して内臓を取り除き，元に戻します。これはマダコです。

表面のぬめりを取るために，やや多めに塩をふります。

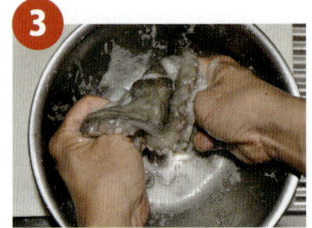

できるだけ長い時間，両手で丹念に塩もみし，流水で洗って表面のぬるぬるを取り除きます。

魚料理の基本　生で食べよう！

生で食べよう！

刺身の基本

魚の本来の味を楽しむには刺身がいちばん。自分でさばけば味も格別でしょう。マサバなどの小骨が抜き取りやすい魚は背側と腹側を切り分けず、腹骨をそぎ取ったあと骨抜きで小骨を抜き取ってもかまいません。厚さ5mm〜1cm程度の平造りにするのが基本ですが、ハタ類、ヒラメなどの白身の魚、新鮮で身がかたい魚は薄造りにします。姿造りには残しておいた頭、中骨と尾鰭を使います。

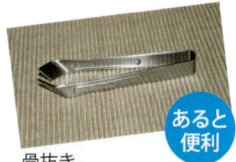
骨抜き

あると便利

❶ 三枚におろした身（10ページ）から腹骨をそぎ取ります。

❷ 中央に縦にならぶ小骨に沿って切ります。

❸ 小骨の列を切り取り、背側と腹側にわけます。

❹ 皮を引いてサクにします。ただし、湯引きや焼霜造りで風味を楽しむ場合は皮を残します。

❺ この状態がサクです。

❻ サクを薄く切れば刺身になります。

刺身の盛りつけ例

平造り（シマアオダイ）

薄造り（ヒラメ）

姿造り（マダイ）

魚料理の基本

マアジ

　魚を三枚におろしたあと，皮を引くのに四苦八苦したという経験はありませんか？　マアジのような小型の魚では，失敗しないためのコツがあります。三枚におろす前に皮をむいてしまうのです。しかも，包丁ではなく手で。初めての方はぜひお試しください。

①胸鰭の後方に縦に切れ目を入れます。

②背側に浅く切れ目を入れます。

③腹側も同様に切り，輪郭に切れ目が入った状態にします。

④前方から後方に向かって手で皮をむいていきます。

⑤最後に身と中骨を切り離します。もう片面も同様にします。

⑥これで三枚おろしの完成です。

キビナゴ，カタクチイワシ

　さらに小さいキビナゴは包丁を使う必要がなく，素手で刺身を作ることができます。慣れれば簡単。刺身よりも安価な丸のままのものを購入して自分で刺身を作りましょう！
　カタクチイワシもやわらかいのでキビナゴと同様に素手で刺身が作れます。スプーンで片身ずつすくい取っても良いでしょう。

カタクチイワシの場合

①まず，胸鰭の後方から頭を落とします。

②このとき，なるべく内臓もいっしょに取り除きます。

③腹側から指で割いて開きます。

魚料理の基本　生で食べよう！

内臓が残っていれば取り除き，身を十分開きます。

中骨をはずします。両手の親指の爪ではさむとやりやすいです。

中骨といっしょに尾鰭を取り除きます。

背鰭を後方から摘み取ります。

最後に水1ℓに塩大さじ1～2程度の塩水で洗います。

キッチンペーパーで表面の水分を取り除き，皿にならべます。

殻のかたいエビ

　イセエビやウチワエビなど殻のかたいエビは，以下の手順で身を取り出します。盛り付けの際には，身を取り出した後に残った頭胸部や腹部の殻も使いましょう。

まず下面の頭胸部と腹部の境目から頭胸部方向に包丁を入れます。料理バサミでもかまいません。

軽くねじりながら引っ張り，頭胸部と腹部にわけます。頭胸部の殻はよく洗って盛り付けに使います。

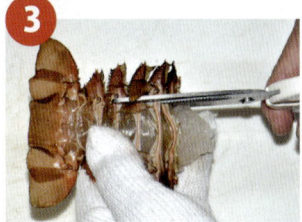
次に，腹部の身を取り出すために腹側の左右の縁に尾節の手前まで切り込みを入れます。

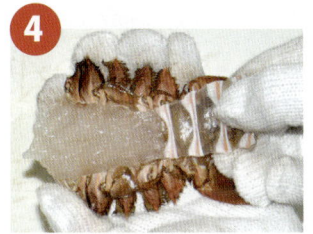
指で下面の殻をはぎ取ります。

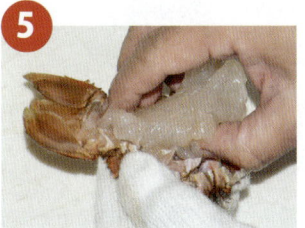
上面の殻から身をはずします。これで下処理の完了です。

身を氷水で軽く洗い，適当な大きさに切って盛り付けます。

 # 魚料理の基本

小型のエビ

　クルマエビ類などの小型のエビは，包丁や料理バサミを使う必要がありません。下の写真のように腹部（第1～5腹節）の殻をむき，つま楊枝で背わたを取り除くだけです。無頭にする場合は頭胸部といっしょに背わたも取り除くことができますが，これをマスターすれば"エビ料理の達人"です！　私はまだ失敗のほうが多いです
　ヒメアマエビのようなさらに小型のエビは尾節の殻も取り除き，1人分として数10尾程度を小皿や小鉢に盛り付けます。軍艦巻きのにぎり寿司や丼にしてもおいしいです。

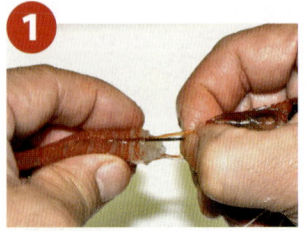
①頭胸部を腹部から切り離すと同時に背わたを引っ張り出します。

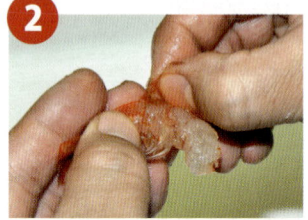
②第1～5腹節の殻をむきます。

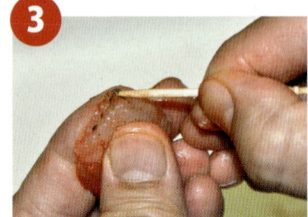
③残った背わたをつま楊枝で取り除きます。

刺身の盛りつけ例

ナミクダヒゲエビの刺身

ヒゲナガエビの刺身

ヒメアマエビの刺身

巻貝

　アワビやトコブシはまず塩でもんで表面のぬめりをとります。包丁で殻から軟体部を切り離し，洗ったあとに身を薄く切ります。内臓は軽く茹でると良いでしょう。
　サザエやヤコウガイなどの巻貝は，新聞紙で包んだ状態でかなづちで殻をたたき割れば簡単に軟体部を取り出すことができます。しかし，盛り付けなどで使うため殻を残したい場合は少し貝と"格闘"しなければなりません。洋食ナイフを用意しましょう。

①まずは蓋を下にしてしばらく放置します。

②少しでも蓋が開いたら洋食ナイフを蓋の左上付近に差し込み，殻に沿って左右に動かして身をかき出します。

③肝などが中に残った場合は指で出します。殻でけがをしないように注意しましょう。

魚料理の基本　生で食べよう！

身と蓋の間に洋食ナイフをさし，切り離します。

これで身が取り出せました。

あとはスライスして皿に盛り付ければ刺身の完成です。

カキ

　カキも巻貝と同様に洋食ナイフなどを使って身を取り出します。殻でけがをしやすいので軍手をつけましょう。また，カキはとにかくよく洗うことが大切です。

よく洗ったあと，左殻（平らなほうの殻）の先端部分を少しえぐり取ります。これはイワガキです。

そこから殻に沿って洋食ナイフを差し込み，貝柱を殻から切断します。そうすると簡単に左殻が取りはずせます。

もう片方も貝柱と殻を切断します。取り出した身をよく洗い，表面の水分を取ってからよく洗った右殻（深いほうの殻）にのせます。

---

column

活けじめと神経抜き　よりおいしく食べるために

　生きた魚をバタつかせずに即殺し，血抜きをすることで死後硬直を遅らせ，鮮度を保持することができます。これを活けじめといいます。目の後方，鰓蓋周辺に包丁を入れて延髄を一撃し，尾鰭の付け根にも切れ目を入れて血を抜きます。こうすることで，よりおいしくなるのです。

　さらに長時間鮮度保持ができる，究極の方法があります。神経抜きと呼ばれる"プロの技"で，鼻孔から針金かワイヤーをさし込み，中骨を通る脊髄を破壊します。難易度が高いので誰にでもできる方法ではないですが，後頭部に切れ目を入れれば中骨の断面が露出しますので，中央に丸く見える椎体の上方にある脊髄に直接さし込むことができます。

　同じ魚でも，このような処理でさらにおいしくいただくことができます。自分で釣った魚で挑戦してみてください。

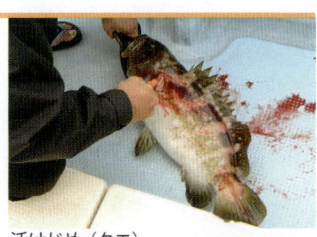
活けじめ（クエ）

"プロの技"神経抜き（スジアラ）

魚料理の基本

生うに

ウニの可食部分は生殖腺です。一般的には板の上にならんだ状態のものを購入してそのまま食べたり料理に使ったりしますが，奄美地方のシラヒゲウニ以外はミョウバンで脱水されていることが多いので，生きたウニを自分で割って食べるとひと味もふた味もちがいます。ただしウニの仲間は漁業権の対象になっていることが多いので，どこでも自分で採ることができるわけではありません。注意しましょう。

ウニの生殖腺を取り出すのは意外に簡単で，基本的には包丁などで縦に真っ二つに割ってスプーンですくうだけです。漁業関係者はウニを割る道具を自分で作っています。漁協の購買部などで市販のものを購入することもできますので，これを使えばさらに簡単です。

生うに（商品）

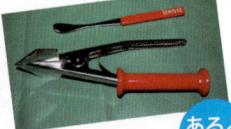
ウニ割り用の道具 **あると便利**

① ウニは肛門と生殖孔が上にあり，口が下にあります。口を上に上下逆さまに置き，道具の先端を軽くさします。

② レバーをにぎるときれいに2つに割れます。

③ スプーンで生殖腺をすくい取って水の中に落としていきます。

④ 生殖腺以外の部分を箸で丁寧に摘み取ります。

⑤ 最後に器に盛り付ければ生うにの完成です。これはアカウニです。

⑥ また，茶碗にごはんを盛り，きざみのりを散らした上にたっぷりと生うにを敷き，わさびを添えれば贅沢なうに丼のでき上がりです。

洗い

薄めに切った刺身を氷水にさらしたあとに盛り付けます。身が引き締まり，歯ごたえが良くなるとともに脂が除かれてさっぱりとした味になります。スズキなど，夏の白身魚に向きます。

ヒラスズキの洗い

肝和え

カワハギの仲間やマトウダイなど，肝が大きくておいしい魚は肝和えがおすすめです。肝をたたいて細かくし，醤油適量を加え，肝醤油を作ります。刺身にこれを和えればでき上がりです。

ただし，この料理は新鮮な魚に限られます。肝の生食はその日に獲られた魚を食べる場合だけにしましょう。

肝醤油（左）と刺身（右）

マトウダイの肝和え

湯引き

魚の湯引きには，皮がついた状態のサクを使います。皮を上にしてまな板に置き，ふきんをかけた上から熱湯を注ぎます。そのあとすぐに氷水にさらします。

エビは第5腹節まで殻をむいて背側，腹側ともに縦に軽く切れ目を入れ，背わたを取り除きます。さっと熱湯にくぐらせると表面が赤くなり，見た目もきれいになります。すぐに氷水にさらします。種によっては湯通ししてもそれほど赤くならないものもあります。

ふきんの上から熱湯をかける

すぐに氷水にさらす

ナンヨウキンメの湯引き

クマエビの湯引き

魚料理の基本

焼霜造り

　九州では「焼き切り」や「皮焼き」などとも呼ばれています。焼霜造りは皮を残したサクの状態で焼き目を入れます。焼け具合を判断するには，皮の上からつま楊枝を刺してみます。軽く貫通すれば食べたときに皮がかたく感じることはありません。カセットボンベ式のガスバーナーが便利ですが，使用上の注意事項を守って使いましょう。軽く焼いたらすぐに氷水にさらします。切って盛り付ければでき上がりです。

焼く

氷水にさらす

ハチビキの焼霜造り

背ごし

　小さくて刺身にはしにくい魚でも，背ごしにすれば生食が可能です。スズメダイやオキヒイラギなど，中骨のやわらかい魚が良いですね。鱗を取り除いたあと，頭と腹部の縁を切り落とし，内臓を取り出してよく洗います。あとは2mm程度の薄さで小口切りにし，氷水にさらせばでき上がりです。ポン酢に浸してもおいしいです。

スズメダイの背ごし

なめろう

　なめろうは千葉県房総地方の漁師料理ですが，最近は全国的に知られるようになりました。アジ類やトビウオ類などの青物を細かく切って刺身にします。魚1尾に対して白ネギ1/2本分，小ネギ1束分のみじん切り，生姜のみじん切り少々，味噌大さじ2を目安に用意し，それらを混ぜ合わせます。ご飯にも，お酒にもよくあいます。

なめろうの材料

ツクシトビウオのなめろう

魚料理の基本　生で食べよう！

たたき

　「たたき」と呼ばれる料理は2種類あります。マアジなどのたたきは"細かく切った刺身"です。通常の刺身よりも小さく切り，小口切りにしたネギやミョウガ，大葉などの薬味と軽く混ぜます。包丁でトントンとたたくように細かく切り刻むところから「たたき」になりました。

　一方，カツオなどのたたきはまったく別の料理です。皮付きのサクの状態で，表面だけを焼きます。ご家庭では数本の串をうってコンロで焼くのが一般的ですが，松の葉や藁，あるいは炭で焼くとよりおいしくなります。いずれにしても，焼いたあとすぐに氷水にさらして冷やします。刺身と同じように切り，ポン酢や市販のたたきのたれで生姜，ニンニク，小ネギなどの薬味を添えていただきます。また，サラダにしてお好みのドレッシングで食べるのもおいしいです。

マアジのたたき

カツオのたたきのサラダ

酢漬け，しめさば

　脂ののったマサバやゴマサバはしめさばにしてもおいしいです。三枚におろしたあと塩をふって常温で30分程度脱水します。ボウルに水をはり，そのなかで塩を落とします。そのあと，酢に10分間程度浸けます。ただし，この時間は魚の種類や大きさ，食べる人の好みなどで異なります。身の表面が白濁した時点で取り上げるくらいで良いでしょう。あとは皮をはがし，身に残っている骨を骨抜きで取り除いてから刺身の要領で切って盛り付けます。コノシロなどの酢漬けも同じようにできますが，酢に浸ける際には身の表面の色の変化に注意を払いましょう。しめさばご飯もおいしいです。

マサバのしめさば

マサバのしめさばご飯

 ## 魚料理の基本

昆布じめ

　あっさりとした味の刺身に旨味を加える料理方法の一つです。ハタやタイの仲間，ヒラメ，ヨロイイタチウオなどの白身の魚がよく合いますが，シラエビやヒメアマエビのような身のやわらかい小型のエビで作ってもおいしいです。作り方はいたって簡単。薄切りの刺身または新鮮なエビのむき身と15〜20㎝角程度の昆布を2枚用意するだけです。

1 昆布2枚の表面をかたく絞ったふきんで拭き，やや大きめに敷いたラップの上に1枚置きます。

2 昆布の上に刺身を1枚ずつ重ならないようにならべます。魚はヨロイイタチウオです。

3 その上にもう1枚の昆布を乗せます。お好みで刺身の上にせん切りの生姜を散らしても良いです。

4 あらかじめ敷いておいたラップで全体をしっかりと包みます。

5 重石で軽く押さえた状態で冷蔵庫に一晩程度おけばあめ色に変わり，透明感が出ます。

6 皿に盛り付ければでき上がりです。何もつけずにそのまま食べてもおいしいです。

にぎり寿司

　米4合分のご飯に米酢75cc，砂糖45ｇ，塩7ｇを基本分量として加え，冷ましながらまぜて寿司めしを作ります。適宜わさびをつけ，にぎります。寿司ダネによってはのりを使って軍艦巻きにします。たまにはご家庭で"寿司職人"になってみませんか？

ハマフエフキのにぎり寿司

ヒメアマエビのにぎり寿司（軍艦巻き）

魚料理の基本 生で食べよう！

カルパッチョ

　カルパッチョはイタリア料理で，もともとは生の薄切り牛肉が使われていましたが，最近では魚介類の刺身も使われるようになりました。魚やイカなどのそぎ切り（薄切り）の刺身とお好みの野菜を皿にならべ，4人分ならレモン汁1/2個分，オリーブオイル大さじ2，塩こしょう少々をかければでき上がりです。

コウイカのカルパッチョ

づけ丼

　刺身を食べ残したときはづけにしましょう。醤油大さじ4，みりん大さじ1，砂糖小さじ1を基本とするたれを鍋に入れて一度沸騰させ，冷まします。それに刺身を一晩浸け，づけを作ります。器にごはんあるいは寿司めし（24ページ）を盛ってづけをのせ，適宜ネギ，大葉，白ゴマ，わさびなどを添えます。づけはお茶漬けにしてもおいしくいただけます。

ヤマブキハタのづけ丼

column

しらす　九州南部の生産量は日本屈指

　九州南部のしらす漁業は，50年ほど前に四国の漁業者が鹿児島に移住したのが始まりといわれています。鮮度が命のしらすは曳網時間を短くし，漁獲後直ちに水揚げして加工場に運び，釜茹で→機械干し→天日干しの工程で加工します。

　大久保水産（鹿児島県いちき串木野市）の大久保匡敏さんによると，しらす加工で重要なのは茹でる際の塩分と茹で時間，そして乾燥機の温度。これらはしらすの大きさや状態，その日の天候などによって微調整されます。天日干しでは，均等に乾燥させるために，小さいしらすをいかにまんべんなくまばらにまくかが重要です。あらゆる工程で職人の技が必要になるのです。

　九州南部は日本屈指のしらす生産量を誇ります。その一方で，消費量はとても低い状態です。獲れたての「生しらす」，茹でた「釜揚げ」，乾燥させた「しらす干し」，さらに乾燥させた「天日干し」。各工程でいろんな種類のしらすができます。好みで，あるいは料理の種類によって使い分けることができます。もっともっとしらすを食べましょう！

漁獲後直ちに加工場へ運ぶ

釜茹でのあと機械で乾燥させる

さらに，まばらにまいて天日で干す

 魚料理の基本

茹でて食べよう！

塩茹で

　塩茹では巻貝やエビ・カニ類，タコなどでは定番料理の一つで，シンプルな味付けなので食材本来の風味を楽しむことができます。

　水1ℓに塩大さじ2〜3くらいの濃度の塩水で茹でるだけですが，鍋に入れるタイミングなど，食材によって茹で方が異なります。

巻貝

　巻貝は火をつける前に生きたまま鍋に入れ，弱火でゆっくりと茹でます。そうすると身が委縮して殻の奥深くに入り込むことがなく，茹であがったときに食べやすくなります。沸騰したら茹で過ぎないうちに火を止めましょう。

ギンタカハマの塩茹で

カニ

　カニも火にかける前に鍋に入れます。脚がばらばらになるのを防ぐためです。茹で時間はカニの大きさにもよりますが，沸騰後10〜20分くらいが目安です。盛り付けの際に形を整えるためには，太めの輪ゴムなどで脚をしばってから鍋に入れると良いでしょう。なおカニの旨みをより凝縮させたいときは蒸気で蒸します。加熱時間は塩茹でと同程度です。

ガザミの塩茹で

エビ，シャコ

　クルマエビ類やタラバエビ類，テナガエビ類などの小型のエビ，シャコなどは沸騰してから丸のまま鍋に入れ，数分間茹でます。茹で過ぎないようにするのがコツです。イセエビやゾウリエビなどの大きくて殻のかたいエビの茹で方はカニと同じで良いでしょう。また，蒸すのもおいしいと思います。

コンジンテナガエビの塩茹で

魚料理の基本　茹でて食べよう！

タコ

　タコも沸騰してから鍋に入れます。よく沸騰した深めの鍋の中に，下処理したタコ（14ページ）を腕の部分から入れます。再度沸騰したら火を止め，5分間程度そのままにします。鍋から取り出して，ざるに置くか吊るして水を切り，冷まします。

マダコを腕の部分から茹でます。

5分間程度そのままにします。

水を切り，冷まします。

しゃぶしゃぶ

　鍋に水を1200cc程度入れ，10cm角の昆布を30分以上浸しておきます。火にかけ，沸騰したら昆布を取り出して酒150cc，みりん大さじ1，塩小さじ1を入れます。再び煮立ったら野菜やキノコなどの具材を入れ，平切りよりもやや薄く切った刺身を軽く湯通ししてポン酢やゴマだれなどお好みのたれでいただきます。ブリ，カンパチなどが定番ですが，ハタの仲間やタチウオなども良くあいます。また，エビのしゃぶしゃぶもおいしいです。

ブリのしゃぶしゃぶ

column

ゆでぶか　くせも臭いもない逸品

　九州南部の鹿児島県や宮崎県では，茹でたサメを食べる習慣が今でも残っています。写真は鹿児島市の有水屋。原料となるのは沿岸域で漁獲され，水揚げされたばかりのシロザメやホシザメなど。刺身でも食べられるほど新鮮な個体ばかりです。

　まずは丸のままのサメをさばくことからはじまります。頭と内臓を取り除き，皮をむいたあとに身を1cm程度の厚さにスライスします。細い尾部は骨ごと輪切りにします。

　茹で時間は1分間足らず。茹でるというよりは湯通しするといった感じでしょうか。茹で具合は職人の経験によるところが大きいのです。最後に冷水で冷ましてでき上がり。ゆでぶかはくせがなく，もちろんアンモニア臭もしません。

サメをさばく

茹で具合は職人が目と手で確認

 魚料理の基本

煮て食べよう！

煮付け

　魚を丸のまま煮る場合は鱗を取り，腹の真下に肛門から前方に向かって縦に包丁を入れて内臓を取り出し，鰓も取り除きます。大きな魚の場合は頭部を切り落とし，二枚おろしや切り身にします。煮汁は醤油100cc，酒100cc，みりん100cc，水200cc，砂糖大さじ2を基本に，好みによって分量を変えれば良いでしょう。鍋に煮汁と生姜の薄切り適量を入れて火をつけます。煮立ったら魚を入れ，落とし蓋をして最初は強火で煮ます。再び煮立ってきたら中火にし，さらに煮ます。煮る時間は魚の大きさにもよりますが，15〜30分間くらいです。

　また，イボダイのように身のやわらかい魚は軽く炙って身をひきしめたあとに煮ても良いと思います。

カタクチイワシの煮付け（加熱中）

シロメバルの煮付け（加熱中）

ヘダイの煮付け

エビ

　エビの場合は，まずさっと煮こぼして氷水にさらします。煮汁（薄口醤油：酒：みりん：かつお節でとっただし汁＝2：1：2：20）を火にかけ，沸騰寸前に生姜少々を入れ，沸騰したらエビを入れます。再び沸騰したらアクを取り除いて火を消します。魚と同様の煮方でOKです。甘辛くするときはみりんか砂糖を多めにしても良いです。

シバエビの煮付け

巻貝

　巻貝は，塩茹でを作るのと同じように火をつける前に鍋に入れ，弱火でゆっくり煮ます。煮立ったらアクをとって火を止めます。味付けはエビや魚と同じで良いでしょう。塩茹でと同様に，弱火で煮るのは身が殻の奥の方で縮まるのを防ぐためです。食べる時に身が取り出しやすくなります。

ミクリガイの煮付け

魚料理の基本　煮て食べよう！

佃煮

　二枚貝の場合は，まず殻が開くまで軽く茹でてから身を取り出します。次に，ひたひたになる程度の量の，煮魚よりも甘めに調合した煮汁にやや多めの生姜といっしょに入れ，煮汁がほとんどなくなるまで弱火で煮つめます。焦がさないように気をつけましょう。冷蔵庫でしばらく保管することもできます。

ハイガイの佃煮

味噌煮

　味噌煮はまず，煮汁（醤油大さじ 1，酒大さじ 2，みりん大さじ 2，砂糖大さじ 2，水 200cc）に生姜の薄切り適量を入れて煮ます。そこに魚の切り身を入れて少し煮てから白味噌大さじ 2 を溶かし入れ，さらに煮つめます。器に盛り，千切りの生姜を添えます。脂ののったマサバの味噌煮はとてもおいしいです。

マサバの味噌煮

吸い物，潮汁

　吸い物は，4 人分なら鍋に水 800 cc，酒大さじ 2，昆布 5 cm角 1 枚，椀種（魚や貝など）を入れ，火にかけます。沸騰したらアクを取って昆布を取り出し，さらに弱火で 10 分間煮ます。塩小さじ 1，薄口醤油小さじ 1，生姜の搾り汁少々で味をととのえます。椀に盛り，適宜みつ葉などを添えます。潮汁は，椀種でだしを取り，塩だけで味付けをした汁です。

ハマグリの吸い物

マゴチの潮汁

魚料理の基本

味噌汁

お好きな魚介類を沸騰した鍋に入れてしばらく煮ます。だしを入れても良いですが，具材からも良いだしが出ます。アクをとり，弱火にして味噌適量を溶き，火を止めてでき上がりです。海藻の場合は煮すぎないようにします。もちろん魚介類以外の具材を加えてもおいしいですが，具材によって入れるタイミングが異なります。

マトウダイの味噌汁

column

かつおぶし　手間ひまかけた伝統の味

料理のだしとして，あるいは主役として，私たちの食卓に欠かせないのがかつおぶしです。枕崎水産加工業協同組合（鹿児島県枕崎市）の西村協さんたちは，手塩にかけて品質に優れたかつおぶしを作り続け，伝統的な食文化を次世代に伝えようと日夜努力されています。

まずは冷凍カツオを解凍し，頭，内臓，腹皮を取り除いて三枚におろし，男節（背側）2本と女節（腹側）2本に分けます。小型のカツオは背と腹を分けない亀節にします。

次に，これらを大きな煮かごにならべて煮熟します。そのあと一度冷まし，骨抜きを使って骨を1本ずつていねいに取り除きます。もちろん手作業です。この状態のものをなまり節と呼びます。

続いて焙乾という方法で乾燥させます。燃料の薪はカシ，ブナ，ナラなど。3週間焙乾を続けると水分が抜けてかたくなり，表面が黒く変色した荒節となります。

荒節表面の脂肪分を研磨機で削ったものが裸節です。削り方は荒削りと仕上げ削りに分けられますが，とくに仕上げ削りは熟練を要します。研磨の際に出たカツオの削り粉は，抽出原料として二次加工されます。

かつおぶしは，もうひと手間かけることで風味が何倍にもなります。それはカビ付けです。室温30℃，湿度90%を保ったカビ付け施設の中に3〜4週間置き，そのあと1日，冬は2〜3日間天日干しします。そしてまたカビ付け施設に戻し，カビを生やします。この工程を繰り返すことで水分が均一に取り除かれ，最高級の本枯れ節になるのです。

製造過程で発生する油分は機能性食品素材となり，煮汁はエキス，内臓などは養魚飼料となります。また，薪は地元の森林間伐材を利用します。かつおぶしの製造は，無駄も，無理もないのです。

解凍したカツオをさばく

焙乾された荒節

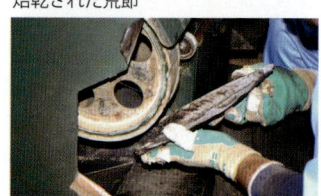
研磨して裸節に

かつおぶし表面のカビ

天日干し

魚料理の基本　焼いて食べよう！

焼いて食べよう！

焼き魚

　焼き魚は，煮魚の場合とちがって少なくとも鰓は取り除く必要がありません。ただし，マアジなど体側に稜鱗（ぜいご，ぜんご）のある魚は尾鰭側から前方に向けて包丁を入れ，そぎ取ったほうが食べやすくなります。大きな魚は切り身にします。焼くときは強火の遠火がベスト。網にくっつかないようにするためには，熱した網に油をぬるか，魚の網に接触する側の面を酢につけてから焼きます。焼くと酢の匂いはなくなるので大丈夫。また，鰭に塩をつけて焼くと焼け落ちるのを防ぐことができます。

　塩焼きが一般的ですが，白焼きにしてつけ塩で食べるのも良いです。

稜鱗をそぎ取る

イサキの塩焼き

マダイの塩焼き（切り身）

カゴシマニギスの白焼き

一夜干し

　イボダイやカマスの仲間など，身がやわらかい魚は開きにして，つけ塩で一夜干しすると身がしまります。天日で干すのが一般的ですが，右の写真のように魚を金網か皿の上にならべ，ラップをせず冷蔵庫の中に一晩おけば手軽に一夜干しができます。おすすめの方法です！

この状態で冷蔵庫へ（ヤマトカマスの一夜干し）

あぶってかも

　スズメダイの「あぶってかも」は，福岡の伝統料理。知る人ぞ知る夏の風物詩です。鱗が付いたまま塩をつけて干したあと（一夜干しと同様に，冷蔵庫の中でもOK）塩をはらって焼きます。箸で鱗を取り除き，骨ごといただきます。脂がのってとてもおいしいので，これはおすすめの料理です！

あぶってかも（スズメダイ）

魚料理の基本

ホイル焼き

　魚の切り身に塩こしょう少々で下味をつけ，アルミホイルに包んで蒸し焼きにします。ポン酢をふって食べるとおいしいです。また，魚といっしょに野菜や，輪切りや半月切りのレモンなどを入れたり，醤油，バターなどで味付けをしても良いでしょう。切り身の大きさにもよりますが，焼く時間は 220℃のオーブンで概ね 10 分間です。

クサヤモロのホイル焼き

蒲焼き

　うなぎ料理屋さんの前を通ると，独特のいいにおいに食欲をそそられますよね。蒲焼きは醤油，酒，みりんを主体としたたれにつけながら焼く料理です。何といってもニホンウナギが定番ですが，有明海沿岸域ではムツゴロウの蒲焼きも伝統的な料理の一つです。

まずは魚を白焼きにします。金串にさすと焼きやすいです。魚はムツゴロウです。

醤油 50 cc，酒 50 cc，みりん 50 cc，砂糖大さじ 1 を基本としたたれにつけ再び焼きます。

ときどきたれをつけながら両面をしばらく焼けばでき上がりです。

照り焼き

　まずは魚の切り身にまんべんなく塩をふります。大きさによって異なりますが，20 〜 30 分間置いたあと流水でさっと洗い，キッチンペーパーで表面の水分を拭き取ります。こうすることで魚の水分が取れ，たれがよくしみ込むようになります。醤油：酒：みりん＝1：2：1，好みにより砂糖を少し加えて照り焼きのたれを作り，魚を常温で 2 時間程度浸けます。ときどきたれにつけながら両面を焼きます。フライパンで焼いたものは鍋照り焼きと呼ばれることもあります。蓋をして蒸し焼きにするのも良いでしょう。

ヒラマサの照り焼き

魚料理の基本　焼いて食べよう！

みりん焼き

　醤油大さじ2，酒200 cc，みりん150 ccを基本としたたれを作ります。照り焼きと同じ要領で水分を取った魚の切り身を一晩たれに浸けます。同じたれをつけながら焼きます。

コブダイのみりん焼き

味噌漬け，西京漬け

　サワラ，マナガツオ，アマダイ類などは味噌漬けがおいしいです。照り焼きと同じ要領で水分を取った魚の切り身をガーゼで包み，味噌大さじ4，酒大さじ1，みりん大さじ2，砂糖大さじ1を混ぜた中に浸けて1〜3日程度冷蔵庫でねかせてから焼きます。甘い西京味噌を使ったものは西京漬けと呼ばれます。

クロアジモドキの味噌漬け

幽庵焼き

　醤油90 cc，酒120 cc，みりん90 cc，ゆずの搾り汁30 ccを基本としたたれを作ります。魚の切り身をたれに2時間程度浸けてから焼きます。適宜，菊花大根，ゆずの皮，小口切りの赤唐辛子などを添えます。

ボラの幽庵焼き

つぼ焼き

　サザエなどの巻貝を使った料理です。巻貝の刺身（18ページ）の要領で殻から取り出した軟体部を食べやすい大きさに切って再び殻に戻します。焼き網の上に乗せ，醤油：酒：みりん＝1：1：1をあわせたたれをかけて貝の蓋を上に置いて火にかけます。ぐつぐつと煮えてきたら火を止めます。くれぐれも火を通しすぎないように注意しましょう。

サザエのつぼ焼き

魚料理の基本

ソテー，ポワレ，バター焼き

　ソテーとは，フランス語で炒めた料理のことです。塩こしょうをふり，フライパンにオリーブオイルやバターをひいて焼くのが一般的です。ポワレもフランス語で，本来は蓋をして蒸し焼きにする料理のことですが，料理の専門家でない限りはソテーとの境界にはこだわらなくても良いでしょう。また，バターで焼いた料理はバター焼きとも呼ばれますね。ニンニクを加えればガーリックバター焼き，醤油を加えれば醤油バター焼きです。そのほかにもいろんなスパイスで風味を楽しみましょう。

　魚の切り身は皮のついた側を先に焼くようにしましょう。

サガミアカザエビのソテー　ガーリックバター風味

ロウソクチビキのソテー　レモンソース

ナガサキフエダイのバター焼き　醤油仕立て

ソース

　ソテーやポワレはそのまま食べても良いですが，各種ソースやラタトゥイユなどを作って添えてもおいしくいただけます。

　もちろん市販のチリソースやスイートチリソースなどを購入し，そのまま添えてもかまいません。

●レモンソース	●トマトソース	●ラタトゥイユ
レモン汁1個分，白ワイン50cc，砂糖大さじ2，乾燥バジル適量をフライパンで加熱し，火が回ったら片栗粉小さじ2を水で溶いて入れて仕上げます。レモンの代わりにオレンジなどの他の柑橘類を使ってもかまいません。	オリーブオイル大さじ2で玉ねぎ1/2個分，ニンニク1片分の各みじん切りを炒め，トマト缶1缶分とバジル少々を加えて弱火で煮ます。最後に塩こしょう少々で味をととのえます。	ラタトゥイユはフランス南部の野菜を煮込んだ料理で，これ自体も立派な料理ですが，魚介類料理に添えることもあります。つぶしたニンニク，1cm角に切った玉ネギをオリーブオイルで炒め，さらに皮や種を取ったトマト，ナス，ズッキーニ，赤ピーマン，青ピーマンなども1cm角に切って塩こしょう少々を入れて炒めたあと，白ワイン50ccを加えて煮つめます。

ムニエル

　ムニエルは，塩こしょうで味をつけたあとに小麦粉などの粉をまぶしてバターや油で焼くフランス料理です。レモンを搾っていただきます。ソテーと同様に風味付けやソースに工夫を凝らしてもおもしろいです。たとえば，カレー粉をまぶせばカレー風味になります。

デンベエシタビラメのムニエル

魚料理の基本　揚げて食べよう！

揚げて食べよう！

素揚げ

　小型のエビは素揚げにすると香ばしくておいしいです。殻がついたまま洗ったあとにキッチンペーパーなどで水気を取り，油で揚げるだけの簡単な料理です。ナミクダヒゲエビやヒメアマエビなど，エビの種類によってはそれだけで十分おいしいですが，塩こしょう適量で味付けをしてもかまいません。ふりかけるタイミングは，揚げたてのあつあつの状態です。レモンを添えてどうぞ。

ナミクダヒゲエビの素揚げ

から揚げ

　から揚げは，塩こしょうをふり，小麦粉のみ，あるいは小麦粉と片栗粉をまぶしてきつね色になるまで油で揚げる料理です。160℃の低温の油でじっくり揚げ，180〜190℃の高めの温度で軽く二度揚げするとカラッと揚がります。風味付けのためにお好みでカレー粉や青のりなどをまぶして揚げてもおいしいです。

イネゴチのから揚げ

ソース

　カラッと揚げたから揚げにいろんな風味のソースや甘酢あん，和風あんをかけてもおいしくいただけます。ソースを替えて料理のバラエティを増やしましょう！

● **ネギソース**
ゴマ油で長ネギ 1/2 本とニンニク 1/2 片のみじん切りを軽く炒めます。そこに醤油 50cc，酒大さじ 2，酢大さじ 1，砂糖大さじ 1 を加えて熱くなったら火を止めます。

● **ネギレモンソース**
長ネギ 1 本分のみじん切り，レモン汁 1 個分，ゴマ油大さじ 1，塩小さじ 2/3，こしょう少々を混ぜ合わせます。

● **甘酢あん，和風あん**
椎茸 1 個，筍の水煮 40ｇ，ピーマン 1/2 個をせん切りにし，ゴマ油大さじ 2 で炒め，中華だし汁 200cc，醤油大さじ 2，酢大さじ 3，砂糖大さじ 5 をあわせた調味液を入れて一煮立ちさせたあと，片栗粉大さじ 1 を水大さじ 2 で溶いて入れて火を止めます。調味液をだし汁，薄口醤油，みりんにすれば和風あんになります。椎茸やえのき茸のようなキノコが良く合います。

アマミフエフキのから揚げ　きのこあんかけ

魚料理の基本

天ぷら

　小麦粉（薄力粉）100g，卵1個，水120～150ccを基本として衣を作ります。ボウルに卵を溶き，水を加え，小麦粉を入れて軽く混ぜます。その際に，カラッと揚げるためにはできるだけ冷たい水を使います。卵と小麦粉も冷やしておけばなお良いです。衣を付け，180℃前後の油で揚げます。盛り付けの際は和紙を敷くと良いでしょう。また，魚介類だけではなく野菜やキノコなどの天ぷらもいっしょに盛り付けると良いと思います。ただし，揚げるものによって最適温度が異なり，緑の野菜などは色落ちを防ぐために低めの温度（150～160℃）で揚げます。大根おろしやおろし生姜などを添えて天つゆ（だし汁：みりん：醤油＝4：1：1を一煮立ちさせたもの）で食べても良いし，つけ塩で食べてもおいしいです。

マアナゴの天ぷら

竜田揚げ

　から揚げに似ていますが，竜田揚げには小麦粉を使いません。魚の切り身に醤油，酒，砂糖，生姜などで下味をつけます。30分程度浸けたあと，キッチンペーパーで表面の水気を取り，片栗粉をまぶします。から揚げと同様にカラッと揚げればでき上がりです。

ユメカサゴの竜田揚げ

フライ

　フライは衣にパン粉を使う揚げ料理です。塩こしょう少々で軽く下味をつけ，小麦粉を薄くまぶします。溶き卵に浸した後にパン粉をまぶし，きつね色になるまで揚げます。

アカアジのフライ

南蛮漬け

　まず，醤油大さじ2，酢100cc，だし汁または水100cc，みりん大さじ1，砂糖大さじ2，赤唐辛子1本の小口切りを基本とした南蛮漬けのたれを作ります。鱗，鰓，内臓を取り除いた魚に小麦粉をまぶし，160℃の油で揚げます。最後に油の温度を少し上げ，カラッとさせてから取り上げ，すぐにたれに浸けます。好みにより玉ネギの薄切りや人参のせん切りなどをいっしょにたれに浸けます。しばらく浸けて味がなじんだところでいただきます。密閉容器に入れて冷蔵庫で保管することもできます。

ハゼクチの南蛮漬け

こんな食べ方もあります！

魚の酒蒸し

　魚は蒸してもおいしいですね。切り身に塩こしょう少々をふります。10 cm角程度の大きさの昆布をかたく絞ったふきんで拭き，皿に敷きます。その上に魚を置き，1切れに対して酒大さじ1をかけ，数分～10分間程度蒸します。好みにより長ネギのせん切りをのせ，軽く熱したゴマ油適量を上からかけます。ポン酢をかけてもおいしいです。

メダイの酒蒸し

真子・白子料理

　真子は魚の卵巣，白子は精巣です。魚をおろす際には内臓を取り除くことが多いですが，真子や白子はおいしいのでぜひ料理に使いましょう。ただし，とくに真子は季節や個体によって大きさがかなり異なります。繁殖期に獲られる成熟の進んだ個体が良いです。

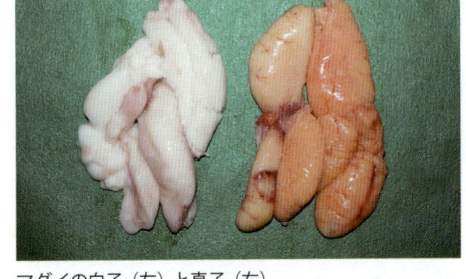

マダイの白子（左）と真子（右）

　真子は煮るのが定番です。煮魚の際に添えれば良いでしょう。また，真子だけを甘辛く煮てもおいしいです。マダイやブリ，イサキなどは白子もおいしいです。一口大に切って塩でやさしくもみ，洗い流します。沸騰した湯に入れ，3分間程度茹でたのちに氷水にさらします。器に盛り，ポン酢，小ネギ，適宜もみじおろしなどを添えれば白子ポン酢になります。また，軽く茹でたものをフライパンで色がつく程度に軽く焼き，生姜醤油をかければ極上の白子バター焼き生姜醤油かけのでき上がりです。おすすめの料理です！

マダイの白子ポン酢（左）と真子の煮物（右）

ブリの白子のバター焼き生姜醤油かけ

地魚料理の簡単レシピ

作って食べてみよう！

和風，洋風，中華風，そしてエスニックまで
地魚をおいしく食べるためのレシピ集です。

めずらしい料理もありますが，作り方は簡単なものばかり。
第2部図鑑コーナーの各魚種の解説ページでも紹介していますので，魚の説明をチェックしながら作ってみてください。

マアナゴのあなご丼 (4人分)

59ページ

人数分の開いたマアナゴを白焼きにしておきます。醤油50cc，酒150cc，みりん50cc，砂糖大さじ2を火にかけ，煮立ったら開いたマアナゴを皮を下にして入れ，落とし蓋をして中火で約10分間煮ます。さらに，強火にして煮汁が少し残るくらいまで煮つめます。器にごはんを盛り，上に敷いて煮汁を適量かけ，好みにより大葉のせん切りなどを添えます。

キビナゴのお茶漬け

62ページ

刺身の要領でさばいたキビナゴ(16ページ)を醤油大さじ2，みりん小さじ1，砂糖小さじ1，昆布適量を基本としたたれに一晩浸けます。これを好きなだけご飯にのせ，もみのり，白ゴマ，大葉，わさび菜，わさびなどを添えて熱いお茶をかけて食べます。(協力：塩田京子)

マイワシの黒酢煮 (4人分)

61ページ

マイワシ8尾の頭と内臓を取り除き，よく洗います。生姜1片の一部をせん切りに，残りを薄切りにします。醤油50cc，酒100cc，みりん50cc，黒酢50cc，砂糖大さじ3，薄切りの生姜，水200ccを火にかけ，煮立ったら魚をならべて落とし蓋をし，中火で15分間程度煮ます。器に盛り付け，みつ葉少々とせん切りの生姜をのせてでき上がりです。健康にも良い料理です。

キビナゴのプー

62ページ

水500ccに対して塩大さじ1程度の塩水を鍋で沸騰させます。キビナゴを丸のまま数尾ずつ入れ，"ぷーっと"浮いてきたら順次箸でつまんで食べます。鹿児島県甑島の漁師料理で，しゃぶしゃぶのようなものです。あっさりとしておいしく，かなりの量を食べても飽きません。お好みで塩水の中に一味唐辛子を入れても良いです。(協力：日笠山　誠)

地魚料理の簡単レシピ

キビナゴのすき焼き（1人分）

土鍋にかつお節で作っただし汁100cc、醤油大さじ5、砂糖大さじ3、キビナゴ15尾、白菜2枚、豆腐1/4丁、えのき茸1/4袋、人参適量、長ネギ3切れ、好みで春菊適量を入れ、火にかけます。（協力：塩田京子）

カタクチイワシしらすのチャーハン（4人分）

大葉10枚を細く切っておきます。中華鍋に油を熱し、乾燥しらす（ちりめん）150gを炒め、ご飯4皿分をほぐし入れます。切るように全体を炒めたら塩こしょう少々、醤油大さじ2で味付けし、最後に大葉を加えて混ぜ、火を止めてでき上がりです。（協力：迫　政幸）

さつまキラキラちりめんの香り天ぷら（2人分）

（第1回鹿児島産ちりめん・しらす料理コンテスト＜鹿児島県機船船曳網漁業者協議会主催＞グランプリ作品）

ヤマイモ150gをせん切りにし、すり鉢で粗くすりつぶします。黒酢大さじ1、酒大さじ1、黒砂糖小さじ2、昆布茶小さじ1を加えます。さらに、付属のたれといっしょによく混ぜた納豆1パック、生卵1個、小麦粉大さじ3、かるかん粉大さじ3を加え、さっくりと混ぜ合わせます。この生地を半量に分け、片方にあおさ（ヒトエグサ）3gを、もう片方によもぎ粉小さじ1と天つゆ大さじ1を混ぜます。バットにカタクチイワシの乾燥しらす（ちりめん）100gを敷きつめ、生地をスプーンですくい取ってちりめんの衣をたっぷりとまぶします。160℃の油でカラッと揚げます。キラキラした新鮮なちりめんの衣は、揚げたても冷めてからもおいしさが続きます。（協力：橋本慶子）

ちりめんのチーズ焼き（4人分）

（第1回鹿児島産ちりめん・しらす料理コンテスト＜鹿児島県機船船曳網漁業者協議会主催＞優秀賞作品）

カタクチイワシの乾燥しらす（ちりめん）大さじ4をピザ用チーズ100gとよく混ぜます。（焦げ付き防止のため）フッ素樹脂加工のフライパンを中火で温め、ちりめん入りチーズを薄く広げて焼きます。チーズが溶けはじめたら白ゴマ大さじ1/2をふり、縁に焼き色がつくまで焼き、裏返してさらに1分間焼きます。皿にとり、パリッとしたら切り分けます。同じものをもう1枚焼き、さらに白ゴマを乾燥あおさ（ヒトエグサ）に変えたものでも2枚焼きます。（協力：竹之内幸恵）

ヨロイイタチウオのバングラデシュ風カレー（4人分）

ヨロイイタチウオの切り身もしくは筒切り400gに塩とターメリック各少々をふり、5分間置きます。フライパンに油をひき、焼き色がつく程度に軽く焼いて魚を取り出します。同じフライパンに玉ネギ中1個分のせん切り、すりおろした生姜とニンニク小さじ1ずつ、グリーンチリ（なければ赤唐辛子）1本分の小口切り、ターメリック、クミンそれぞれ小さじ1/2、水200ccを加えて煮立てます。そこに魚を戻し、中火で約10分間煮ます。野菜やフルーツを添えてどうぞ。この料理は白身魚のみならず、マサバやカスミアジなどの青物やマグロ類でもおいしくできます。（協力：ムルシダ・カトゥン）

39

地魚料理の簡単レシピ

アンコウのあんきも蒸し

アンコウの肝に塩をふり、30分間程度おいて水分を取ります。塩を洗い流し、骨抜きなどを使ってできる範囲内で血管を取り除きます。酒少々をふり、ラップに包んで20分間蒸したあと、冷蔵庫で冷やします。適当な大きさに切り、ポン酢をかけて小ネギを散らします。

キアンコウのあんこう鍋 (4人分)

水1ℓに醤油100cc、酒30cc、みりん150cc、砂糖小さじ2を混ぜ、10cm角の昆布を浸してだし汁を作っておきます。キアンコウ600gをぶつ切りにし(13ページ)、皮や骨、内臓もいっしょにたっぷりの湯でさっと茹でます。野菜などの他の具材(白菜1/4株、人参1/2本、長ネギ2本、水菜2株、椎茸4個、えのき茸1/2袋、焼き豆腐1丁、下茹でしたしらたき100g)とともにキアンコウを鍋に盛り、だし汁を加えて火にかけます。アクをとりながらしばらく煮込んでいただきます。

ハマトビウオのチーズ巻きフライ (4人分)

ハマトビウオ2尾を皮つきのサクにし(15ページ)、さらに2つに切って塩こしょう少々をふります。チーズ120gを適当な大きさに切って大葉を巻き、それを魚で巻いてつま楊枝で固定します。小麦粉適量をまぶし、溶き卵をつけてパン粉をまぶします。180℃の油で揚げ、熱いうちにつま楊枝をぬいて野菜(適宜)とともに皿に盛り付けます。

ウッカリカサゴのトマト煮 (4人分)

ウッカリカサゴの小さめの切り身8切れにこしょう少々をふります。フライパンにオリーブオイルをひき、ニンニク1片分のスライスとともに魚を焼きます。このとき、ニンニクは焦げないうちに一度取り出します。魚の両面にこんがりと色がついたら醤油大さじ3、酒大さじ3、みりん大さじ3、砂糖大さじ1、先ほどのニンニクとともに、トマト2個分を一口大に切って入れ、一煮立ちさせます。(協力:迫 政幸)

ウッカリカサゴのフィッシュ・ド・ピアジャ (4人分)

フライパンに油をひき、ウッカリカサゴの小さめの切り身8切れを表面に色がつく程度に軽く焼いたあと、皿に取っておきます。玉ネギ中1個を薄切りにして同様に炒めておきます。再びフライパンに油をひいて加熱し、すりおろした玉ネギ大さじ2、チリ小さじ1/2、ターメリック小さじ1、コリアンダー小さじ1/2、クミン小さじ1(これらがなければカレー粉でも良い)、トマトケチャップ小さじ1に水大さじ2を加えて火が通ったところで先ほどの玉ネギと魚を入れ、水300ccと塩少々を加えて蓋をします。途中で魚を裏返し、水分がほとんどなくなるまで煮つめればでき上がりです。ズッキーニ、人参などを添えてどうぞ。(協力:モスト・アフィア・スルタナ)

地魚料理の簡単レシピ

クエ鍋 (2人分)

水400ccに10cm角の昆布, 醤油60cc, 酒60cc, みりん60cc, 塩小さじ1/2でだし汁を作ります。クエ300g分のぶつ切りを他の具材(人参1/2本, 白菜1/4株, 長ネギ1本, 椎茸4個, 豆腐1/4丁)といっしょに火にかけ, 最後に春菊100gをのせます。

マハタのガーリックオリーブオイル焼き (2人分)

カボチャ1/8個, ナス1/2個, 皮をむいたニンニク3片を薄切りにします。ピーマン2個, 赤ピーマン2個を細長く切ります。これらをオーブントースターのトレイに敷き, 鱗, 鰓, 内臓を取り除いた小型のマハタ(300g程度)を上に置いて塩こしょう少々, オリーブオイル大さじ5をかけます。180℃で50分間焼きます。(協力：大富あき子)

アカイサキのチーズ焼き (4人分)

アカイサキの切り身400g分に塩こしょう少々をふり, フライパンに油をひいて中に火が通るまで焼きます。ピザ用チーズ40gを上にのせ, 蓋をしてとろけるまで蒸し焼きにします。

シイラのトマトシチュー (2人分)

シイラの切り身200gに塩こしょう少々をふっておきます。しめじ1パックの石づきを切り取り, 適当な大きさにほぐします。トマトホール缶300gを粗くつぶします。フライパンに油大さじ2をひき, シイラに小麦粉をまぶして両面に色がつくまで焼いて取り出します。油大さじ1を足し, ニンニク1片, タマネギ小1個のみじん切りを炒め, しめじを加えます。シイラを再びフライパンに戻し, 白ワイン大さじ3, ローリエ1枚, 塩小さじ1, こしょう少々とトマトを加え, 蓋をして中～弱火で20分間煮込みます。ローリエを取り除いて器に盛ればでき上がりです。(協力：大富あき子)

ヒラマサのレモンステーキ (4人分)

リンゴ果汁もしくは100%ジュース大さじ2, ナシ果汁(なければリンゴでも良い)大さじ2弱, 酒大さじ2, 醤油大さじ2に玉ねぎをすりおろして作った搾り汁大さじ2を混ぜてソースを作っておきます。常温に戻したヒラマサの切り身4切れに塩適量をふり, ブラックペッパーをやや多めにふったあと, 小麦粉を軽くまぶします。フライパンに油をひき, ニンニク1片をつぶして炒めます。香りが出たらニンニクを取り除き, 魚を中～強火で両面に焼き色がつくまで焼きます。魚をフライパンの端に寄せ, ソースを1分間程度煮つめます。魚をソースに戻し, からめて約1分間煮つめます。最後にバター小さじ1をのせ, レモン汁大さじ1をかけてでき上がりです。(協力：萩原さゑ子)

地魚料理の簡単レシピ

マアジのムニエル風サラダ (4人分)

マアジ中4尾を三枚におろし (16ページ), 3等分に切って塩こしょう少々で下味をつけ, 小麦粉をまぶします。生椎茸4個を4つ切りにします。玉ネギ1/2個を薄切りにして水にさらします。キュウリ1本を薄く輪切りにします。キウイ1個をいちょう切りにします。ミニトマト8個を半分に切ります。オリーブオイルでマアジと椎茸を焼き, 野菜といっしょに盛り付けます。お好みのドレッシングでどうぞ。(協力：迫 政幸)

105ページ

ハチジョウアカムツのフィッシュアンドチップス (4人分)

卵1個を溶いてビール (水でも良い) 100ccをまぜ, 小麦粉100gと塩少々を加えてよくまぜた後, 30分間ほど寝かせて衣とします。骨を取り除いたハチジョウアカムツの切り身4切れに塩こしょう少々をふり, 衣をつけて180℃の油できつね色になるまで揚げます。フライドポテト500gを揚げ, 皿に敷いた上にハチジョウアカムツを盛り付け, レモンを添えます。

116ページ

ヒメダイのインド風コロッケ (4人分)

ヒメダイ中1尾をぶつ切りにし, 中まで火が通る程度に水煮します。身を骨からはずしてすり鉢で細かくし, 200g分を油を熱したフライパンで30秒間だけ炒めます。ジャガイモ200g分を茹で, 皮をむいてからつぶします。これらを混ぜ, 塩, クミン, すりおろした生姜とニンニク, それぞれ小さじ1と卵1個を混ぜ合わせて小判型にまとめます。フライの要領 (36ページ) で小麦粉, 溶き卵, パン粉をつけて油で揚げます。このとき, すりおろした玉ネギ小さじ2程度を油に混ぜると風味良く揚がります。(協力：モスト・アフィア・スルタナ)

119ページ

キチヌ, クマエビ, アサリのブイヤベース (4人分)

よく洗ったアサリ200gを白ワイン100ccで蒸します。殻が開いたら取り出し, 蒸し汁は濾してとっておきます。鍋にオリーブオイル大さじ2とニンニク1片分の薄切りを入れて火にかけ, 玉ネギ1/2個の薄切り, 人参1/2本のせん切り, セロリ1/2本のせん切りを加えてじっくりと炒めます。蒸し汁, トマトペースト大さじ1/2, サフラン少量, ローリエ1枚, 水500ccを加えて中火で15分間煮ます。キチヌ小8切れと有頭クマエビ4尾を加え, 火が通ったらアサリを戻し入れ, ローリエを取り除きます。塩こしょうで味をととのえ, 器に盛り付けてパセリのみじん切りを散らします。(協力：大富あき子)

129ページ

ハマフエフキのハーブ焼き (4人分)

ハマフエフキの切り身4切れに塩こしょう少々をふります。かぼちゃは種を取り, 5mmのくし型に切って200gを固茹でします。ナス1本を縦に5mmの薄切り, ピーマン4個を縦に4つ割りにします。鉄板に油をしき, これらの野菜をしいた上にハマフエフキを置き, 粉チーズとパン粉を大さじ2ずつふり, ハーブ (乾燥ローズマリー, バジル, タイム 各小さじ1) をのせます。200℃に熱したオーブンで15分間焼きます。(協力：大富あき子)

131ページ

地魚料理の簡単レシピ

アマミスズメダイの塩だき (4人分)

鱗、鰓、内臓を取り除いたアマミスズメダイ8尾を、水500cc、10cm角の昆布2枚、あら塩大さじ4で煮ます。シンプルにしておいしい料理です。(協力：筑　尚博)

ノトイスズミのオイスターソース炒め (4人分)

ノトイスズミ200gを適当な大きさに切り、酒：醤油＝1:1に浸け、汁気を取ったあと片栗粉をまぶして油で揚げます。ピーマン、パプリカ黄、パプリカ赤それぞれ50g、椎茸40g、缶詰のパイナップル60gを1口サイズに切り、ゴマ油大さじ1をフライパンで熱してから生姜のすりおろし少々を入れて強火でさっと炒めます。揚げておいたノトイスズミを入れて軽く炒め、オイスターソース、醤油、酒、それぞれ大さじ1をかけて全体にまわったら火を止めて盛り付けます。(協力：大富あき子)

アオミシマのプロバンス風 (4人分)

アオミシマ大1尾を三枚におろし (10ページ)、できるだけ骨を取り除いて一口大に切ります。塩こしょう少々で下味をつけ、軽く小麦粉をまぶしておきます。鍋でバター大さじ4を熱し、魚を焼きます。トマトピューレ (なければミートソース缶)、大さじ3、ニンニク2片分のみじん切り、パセリのみじん切り少々を加え、塩こしょうで味をととのえて弱火で煮ます。そこにパン粉大さじ2を入れて汁気を吸わせて火を止めます。別にパン粉適量を炒めて器に敷き、その上に料理を盛ってパセリのみじん切りを散らします。(協力：迫　政幸)

ゴマサバのフィッシュカレー (2人分)

内臓を取って洗ったゴマサバ中1尾を筒切りにし、塩こしょう少々をふります。フライパンに油をひき、軽く表面を焼きます。別の鍋に油を熱し、玉ネギ中1個のみじん切りを、種を取り除いた赤唐辛子1本といっしょにきつね色になるまで炒めます。カレー粉小さじ2、すりおろしたニンニクと生姜各1片、塩小さじ1、トマトピューレ大さじ2を加え、炒めておいたゴマサバを入れます。水100cc、ココナッツミルク大さじ6、レモンの搾り汁大さじ1を加え、蓋をして10分間程度煮つめます。さらに蓋を取って汁気が半分くらいになるまで煮つめればでき上がりです。(協力：大富あき子)

ゴマサバの酢豚風 (4人分)

ゴマサバ大1尾あるいは中2尾を三枚におろしてサクにし (15ページ)、一口大の切り身にします。醤油：酒＝1:1に生姜の搾り汁少々を加えた調味液に浸けておきます。人参1本を乱切りにし、下茹でします。玉ネギ中1個と種を取ったピーマン4個を一口サイズに切ります。魚を調味液から取り出して表面をキッチンペーパーで軽くふき、片栗粉を薄くまぶして170℃の油できつね色になるまで揚げます。鍋にトマトケチャップ、醤油、酢、砂糖、片栗粉各大さじ1、ゴマ油小さじ1を入れ、混ぜながら煮立ててとろみがついたら人参と玉ネギを加えて1～2分間煮ます。最後に魚とピーマンを加えて一煮立ちさせたらでき上がりです。(協力：迫　政幸)

43

地魚料理の簡単レシピ

カツオの心臓の味噌煮 (4人分)

カツオの心臓 200ｇ分を手に入れます。各々縦に 2 つに切り，しばらく流水にさらして血をぬいた後，一度煮こぼしします。醤油 25 cc，酒 50 cc，みりん 50 cc，砂糖大さじ 1，生姜少々，水 100 cc で再度煮て，味噌大さじ 1 を入れてさらに煮ます。

カツオの腹皮の生姜焼き (4人分)

醤油大さじ 2，酒大さじ 2，みりん大さじ 2，すりおろした生姜小さじ 2 を混ぜてたれを作ります。無塩のカツオの腹皮 4 枚をたれに 15 分間程度浸けたあと，フライパンに油をひいて焼きます。

かつおぶし入りもちもち米粉ロール (1本分)

米粉 30ｇ，抹茶小さじ 2，かつおぶし粉小さじ 1 をよく混ぜておきます。室温に戻した卵 3 個を卵黄と卵白に分け，それぞれハンドミキサーでしっかりと泡立てます。それぞれに砂糖を 10ｇずつ加え，さらに混ぜます。卵黄の方に醤油小さじ 1 を入れて混ぜます。それぞれをボウルに移します。卵黄のボウルに卵白の半量と米粉（抹茶とかつおぶし粉入り）を加え，ゴムベラで切るように混ぜます。残りの卵白を加えてさっくりと混ぜます。この生地を型に流し入れて表面を平らにし，180℃のオーブンで 15 分間焼きます。粗熱を取ったのちに型から出して冷ませばスポンジのでき上がりです。生クリーム 150ml に砂糖 15ｇを加え，氷水に浮かせながらかたく泡立ててホイップを作ります。焼きあがったスポンジの手前と左右は 1cm，奥は 2cm 残してホイップを塗ります。手前 1/3 くらいの場所に棒状に伸ばしたこしあん 50ｇを置き，さらしふきんを利用しながら巻きます。ふきんに包んだまましばらく冷蔵庫でなじませてから切り分けます。（協力：大富あき子）

サワラと菜の花のピリ辛煮 (4人分)

醤油：酢：ゴマ油＝1：1：1 で中華だれを作ります。サワラ 400ｇ分を適当な大きさに切って片栗粉をまぶし，フライパンに油をひいて両面をさっと焼きます。水 200 cc，酒大さじ 4，豆板醤小さじ 1/2～1 に中華だれを加えて味付けをします。煮立ったら弱火にしてさらに 10 分間程度煮ます。菜の花は根元を切り落として熱湯でさっと茹でます。皿に菜の花を敷き，その上にサワラを盛り付けてでき上がりです。（協力：迫　政幸）

ハリセンボンのあばす汁

下処理されたハリセンボン（12 ページ）の身と肝を使います。大型の場合は身を適当な大きさに切ります。肝は細かくたたいて焼酎で溶いておきます。あとは味噌汁と同じ要領ですが，味噌を溶く前に肝を加えます。適宜，生姜の搾り汁少々を加えます。火を止めたら小ネギを散らします。

地魚料理の簡単レシピ

ナミクダヒゲエビの生春巻き（4人分・8本）

ナミクダヒゲエビ8尾を塩茹でし（26ページ），頭胸部を取り除いてむき身にしておきます。キュウリ1本を斜め薄切りにしたのちにせん切りにし，キャベツのせん切り300gといっしょに軽く塩もみします。ニラ8本を15cm程度の長さに切ります。ライスペーパーを8枚用意し，1枚ずつさっと水にくぐらせてもどします。キャベツ，キュウリ，ニラをレタスで包み，その上に1本につき2尾のエビをならべ，ライスペーパーで巻きます。ネギソース（35ページ）や市販のスイートチリソースなどをつけてどうぞ。（協力：大富あき子）

ナミクダヒゲエビの串焼き（4人分）

食べたいだけ（30尾前後）のナミクダヒゲエビを，尾節を残してむき身にします。竹串に2～3尾ずつさし，塩こしょうで味付けをして焼くだけの簡単な料理です。（協力：岩屋涼子）

ナミクダヒゲエビのマヨネーズ焼き（4人分）

ナミクダヒゲエビ200g分を丸のまま使います。包丁か料理バサミで背面に切れ目を入れ，軽く塩をふります。切り開いた部分にマヨネーズ適量をはさみます。火が通るまで焼けばでき上がりです。殻もいっしょに食べ，香ばしさを楽しみます。（協力：大瀬里美）

ナミクダヒゲエビとチンゲン菜の中華炒め（4人分）

ナミクダヒゲエビ200g分をむき身にし，背わたを取り除きます。チンゲン菜4株を洗って葉と茎に切り分けます。熱したフライパンにゴマ油少々をひき，エビとチンゲン菜の茎を炒めます。少ししてからチンゲン菜の葉を入れ，さらに薄口醤油小さじ1，塩こしょう少々を加えて炒めます。最後に片栗粉を溶いた水少々を入れ，とろみが出たら火を止めます。（協力：大瀬里美）

ナミクダヒゲエビの青豆蝦仁（チントウシャーレン）（4人分）

背わたを取り除いたナミクダヒゲエビのむき身120gの水気を取り，酒：生姜の搾り汁＝3：1で下味をつけ，片栗粉をまぶしておきます。グリーンピース80gを塩茹でします（冷凍のものをそのまま使ってもかまいません）。生椎茸4個を一口サイズに切ります。湯40cc，酒大さじ1，砂糖，塩，こしょう少々で調味液を作ります。油でエビを炒め，グリーンピースと椎茸を加えてさらに炒めます。調味液を加え，片栗粉少々を水で溶いて加えます。最後にゴマ油少々を加えます。（協力：大富あき子）

45

地魚料理の簡単レシピ

ナミクダヒゲエビのチリソース炒め （4人分）

ナミクダヒゲエビ 300g 分をむき身にし，背わたを取り除きます。それに片栗粉をまぶしてカラッと揚げます。トマトケチャップ大さじ 5，酒少々，砂糖大さじ 1，豆板醤少々，水 100cc をよく混ぜてチリソースを作っておきます。熱したフライパンに油をひいて長ネギ 1 本の白い部分のみじん切り，すりおろした生姜とニンニク少々を炒め，チリソースを加えて少し煮ます。ここに揚げたエビを加え，最後に片栗粉を溶いた水少々を入れ，とろみが出たら火を止めます。（協力：大瀬里美）

ナミクダヒゲエビのえび丸ごとコロッケ （4人分）

ナミクダヒゲエビ 12 尾の頭胸部を取り除き，尾節を残して腹部の殻をむきます。ジャガイモ中 5～6 個を茹で，皮をむいてからつぶします。玉ネギ中 2 個をみじん切りにします。豚の挽肉 200～300g と玉ネギを塩こしょう少々で味付けして炒めたものをジャガイモに混ぜます。これを小判型か俵型にまとめ，中央にエビを入れます。このとき，尾節は外に出るようにします。あとはフライの要領（36 ページ）で小麦粉，溶き卵，パン粉をつけて油で揚げます。（協力：岩屋涼子）

ナミクダヒゲエビソフトシェルの甘酢揚げ （4人分）

醤油大さじ 2，酢大さじ 2，砂糖大さじ 3，白ゴマ少々を混ぜておき，これをたれにします。脱皮直後の殻のやわらかいナミクダヒゲエビ 300g の頭胸部を取り除いて無頭エビにします。表面に片栗粉をまぶして油でカラッと揚げ，たれにからめます。ナミクダヒゲエビはもともと殻のやわらかいエビなので，脱皮直後の個体でなくても大丈夫です。（協力：大瀬里美）

クマエビ焼きえびの雑煮 （4人分）

クマエビの焼きえび 4 尾，干し椎茸小 4 枚，10cm 角の昆布を 800cc の水に一晩浸けておきます。サトイモ 200g，ホウレンソウ 40g をそれぞれ適当な大きさに切り，下茹でします。豆もやしも 20 本程度下茹でします。かまぼこを薄く切ります。餅 8 個を焼くか電子レンジで加熱します。これらの具材を椀に盛っておきます。エビ等を浸した水を火にかけ，煮立たせます。昆布は煮立つ前に出します。椀にエビ，椎茸を加えて汁を注ぎ，最後にみつ葉をのせてでき上がりです。（協力：大富あき子）

クマエビと松茸のどびん蒸し （1人分）

かつおぶしで作っただし汁を塩，薄口醤油，みりん少々で味付けし，腹部の殻をむいたクマエビ 1 尾。縦に裂いた松茸 1 切れ，5cm 角程度のハモの切り身，みつ葉適量をどびんに入れ，火にかけます。カボスを搾っていただきます。（協力：福重 浩）

地魚料理の簡単レシピ

シロエビのピラフ（4人分）

米3合を洗って水気をきっておきます。フライパンに油大さじ1をひき，背わたを取り除いたシロエビのむき身200gを強火でさっと炒め，白ワイン大さじ1を加えます。煮立ったらエビを取り出し，煮汁も残しておきます。鍋に油大さじ1をひき，バター大さじ2を加えて玉ネギ1/2個のみじん切りを炒めます。好みによりミックスベジタブル適量も加えます。米を加えて炒め，透き通ってきたらエビの煮汁に湯を足して3カップ（540cc）にしたものを加え，塩こしょう少々をふって混ぜます。蓋をして中火にし，煮立ったら弱火にして15分程度炊きます。炊きあがったら手早くエビを加えて混ぜ，蓋をして10分間蒸らします。皿に盛り，適宜イタリアンパセリを添えます。（協力：大富あき子）

ヒメアマエビのガーリック焼き（4人分）

ヒメアマエビ200〜300gを洗い，表面の水分を取り除きます。フライパンに油をひき，ニンニクのみじん切り，塩こしょう適量で味を付けてエビを焼きます。

ヒメアマエビとニラの炒め物（4人分）

ヒメアマエビ300gの頭胸部を取り除いておきます。ニラ1束を適当な長さに切ります。生姜，ニンニク1片のみじん切りを油大さじ2で炒め，香りが出てきたらエビを入れ，鶏がらスープの素小さじ2，塩こしょう少々を加えます。エビの色が変わったらニラを入れ，香りづけに醤油少々を加えてさっと炒めます。

ヒメアマエビの炊き込みご飯（4人分）

ヒメアマエビ200g分の頭胸部と尾節を取り除きます。フライパンに油をひき，エビ，しめじ1袋，山菜の水煮1袋，あれば茹でた落花生50gを炒めます。さらに，薄口醤油大さじ3，酒少々，みりん少々，だし汁少々を加えて炒めます。これを米2合，もち米1/2合とともに炊きます。（協力：大瀬里美）

ヒメアマエビのかき揚げ（4人分）

玉ネギ中1個をやや薄めの半月切り，インゲン豆数本を適当な大きさに切ります。これらと頭胸部のみを取り除いた無頭ヒメアマエビ200gを天ぷらの衣（36ページ）を混ぜ合わせます。好みでサツマイモ小1個を拍子木切りにして混ぜても良いです。あとは天ぷらの要領できつね色になるまで揚げます。なお，具材の野菜等は季節にあわせてお好きなものをお使い下さい。このかき揚げは冷めてもおいしいので，弁当のおかずにもなります。（協力：岩屋涼子）

地魚料理の簡単レシピ

ヒメアマエビのさつま揚げ (4人分)

ヒメアマエビ 500ｇの殻をむき，すり鉢を使ってすり身にします。このとき，しゃきっとした歯触りにするために好みによって殻を少し混ぜてもかまいません。豆腐1/4丁を裏ごししたもの，卵1個を加えてよく混ぜます。そこに薄口醤油少々，酒少々，砂糖 70ｇ，塩 3ｇを加えて混ぜます。さらに，片栗粉を溶かした水少々を加えてよく混ぜます。これを小判型にまとめ，160～170℃の低温でじっくりと揚げます。天然色の赤いさつま揚げに仕上がります。（協力：大瀬里美）

ウチワエビの酢の物 (4人分)

キュウリ 2本を小口切りにして塩もみした後，水で洗って絞ります。大葉 2枚をせん切りにしておきます。たっぷりの水に塩を入れて（水 1ℓに対して大さじ 2）ウチワエビ 3～4尾を入れ，火にかけます。沸騰してからさらに 12分間茹でたのちにエビを取り出し，氷水で冷やします。頭胸部と腹部をわけて中の身を取り出します。その際にはできる限り頭胸部の身をたくさん取り，腹部は左右の縁を料理バサミで切って殻をはがすと身が取り出しやすいです（17ページの刺身と同じ要領）。砂糖大さじ 1，酢大さじ 2，薄口醤油小さじ 1，生姜の搾り汁少々を混ぜ，適当な大きさに切ったウチワエビ，キュウリ，大葉を入れて和えればでき上がりです。

カノコイセエビのグラタン (4人分)

まず，ホワイトソースを作ります。バター大さじ 4を弱火で焦がさないように溶かし，小麦粉大さじ 5を加えて手早く混ぜ合わせます。熱が通ったら火を止め，牛乳 600cc，塩こしょう少々，砕いたコンソメスープの素 1個を加えて泡立て器で手早く混ぜます。再び弱火にかけ，焦げないようにかき混ぜながら加熱します。とろみが出て煮立ってきたら火を止めます。次に，具の準備です。カノコイセエビ中 1尾を塩茹でし，身を適当な大きさに切ります。玉ネギ 1/2個，マッシュルーム 1パック分の薄切りを塩こしょう少々で炒めます。グラタン皿 4枚にバターを薄く塗り，具とホワイトソースを入れた上にそれぞれ粉チーズ大さじ 1とパン粉大さじ 1をふりかけます。200℃のオーブンで 20分間程度，焼き色がつくまで焼きます。最後に適宜パセリのみじん切りをふりかけます。（協力：大富あき子）

サガミアカザエビのペペロンチーノ (2人分)

水 2ℓに塩 20ｇの塩水でパスタ 200ｇをかために茹でます。パスタは1.4mm程度の細めのものが良いです。サガミアカザエビ 2尾を塩茹でし，身を取り出して適当な大きさに切ります。アスパラガス 2本を 5cm程度の長さに切り，ニンニク 2片を薄切りにします。これらをオリーブオイル大さじ 4で炒め，ニンニクに色がつきはじめたら赤唐辛子 2本を 3つに割って加えます。最後に茹でたパスタを入れ，オリーブオイルをからめて火を止めます。

トコブシの味噌焼き (4人分)

地魚料理の簡単レシピ

鹿児島県種子島でよく食べられている料理です。トコブシ8個の身に少し切れ目を入れ，味噌：酒＝2：1を混ぜてぬります。強火で焼き，泡をふいてしばらくしたら火を止めます。

ギンタカハマとアスパラガスのガーリックソテー（4人分）

205ページ

ギンタカハマ20個を煮こぼし，氷水にさらします。かなづちで殻を割り，身を取り出して洗ってから適当な大きさに切ります。アスパラガス8本を適当な長さに切り，ニンニク1片はスライスします。フライパンに油をひいてニンニクを炒め，アスパラガス，ギンタカハマを入れて塩こしょう少々をふり，強火でさっと炒めます。

アカニシの黄味酢和え（4人分）

211ページ

卵黄2個に酢40cc，だし汁20cc，みりん小さじ1/2，砂糖大さじ2，塩少々を混ぜ，湯せんにかけて（鍋に湯を沸かし，そのなかに小さい器を入れて加熱）とろみをつけます。粗熱を取ります。これが黄味酢です。塩茹でしたアカニシ（26ページ）の身をスライスし，黄味酢をかけます。（協力：大富あき子）

サルボウガイと大根の煮物（4人分）

214ページ

鍋に少なめに水をはり，よく洗ったサルボウガイ20個（600g程度）を入れて蓋をして加熱します。殻が開いたら取り上げて軟体部と殻に分けます。大根200gを短冊切りにします。醤油大さじ2，酒大さじ1，みりん大さじ1，砂糖小さじ2，だし汁300cc，薄切りにした生姜1片といっしょに貝と大根を入れ，火にかけます。煮立ったらアクをとりながら中火で約5分間煮ます。

ムラサキインコ他のパエリア（2人分）

215ページ

ムラサキインコ100gとエビ6尾（小型クルマエビ類なら12尾）をよく洗い，少量の水で軽く茹でて取り出します。茹で汁にコンソメスープの素1/2個とサフラン少々を入れ，水を加えて170ccのスープにします。ケンサキイカかスルメイカの胴の部分100gの皮をむいて輪切りにします。玉ネギ中1/2個をさいの目切り，種を取った赤ピーマンと青ピーマン各1個を一口サイズに切ります。パエリア鍋にオリーブオイルをひき，みじん切りにしたニンニク1片を炒めます。続いてイカ，玉ネギを炒め，米120gを加えます。米が透き通ってきたらスープを入れ，蓋をして弱火で10分間煮たあと，ピーマンを入れてさらに5分間煮ます。このとき，水を少し足しても良いです。最後にムラサキインコとエビをのせて200℃のオーブンで色がつくまで焼きます。（協力：大富あき子）

ナミノコガイの貝飯（4人分）

216ページ

ナミノコガイ600gを砂ぬきした後に殻をこすり合わせてよく洗います。醤油大さじ2，酒大さじ2，みりん大さじ1，だし汁大さじ3，塩小さじ1を鍋に入れ，殻が開くまで貝を蒸します。さました後，貝と汁にわけ，貝は殻から身をはずします。米4合をとぎ，この汁と適量の水を加え，貝の身をのせて炊きます。盛り付けたら適宜小ネギを添えていただきます。

49

地魚料理の簡単レシピ

マテガイと野菜の味噌炒め (4人分)

マテガイ40本程度を茹で,殻を取り除きます。ナス2本,オクラ8本を適当な大きさに切ります。味噌大さじ4,醤油大さじ1,酒大さじ4,砂糖大さじ1を混ぜ,合わせ調味料を作っておきます。フライパンに油をひき,まずナスとオクラを炒めます。マテガイを加え,最後に合わせ調味料を入れてからめるように炒めます。

アサリのワイン蒸し (4人分)

アサリ600gを用意し,殻をこすり合わせてよく洗います。フライパンでオリーブオイルを熱してスライスしたニンニク1片分を炒め,アサリを入れてさらに炒めます。白ワイン50ccを加え,強火にして蓋をします。アサリが開きはじめたらバター大さじ1を入れ,フライパンをゆすりながらさらに加熱します。口が開いたら皿に盛り,適宜パセリのみじん切りを散らします。

アサリのスパゲティー (2人分)

水2ℓに塩20gの塩水でパスタ200gをかために茹でます。砂抜きした殻付きのアサリ500gをよく洗います。ニンニク2片を薄切りに,種を取り除いた赤唐辛子1本を小口切りにします。フライパンにオリーブオイル大さじ3をひき,ニンニクを炒めます。色がかわりはじめたらアサリと白ワイン150cc,赤唐辛子を入れ,蓋をします。アサリが開いてきたら茹でたパスタを入れ,塩こしょう少々で味をととのえます。皿に盛り付け,適宜パセリのみじん切りをふりかけます。

焼きはまぐり

ハマグリは殻をこすり合わせてよく洗い,ちょうつがいの部分を包丁で切り取って殻を開けやすくします。焼き網の上に置いて火にかけ(フライパンなら塩を盛ってその上に置く),泡が出てきたら殻を開けて同量の醤油と酒をかけ,しばらく焼いてでき上がりです。焼き過ぎないようにしましょう。

スルメイカとサトイモの煮物 (4人分)

スルメイカ1杯の内臓と中骨(軟甲)を取り除き,胴の部分をよく洗ってから輪切りにします。眼と嘴を取り除き,げそ(腕)を適当な大きさに切っておきます。サトイモ600gの皮をむき,適当な大きさに切って一度茹でこぼします。醤油大さじ3,みりん大さじ3,砂糖大さじ1,だし汁300ccでイカとサトイモを煮ます。サトイモがやわらかくなったらでき上がりです。

地魚料理の簡単レシピ

スルメイカの照り焼き（4人分）

スルメイカ 4 杯の内臓と中骨（軟甲）を取り除き，胴の部分をよく洗って水をきります。眼と嘴を取り除き，げその部分（腕）を胴に詰めます。醤油，酒，みりん各大さじ 3 を混ぜてたれを作り，これにイカを浸して味をつけます。ときどきたれをつけながら焼きます。

スルメイカとアスパラガスのマヨネーズ炒め（4人分）

スルメイカ 1 杯の内臓と中骨（軟甲）を取り除き，胴の部分をよく洗ってから輪切りにします。眼と嘴を取り除き，げそ（腕）を適当な大きさに切っておきます。アスパラガス 1 束を適当な長さに切り，軽く下茹でします。フライパンに油をひいてイカを炒め，アスパラガスを加えて塩こしょう少々で下味をつけます。仕上げにマヨネーズ大さじ 4 を加えて一混ぜし，火を止めます。（協力：迫　政幸）

ナンヨウホタルイカと古参竹の酢味噌和え

ナンヨウホタルイカを食べたいだけ湯通しします。刺身に使った残りのげその部分のみでもかまいません。古参竹を塩茹でし，食べやすい形に切ります。白味噌 100 g に対して酢大さじ 2，みりん大さじ 1，だし汁大さじ 1，砂糖大さじ 1〜2 で酢味噌を作り，これらを器に盛ります。好みによって酢味噌にわさびや柚子の皮をすりおろしたものを混ぜても良いです。（協力：迫　政幸）

マダコのたこのまるかじり（4人分）

小型（300 g 程度）のマダコを使います。深めの鍋に水 2000cc，塩 60 g，醤油大さじ 1 を入れ，火にかけます。沸騰したら下処理したマダコ（14 ページ）の腕の部分を先端から 3 回程度出し入れし，形を整えます。一度取り出し，再度沸騰したら全体を浸し，強火で 5 分間茹でます（茹で過ぎないように注意）。水をきり，大きめの皿に盛ります。生ワカメ 50 g を軽く茹でたあとに冷水で冷まし，キュウリ 1/2 本を薄切りにしてそれぞれ皿に盛り付けます。ナイフとフォークで切り取り，小皿にとっていただきます。お好みでわさび醤油につけても良いです。歯ごたえと甘みを楽しみますが，通常の茹でダコ（27 ページ）のように沸騰したら火を止めて茹で時間を短くしてもかまいません。

マダコのたこめし（4人分）

マダコを茹で（27 ページ），150 g 分を 1cm 角程度の大きさに切って醤油大さじ 1，酒大さじ 1 をふっておきます。米 2 合と相当分量の水を釜に入れ，大さじ 2 の水を捨ててしばらくおきます。そこに生姜 1/2 片のせん切り，5cm 角の昆布，塩少々と先ほどのタコを醤油と酒ごと釜に入れて炊きます。炊きあがったら昆布を取り出し，全体を混ぜてから器に盛ります。適宜大葉のせん切りを添えてどうぞ。（協力：迫　政幸）

地魚料理の簡単レシピ

マダコのから揚げ ガーリック醤油風味(4人分)

下処理したマダコ（14ページ）600gを好みの大きさに切り，沸騰した湯に入れて軽く茹でます。酒50cc，醤油50ccにすりつぶしたニンニク1片分を混ぜた中に茹でたマダコを20分間浸し，味をつけます。キッチンペーパーで表面の水分をよく取り，小麦粉大さじ4をまぶして180℃の油できつね色になるまで揚げます。器に盛り，好みによりレモンをかけていただきます。

マナマコのなまこ酢

まずマナマコの両端部分を切り落としたあと，大きいものは縦に二つに切り，小さいものは縦に切れ目を入れて内臓を取り出します。薄くスライスし，ポン酢，小ネギ，好みにより一味唐辛子を適量加えます。大根おろしを添えると箸でつかみやすくなります。

イシワケイソギンチャクの味噌煮(4人分)

イシワケイソギンチャク400gを縦に開いて塩で洗い，ぬめりを取ります。これを3〜4回繰り返したのちに沸騰した湯に通して臭みを取ります。鍋に白味噌100g，砂糖30g，酒大さじ1，みりん大さじ1，好みにより一味唐辛子少々を入れ，加熱します。煮立ったらイソギンチャクを入れ，再び煮立ったら火を止めます。器に盛り，適宜小ネギをふります。（協力：友添　勝）

ビゼンクラゲとキュウリのごま和え

塩漬けのビゼンクラゲを細く切り，30〜40分間水に浸けて塩抜きをします。キュウリを薄い輪切りにし，軽く塩もみしてさっと洗い流し，水気を取ります。クラゲとキュウリをあわせ，適量の白ゴマと砂糖で和えます。適宜，醤油を加えてもかまいません。（協力：中島敏子，比喜多紀子，野中康子，泉谷千代子，永吉和子）

ヒジキの炒り煮(4人分)

乾燥ヒジキ40gを水で戻します。さつま揚げまたは油揚げ1枚に湯をかけて油抜きし，細く切ります。これらを人参1/4本のせん切りといっしょに油で炒め，醤油大さじ1，みりん大さじ1，砂糖大さじ1で味を調えます。器に盛り，小ネギ適量を散らしてでき上がりです。ご飯にまぜてもおいしいです。

地魚料理の簡単レシピ

ハナフノリのふのりだき　（4人分）

干し椎茸 5 枚で 700 cc の戻し汁を作ります。だし汁と醤油で味をととのえ，小さく切った椎茸，ツナ缶 80g，ミックスベジタブル適量とともに小さく切った乾燥ハナフノリ 200g を中火で 20〜30 分混ぜながら煮ます。容器に入れて一晩冷蔵庫で冷やして固めます。適当な大きさに切って盛り付けます。（協力：南　秀子）

232ページ

---

column

さつま揚げ　進化を続ける伝統の味

　鹿児島県はさつま揚げの本場です。とはいえ，今では九州近海にいないスケトウダラの冷凍すり身を主原料としたさつま揚げが主流になっています。そんななか，有水屋（鹿児島市）の有水港さんは半世紀以上にわたり，伝統を絶やすわけにはいかないという強い気持ちで新鮮な地魚と地下水を使ったこだわりのさつま揚げを作り続けています。

　製造工程は，早朝にいろんな種類の鮮魚を仕入れ，さばくところからはじまります。エソやダツ，アジなどの仲間は包丁で三枚におろし，サメなどの大きな魚は採肉機で身と骨，皮に分離し，余分な脂や血液を取り除いて脱水します。脱水の方法やそれにかける時間は魚種によって異なります。とても重要な工程の一つです。

　「さつま揚げは，1 種類の魚だけでは絶対においしいものはできません。」と有水さんは言います。魚種ごとに身の特徴が異なり，また魚種どうしの相性もあるのだそうです。有水さんはその日に水揚げされた新鮮な魚を自らの目で見て仕入れ，複数の魚種のなかから最適な組み合わせと配合割合を決め，らいかい（撹拌）してすり身を作ります。たとえば，「マアジ 39 kg，トカゲエソ 15 kg，キハダ 30 kg，サメ類 12 kg」といった具合です。

　すり身に味付けをしながらよく練り込んだあと，手作業でさつま揚げのかたちに成形します。次に油で揚げるのですが，低温，高温で 2 度揚げします。油は菜種油を使います。最後に冷却機で 1 時間弱（季節により異なる）冷ませばさつま揚げのでき上がりです。

　かなり手間ひまのかかるさつま揚げは，魚種の選定と配合割合，水，すり身の水分含量と保水性，揚げ方などで大きく味が変わります。半世紀以上にわたってさつま揚げを作り続けてきた超ベテランの有水さんでさえ，「まだまだわからないことばかり。未だに勉強の毎日です。」とのこと。鹿児島の伝統の味は，今でも進化を続けているのです。

採肉機で身と皮に分ける

最高の配合ですり身を作る

手作業で成形し，さつま揚げのかたちに

低温，高温で 2 度揚げする

冷ましてさつま揚げのでき上がり

地魚料理のとっておきレシピ

カラストビウオの姿造り (4人分)

トビウオの仲間は胸鰭が大きいので姿造りの刺身は見た目にも豪華です。胸鰭は横に広げても良いでしょう。
（協力：渡辺友義）

1. カラストビウオ1尾の鱗を取ります。
2. 胸鰭後方から頭を切り落とし内臓を取り除いてよく洗います。頭は盛り付け用に洗って残します。 
3. 腹鰭を切り落とします。 
4. 腹側に包丁を入れます。 
5. 同様に背鰭の付け根に沿って包丁を入れます。 
6. 身を中骨から切り離します。 
7. もう一方の身も同様に切り離します。中骨は尾鰭がついたまま洗って残しておきます。 
8. 腹骨をそぎ取ります。 
9. 皮を引きます。 
10. 中央に縦にならぶ小骨に沿って切ります。 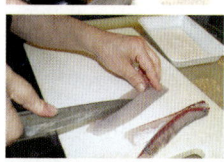
11. 小骨の列を切り取り、背側と腹側にわけます。 
12. 残しておいた頭の部分の後方につま楊枝をさし、たこ糸で左右の胸鰭を固定します。 
13. 大根を切って尾鰭を立てるための台を作り、皿に頭と中骨を置きます。 
14. 刺身を引きます。 
15. 大根のつまと大葉を敷き、刺身を盛り付けます。

地魚料理のとっておきレシピ

ヌタウナギの皮のにこごり (4人分)

見た目も味も，とても魚とは思えない不思議な料理。ナンバーワンとっておきレシピです。ポン酢かわさび醤油でどうぞ。（協力：村下徳盛）

178ページ

1. ヌタウナギ1〜2尾を用意し，皮をむきやすくするために新聞紙などで表面のぬめりをよく取ります。
2. 頭の後方に切れ目を入れます。 
3. そこから後方に向かって手で皮をむいていきます。 
4. 内臓と舌の筋肉を取り出し，尾鰭を切除します。 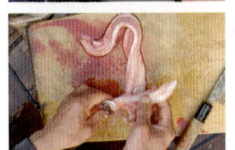
5. これで身，舌の筋肉，皮にわかれます。身と舌は適当な大きさに切って照り焼きなどにします。 
6. 皮を熱湯に3回くぐらせます。 
7. 適当な大きさの容器にラップを敷き，そのなかに皮を入れ冷蔵庫で1時間程度冷やしてかためます。 

カノコイセエビのうに焼き (4人分)

"磯の高級食材" カノコイセエビとムラサキウニを使ったぜいたくな料理です。

191ページ

1. 生うに大さじ2，卵黄2個分，塩少々，酒少々を混ぜてソースを作ります。
2. カノコイセエビ2尾を縦に割って半身にします。 
3. エビに酒少々をふり，200℃のオーブンで20分間焼いて一度取り出します。 
4. 表面にソースをぬり，みじん切りしたパセリをふりかけてもう一度軽く焼いてから皿に盛ります。

地魚料理のとっておきレシピ

ヒメアマエビのサモサ （4人分）

日本人の口に合う、お手軽インド風料理です。ヒメアマエビ 200g分の頭胸部、殻をすべて取り除き、むき身にします。玉ネギ中1個をスライス、ジャガイモ中1個をせん切りにしておきます。コリアンダー小さじ 1、チリ小さじ 1/2、ターメリック小さじ 1/2、塩小さじ 1、トマトケチャップ小さじ 1、水 50ccを用意しておきます。手順は以下の通りです。（協力：モスト・アフィア・スルタナ）

1 玉ネギをきつね色になるまで油で炒めたあと、上記のスパイス類、トマトケチャップ、水を加えて混ぜます。

2 エビとジャガイモを入れ、時々かき混ぜながら弱火でじっくり炒めます。

3 火が通り、水分が概ねなくなれば火を止めます。

4 餃子の皮 20枚に炒めた具材を包みます。小麦粉少々を水で溶いて皮の周りにぬると包みやすいです。

5 これを両面に色がつくまで軽く揚げます。

※ターメリックの代わりにカレー粉を使ってもかまいません。

マクサのフルーツゼリー

ミネラルたっぷりのデザートです。寒天を使うのが手軽ですが、もちろん海藻そのものからでも簡単に作ることができます。まずは乾燥したマクサ 25gを水でよく洗い、軽く絞っておきます。また、鍋に水 1500ccを入れて強火で加熱します。それ以降の手順は以下の通りです。

1 沸騰したら酢 5gとマクサを入れ、再び煮立ってきたら弱火にしてときどき混ぜながら 30分間煮ます。

2 ボウルにざるを重ね、その上に木綿の布を敷いて鍋の中身を濾します。

3 ボウルにたまった液体が寒天液です。

4 別の鍋にグレープジュース 900ccと砂糖 100gを入れて沸騰しない程度に過熱し、粗熱を取った寒天液に混ぜ合わせます。

5 お好みで缶詰のみかんなどといっしょに型に入れ、冷蔵庫で 30分間以上冷やせばでき上がりです。

第2部

食べる地魚図鑑

1 魚のなかま…58

2 エビ・カニのなかま…179

3 貝・イカ・タコのなかま…201

4 ウニ, クラゲなどのなかま…227

5 海藻のなかま…231

ニホンウナギ（ウナギ科）

Anguilla japonica Temminck and Schlegel, 1846

分布：北海道以南，朝鮮半島，中国，台湾の湖沼，河川の中・下流域，河口域，沿岸　　全長：60cm　　E 5

　ニホンウナギは日本人が大好きな魚の一つで，養殖対象魚種の代名詞ともいえます。一方，東京大学大気海洋研究所を中心に天然のニホンウナギの生態に関する研究も精力的に行われてきました。「ウナギは川の魚」と思われがちですが，ニホンウナギの産卵場は日本のはるか彼方の深海，マリアナ諸島西方沖のスルガ海山付近であることがわかりました。孵化後のレプトセファルス幼生はシラスウナギへと変態し，黒潮に乗って日本近海までやってきて川をさかのぼります。養殖ウナギは青黒い背中をしていますが，天然のニホンウナギは背側が深緑色で腹側は黄色みを帯びています。また，生涯を海で過ごすと思われる海ウナギもいます。有明海では，極めて少量ながら繁網やうなぎかきなどで海ウナギが獲られます。体色は川のウナギと異なり，淡緑色をしています。本種よりも大型になり，「かにくい」や「ごまうなぎ」と呼ばれるオオウナギ（*A. marmorata* Quoy and Gaimard, 1824）は別種です。
《食べる》土用の丑の日のみならず，さらに脂ののった寒い時期の天然ウナギもおすすめです。海ウナギは"幻の食材"ですが，蒲焼きは超絶品です。

ニホンウナギ

海ウナギ 　　養殖ウナギ

ニホンウナギの鍋照り焼き 　　海ウナギの蒲焼き

ハモ（ハモ科）　地方名：はむ

Muraenesox cinereus (Forsskål, 1775)

分布：福島県以南の各地，黄海，東シナ海，インドー太平洋　　全長：1m　　D 4

　関西地方を中心に夏に好まれる高級魚です。小骨の多い魚ですが，開いたあとに細かく包丁を入れる骨切りをすれば食べやすくなります。九州近海では八代海で多く漁獲されますが，最近は鹿児島県の志布志漁業協同組合が志布志湾で獲られたものを調理しやすい形までさばいて販売しています。近縁種にスズハモ（*M. bagio* (Hamilton, 1822)）がいます。側線孔数が40以上ならハモ，40未満ならスズハモです。
《食べる》湯引きが定番で梅肉があいますが，九州では酢味噌を添えることが多いです。

口が大きく歯がするどい 　　ハモ　　ハモの湯引き 　　ハモの蒲焼き

A：とても簡単に手に入る　B：簡単に手に入る　C：普通に手に入る　D：地域や季節によっては手に入る　E：なかなか手に入らない　F：ほとんど手に入らない

魚のなかま

マアナゴ （アナゴ科） 地方名：あなご，とうへい
Conger myriaster (Brevoort, 1856)
分布：北海道以南，朝鮮半島，東シナ海の浅海から水深500mまで　　全長：60cm　　**C 5**

　本種は体に白点がならんでいることで，近縁種と容易に区別できます。生態解明は難しく，産卵場は東シナ海南部の陸棚斜面域と考えられていますが，詳細はまだわかっていません。マアナゴはアナゴ科の中でもっともおいしい魚だと思います。それどころか「寿司ダネでいちばん好きなのはアナゴ」という人もいるのではないでしょうか。マアナゴは瀬戸内海地方では焼きあなごやあなご丼などで好んで食べられ，鮮魚店でも定番の魚です。また，「めそ」と呼ばれる小型のマアナゴは江戸前寿司には欠かせません。九州にももっと広めたい，私の大好きな魚です！　マアナゴは簡単に釣ることができます。夜の投げ釣りでマアナゴを釣って，細長いはずの仕掛けがピンポン玉のような信じられない形であがってきたという経験がありませんか？
《食べる》旬は初夏。ニホンウナギと同様に開いて中骨を取り除けば，煮付けや天ぷらなどでおいしくいただけます。もちろん，それが面倒なときはぶつ切りでも大丈夫です。刺身もOKです。

マアナゴ
マアナゴの湯引き 　　マアナゴの煮付け 
マアナゴのあなご丼 　　マアナゴの天ぷら 

アイアナゴ （アナゴ科） 地方名：あなご
Uroconger lepturus (Richardson, 1845)
分布：高知以南の南日本，インド－西太平洋，水深122～1020m　　全長：60cm　　**F 3**

　本種はやや深い海で操業する底曳網で混獲されます。鹿児島湾のとんとこ網では一年中獲られますが，マアナゴに比べて見た目が悪いためか，ほとんど水揚げされることはありません。しかし，煮付けやかば焼きなどにすればおいしいのでもったいないと思います。今後の有効利用が期待される魚です。いっしょに網に入ることが多いニセツマグロアナゴとよく似ていますが，主上顎骨歯が2列で鋤骨歯の歯列が長いことで区別できます。
《食べる》見た目よりもおいしいです。から揚げなどの油を使った料理によくあうと思います。

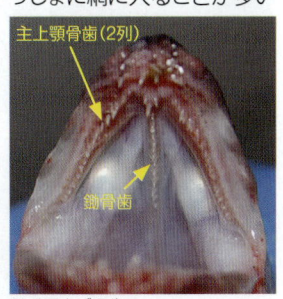

主上顎骨歯(2列)
鋤骨歯
アイアナゴの歯
アイアナゴ 
アイアナゴとホウレンソウのソテー 　　アイアナゴのから揚げ 

1：あまりおいしくない　2：まあまあ　3：おいしい　4：とてもおいしい　5：文句なくおいしい

魚のなかま

ニセツマグロアナゴ（アナゴ科）　地方名：あなご
Bathycongrus baranesi Ben-Tuvia, 1993
分布：東京湾〜鹿児島，朝鮮半島　　全長：40cm

F 2

　本種はアイアナゴに比べて魚体がきれいで，しっぽがやや短い印象があります。また，主上顎骨歯は数列あり，鋤骨歯の歯列が短いのが特徴です。アイアナゴと同様に深海の底曳網で混獲されますが，量的にはやや少ないです。
《食べる》やや小骨が多いですが，とても細いので食べる際にはあまり気になりません。本種は小型のものが多いので，開いてみりん干しなどにするのも良いでしょう。

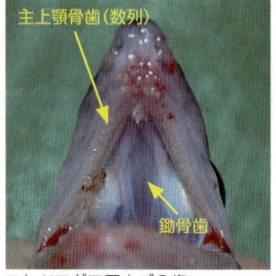

主上顎骨歯（数列）
鋤骨歯

ニセツマグロアナゴ
ニセツマグロアナゴの歯
ニセツマグロアナゴの煮付け 
ニセツマグロアナゴのから揚げ 

ウツボ（ウツボ科）　地方名：きだか，きだこ
Gymnothorax kidako (Temminck and Schlegel, 1847)
分布：南日本，台湾の岩礁域　　全長：90cm

E 3

　岩礁やサンゴ礁の陰から大きな口をあけて顔を出している様子は写真やテレビで一度はみたことがあると思います。黄色と茶色のまだら模様をした全長1mくらいになる魚ですが，胸鰭と腹鰭がありません。全国的にウツボを食べる地域は限られていますが，九州では鹿児島県佐多岬周辺で冬にウツボの干物を食べる習慣があります。ニホンウナギに比べてはるかに大きいので，自分で釣った場合は調理が難しいかもしれません。
《食べる》一般的には干物を購入し，それを焼いて，あるいは素揚げで食べます。エビス堂濱尻海産（鹿児島県南大隅町）の濱尻博幸さんは寒風吹き荒ぶ中，干物作りを一手に引き受けています。地元の漁業者はあっさりと茹でるのがもっとも風味があっておいしいといいますが…。干物をつくる過程で出た中骨は濱尻さんの晩酌の肴になるそうですが，わけていただいたものをから揚げにしたらやはり絶品でした。三重，和歌山，高知など，地域によっては鮮魚が湯引きやたたきなどでも食べられているようです。

ウツボ
ウツボの干物の茹でたもの
ウツボの干物の焼き物 
ウツボの干物の炒め物 
ウツボの干物の素揚げ 
ウツボの骨のから揚げ 

A：とても簡単に手に入る　B：簡単に手に入る　C：普通に手に入る　D：地域や季節によっては手に入る　E：なかなか手に入らない　F：ほとんど手に入らない

魚のなかま

マイワシ（ニシン科）　地方名：いわし
Sardinops melanostictus (Temminck and Schlegel, 1846)
分布：日本各地，朝鮮半島東部，中国南部，台湾　　全長：20cm　　C 3

　マイワシといえば以前は大衆魚の代表種でしたが，1990年代以降の漁獲量の激減により価格は上がり，食卓に上る頻度も少なくなりました。南九州の薩南海域は本種の産卵場の一つで，かつては九州でも大量に水揚げされ，干物がつるされた光景をよく目にしたものでした。しかし近年は，九州で売られているマイワシの多くは九州産ではないものです。体側に黒斑が1～2列ある個体が多いですが，ない個体もいます。
《食べる》本種の塩焼きは伝統的な「日本人のおかず」。脂ののったマイワシは刺身や煮付けもおいしいです。

マイワシ
マイワシの刺身 　　マイワシの黒酢煮 　　マイワシの塩焼き（丸干し） 

カタボシイワシ（ニシン科）
Sardinella lemuru Bleeker, 1853
分布：南日本，中国，東南アジア，オーストラリア西岸　　全長：20cm　　E 2

　聞き慣れない名前のイワシですが，本種は岡山県でままかりと呼ばれ好まれているサッパ（*S. zunasi* (Bleeker, 1854)）の近縁種です。他のイワシ類にまじって漁獲される程度の魚で，ほとんど出合うことはありません。
《食べる》やや小骨が多いのが気になります。

カタボシイワシの塩焼き 　　カタボシイワシ

ヒラ（ニシン科）
Ilisha elongata (Bennett, 1830)
分布：富山湾・大阪湾以南，中国，東南アジア，インド東岸　　全長：60cm　　D 3

　体は側扁してとても薄く，とくに腹部が顕著で縁は尖って硬い鱗（稜鱗）がならんでいます。九州の主産地は有明海ですが，決して大量には漁獲されません。
《食べる》刺身がおいしい大型の魚で，旬は初夏です。小骨が多いので細く切るのがコツです。

ヒラの刺身 　　ヒラ

1：あまりおいしくない　2：まあまあ　3：おいしい　4：とてもおいしい　5：文句なくおいしい

魚のなかま

ウルメイワシ （ニシン科）　地方名：うるめ
Etrumeus teres (De Key, 1842)
分布：本州以南の沿岸域, オーストラリア南岸, 中〜東部太平洋, 西部大西洋の暖海域　全長：25cm　**B 4**

　眼が大きく潤んだようにみえることからこの名前がつきました。丸干しにするとおいしいので全国的には干物に加工されて食べられることが多いですが, 九州ではまき網や定置網などで漁獲された新鮮なものが簡単に手に入ります。
《**食べる**》いろんな料理に向きますが, 鮮度が良いものは刺身で食べるのがいちばんです。寒い時期はとくに脂がのってとてもおいしいです。

ウルメイワシ

ウルメイワシの刺身 　ウルメイワシの塩焼き 　ウルメイワシのみりん漬け 　ウルメイワシのフライ

キビナゴ （ニシン科）　地方名：じゃこ, ざこ, きびな, きんにゃご
Spratelloides gracilis (Temminck and Schlegel, 1846)
分布：南日本〜東南アジア, インド洋, 紅海, アフリカ東部の沿岸域　全長：10cm　**A 4**

　数ある高級魚を押しのけ, 九州の魚人気ナンバーワンに輝くのはこの小さな魚かもしれません。甑島, 薩摩半島周辺, 種子島など, 鹿児島近海を中心に刺網などで漁獲されます。その日に獲られた新鮮なものを産地で食べるのがベストです。鮮魚店でも簡単に入手できますが, 刺身になったものよりも丸のままのほうが割安で, 手で簡単に刺身にすることができます（16ページ参照）。
《**食べる**》刺身や天ぷらはもちろん, ほかにもいろんな食べ方が一年中楽しめます。ここでは手軽に楽しめる10種類の料理の写真を掲載しましたので, ご家庭でもぜひお試しください。

キビナゴ

キビナゴのにぎり寿司 　キビナゴの刺身

キビナゴのお茶漬け 　キビナゴのブー 　キビナゴの煮付け 　キビナゴのすき焼き

キビナゴの塩焼き 　キビナゴとモズクの天ぷら 　キビナゴのフライ 　キビナゴの南蛮漬け

A:とても簡単に手に入る　B:簡単に手に入る　C:普通に手に入る　D:地域や季節によっては手に入る　E:なかなか手に入らない　F:ほとんど手に入らない

魚のなかま

カタクチイワシ（カタクチイワシ科）
Engraulis japonicus Temminck and Schlegel, 1846

地方名：かたくち, たれくちいわし, たれ, えたれ, えたり, ひらご, よたれ, ほおたれ

分布：日本各地, 朝鮮半島, 中国, 台湾, フィリピンの沿岸域の表層付近　　全長：2〜12cm　　A3

カタクチイワシ科の特徴は下あご先端が吻端よりも後方にあり, 口が大きいことです。成魚はかつお一本釣りのまきエサにされます。食用としては煮干しやめざしなどの干物で売られていることが多く, 九州では鮮魚でならぶことは少ないです。私たちにとって, 成魚よりもなじみがあるのは稚魚, しらすですね。釜茹で後の乾燥時間によっていろんな段階の水分含量のものがあります。

《食べる》成魚の下処理はキビナゴと同様に包丁がいりません。片身ずつスプーンですくえば簡単に刺身ができます。私は, 甘みのなかにほんのりと苦みがまじる生しらすが大好きです。ただし鮮度が命なので, 獲れたては産地でしか食べられません。

カタクチイワシ　　しらす
カタクチイワシの刺身 　　カタクチイワシの煮付け 　　カタクチイワシの塩焼き  
生しらす 　　しらすのチャーハン 　　さつまキラキラちりめんの香り天ぷら 　　ちりめんのチーズ焼き 

エツ（カタクチイワシ科）
Coilia nasus Temminck and Schlegel, 1846

分布：有明海, 筑後川　　全長：30cm　　E3

有明海の初夏の風物詩, えつ流し刺網漁で獲られる希少種です。こう見えてカタクチイワシ科に属しますが, 口の大きな顔はたしかにカタクチイワシに似ていますね。えつ漁は筑後川の下流や河口付近で行われます。毎年, 漁期は基本的に5月1日から7月20日までで, この期間しか獲れたてを食べることはできません。ぜひ産地でエツ料理を食べてください。

《食べる》小骨があるので, 刺身にするときは細切りにします。小型のものはから揚げで丸ごとどうぞ。揚げれば骨はまったく気になりません。

エツ
エツの刺身 　　エツのから揚げ 　　エツの南蛮漬け 

1:あまりおいしくない　2:まあまあ　3:おいしい　4:とてもおいしい　5:文句なくおいしい

コノシロ （ニシン科）　地方名：つなし，こはだ

Konosirus punctatus (Temminck and Schlegel, 1846)

分布：新潟・宮城以南，朝鮮半島，黄海，渤海，東シナ海，南シナ海　　全長：20cm　　　　C 3

　体は平べったく，背鰭の最後の軟条が糸のように長くなっています。関東では江戸前寿司のタネとして好まれ，関西では塩焼きなどで食べられています。残念ながら九州での知名度は低いですが，おいしい魚です。
《**食べる**》酢漬けが定番。小骨があるので，塩焼きの場合は骨切りをしたほうがいいです。秋から冬が旬です。

コノシロの酢漬け　　　コノシロ

カゴシマニギス （ニギス科）　地方名：おきうるめ

Argentina kagoshimae Jordan and Snyder, 1902

分布：南日本，東シナ海の砂泥底　　全長：15cm　　　　E 3

　スズキ目キス科に入りそうな形や名前ですが，まったく異なるニギス目ニギス科の魚です。一般的には水深 200 m以深に分布するとされていますが，鹿児島湾では主に水深 150 m前後の場所で混獲されます。近縁種のニギス (*Glossanodon semifasciatus* (Kishinouye, 1904)) は下あごのほうが長く，本種は上あごのほうが長くなっています。
《**食べる**》肉付きがよく，塩焼きやから揚げがおいしいです。

上あごが下あごよりも長い　　カゴシマニギス　　カゴシマニギスの白焼き　　カゴシマニギスのから揚げ

アカマンボウ （アカマンボウ科）　地方名：まんだい

Lampris guttatus (Bruennich, 1788)

分布：北海道以南の太平洋側，津軽半島以南の日本海側，世界中の温帯〜熱帯海域，水深500m以浅の外洋域の表層　　全長：1.2m　　　　D 3

　別名まんだい。名前は似ていますが，マンボウ (*Mola mola* Linnaeus, 1758) とは別の仲間です。本種は大型でカラフルな魚で，まぐろはえ縄などで混獲されます。九州では鮮度の良い近海産も水揚げされます。
《**食べる**》一般的な食べ方はフライ，から揚げ，竜田揚げなど。甘みがあり，味の良い魚です。

アカマンボウの竜田揚げ　　アカマンボウ

A：とても簡単に手に入る　B：簡単に手に入る　C：普通に手に入る　D：地域や季節によっては手に入る　E：なかなか手に入らない　F：ほとんど手に入らない

魚のなかま

ワニエソ（エソ科）　地方名：えそ

Saurida wanieso Shindo and Yamada, 1972
分布：南日本，インド－西太平洋の浅海～やや深みの砂泥底　　全長：40cm　　C3

「どんな大物がかかったかと思ったら，えそ。残念！」と釣り人には敬遠される魚ですね。ワニエソは胸鰭後端が腹鰭起部まで達し，尾鰭下葉が黒いという特徴があります。エソの仲間はほとんどが練り製品の原料や開きなどの加工品にされ，鮮魚として売られることは少ないです。
《食べる》小骨が多く食べにくいですが，肉質は上々です。

ワニエソの塩焼き（開き）
ワニエソ
尾鰭下葉が黒い

トカゲエソ（エソ科）　地方名：えそ

Saurida elongata (Temminck and Schlegel, 1846)
分布：新潟・宮城以南，東シナ海，台湾の浅海～やや深みの砂泥底　　全長：30cm　　C3

本種は胸鰭が短く，後端は腹鰭起部まで達しません。この点で他種と容易に区別できます。
《食べる》地元産の魚を使ったさつま揚げには本種が使われているものがあります。

トカゲエソ入りさつま揚げ
トカゲエソ

マエソ（エソ科）　地方名：えそ

Saurida macrolepis Tanaka, 1917
分布：南日本，東シナ海，トンキン湾，タイ湾，オーストラリア，紅海，アフリカ東部の沿岸の砂泥底，水深100m以浅　　全長：30cm　　D3

本種は尾鰭下葉が白いのが特徴です。エソ類3種の見分け方は，胸鰭が短ければトカゲエソ，胸鰭が長く尾鰭下葉が黒ければワニエソ，尾鰭下葉が白ければマエソです。
《食べる》マエソも練り製品の材料としては極上です。

マエソ入りかまぼこ
マエソ
尾鰭下葉が白い

エソの仲間にはこれら3種のほかに，体側に淡青色と黄色の縦線が走るオキエソ（*Trachinocephalus myops* (Schneider, 1801)）などがいます。

オキエソ

1：あまりおいしくない　2：まあまあ　3：おいしい　4：とてもおいしい　5：文句なくおいしい

魚のなかま

アオメエソ（アオメエソ科）　地方名：めひかり
Chlorophthalmus albatrossis Jordan and Starks, 1904
分布：相模湾〜九州, 東シナ海〜九州・パラオ海嶺, 水深200〜600m　　全長：15㎝　　B 4

　別名めひかり。深海の底曳網で漁獲されます。近縁種のマルアオメエソ（*C. borealis* Kuronuma and Yamaguchi, 1940）とは頭と眼の大きさが少しちがうだけで見た目はそっくりです。しかし分布域にちがいがあり, 産地が相模湾以南なら本種, 千葉県銚子以北ならマルアオメエソだと思ってよいでしょう。
《食べる》身のやわらかい魚ですが, 新鮮なものは刺身でどうぞ。脂ののりを楽しむなら, から揚げ, 塩焼き, 一夜干しがおすすめです。

アオメエソ
アオメエソの刺身
アオメエソの塩焼き 
アオメエソのから揚げ 

トモメヒカリ（アオメエソ科）　地方名：めひかり, めひかりのおおばん
Chlorophthalmus acutifrons Hiyama, 1940
分布：駿河湾〜フィリピンの大陸棚縁辺域　　全長：20㎝　　E 2

　眼がやや小さく, 背中が出っ張っています。アオメエソよりも大型で食材としての用途も同じですが, 水揚げ量は少ないです。
《食べる》残念ながら, 身はやや水っぽいです。

トモメヒカリの煮付け
トモメヒカリのから揚げ 
トモメヒカリ 

ハダカエソ（ハダカエソ科）
Lestrolepis japonica (Tanaka, 1908)
分布：相模湾以南, 西部太平洋, 東部インド洋の熱帯域　　全長：18㎝　　F 4

　平べったく細長い体形の深海魚で, 骨が透けて見えます。ハダカエソという和名にはうなずけますね。実はこのハダカエソ, 一つの体の中に卵巣と精巣が同時に存在する雌雄同体の魚なのです。本種は鹿児島湾のとんとこ網などで混獲されますが, 出荷はされていません。
《食べる》おいしそうなので以前から食べてみたかったのですが, 今回, 頭と内臓を取り除いてから揚げと一夜干しにしてみました。骨ごと食べられ, 期待を裏切りませんでした。まったくせがなく, 甘みも十分。大発見でした！

ハダカエソ
ハダカエソの一夜干し 
ハダカエソのから揚げ 

A：とても簡単に手に入る　B：簡単に手に入る　C：普通に手に入る　D：地域や季節によっては手に入る　E：なかなか手に入らない　F：ほとんど手に入らない

アユ （アユ科）

Plecoglossus altivelis altivelis Temminck and Schlegel, 1846
分布：北海道西部から南九州までの日本各地，朝鮮半島からベトナム北部　全長：20cm　　E 4

　アユは川魚の代表格ですが，仔稚魚のうちは海にいる魚です。秋に生まれ，春までに海で全長数cmまで成長した稚魚は川を遡上し，夏には中流域で川底の岩に付着した珪藻類を盛んに食べます。このころが旬で，釣りの対象にもなります。友釣りは，縄張りをもつアユが自分の縄張りに入った他の個体を攻撃する習性を利用した漁法で，針をつけて泳がせたおとりアユにぶつかってきたところを釣り上げます。秋になるとアユは川を下り，産卵して1年という短い寿命を終えます。沖縄本島と奄美大島にはリュウキュウアユ（*P. altivelis ryukyuensis* Nishida, 1988）という亜種がいましたが，沖縄本島では1970年代に絶滅しました。市場に出回るアユのほとんどは脂の多い養殖物ですが，香り高い天然魚もご賞味ください。天然物は養殖物に比べて細身で尾鰭が大きいです。大きな口もアユの特徴の一つです。

《食べる》塩焼きや田楽のほか，背ごしやあゆ寿司，甘露煮などもおいしいです。塩焼きは，鰭を取り除いてから骨ごとどうぞ！

アユ
養殖アユ 
アユの甘露煮 
アユの塩焼き 
アユは口が大きい 

アリアケシラウオ （シラウオ科）　地方名：とんさんうお

Salanx ariakensis Kishinouye, 1902
分布：有明海，朝鮮半島～中国北部　全長：13cm　　F 3

　大きなものは全長が15cmを超える，大型のシラウオです。本種の特徴は顔が縦方向に扁平で，上あごが下あごよりも前に出ていることです。アリアケシラウオは日本では有明海でしか獲られない希少種で，環境省レッドデータブックで「ごく近い将来における絶滅の危険性が極めて高い種（絶滅危惧IA類（CR））」に指定されています。出合える機会はほとんどありません。有明海には日本固有種で体長5cm程度と小型のアリアケヒメシラウオ（*Neosalanx reganius* Wakiya and Takahasi, 1937）もいますが，やはり絶滅危惧IA類（CR）に指定されており，絶滅寸前でまず見かけることはありません。

《食べる》かき揚げや吸い物がおいしい，極めて希少な食材です。

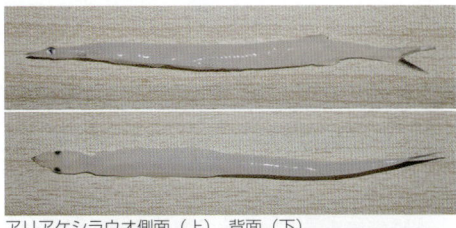

アリアケシラウオ側面（上）、背面（下）
アリアケシラウオの吸い物 
アリアケシラウオのかき揚げ 

1：あまりおいしくない　2：まあまあ　3：おいしい　4：とてもおいしい　5：文句なくおいしい

魚のなかま

バラチゴダラ （チゴダラ科）　地方名：あかのどぐろ
Physiculus chigodarana Paulin, 1989
分布：土佐湾, 鹿児島沖　　全長：20cm　　　　　　　　　　　　　F 3

　やや見た目の悪い魚ですね。深海魚です。本種は鹿児島湾のとんとこ網で混獲されますが、市場にはまず出回りません。北日本ではチゴダラの仲間はどんこと呼ばれ、鍋の材料などとして好んで食べられています。ぜひ南日本産の本種も有効利用したいです。
《食べる》肉厚で身のしっかりとした魚です。

バラチゴダラ
バラチゴダラの味噌汁 　バラチゴダラの煮付け 　バラチゴダラの一夜干し 　バラチゴダラのから揚げ 

キュウシュウヒゲ （ソコダラ科）　地方名：しびんつぼ
Caelorinchus jordani Smith and Pope, 1906
分布：南日本太平洋側, 東シナ海の大陸棚縁辺から陸棚斜面上部, 水深115〜380m　全長：20cm　F 2

　名前に「キュウシュウ」がつく本種が発見されたのは鹿児島沖です。鹿児島湾における底生魚介類の優占種の一つで、とんとこ網でたくさん漁獲されます。しかし一般的には食用にされず、体形からか漁業者からは「しびんつぼ（尿瓶）」と呼ばれています。小型で頭が大きく可食部分が少ないですが、たくさん獲られるので投棄せずに雑魚としてでも食材化したい魚です。
《食べる》から揚げや煮付けでどうぞ。すり身の原料にもなると思います。

キュウシュウヒゲ
キュウシュウヒゲの煮付け　キュウシュウヒゲのから揚げ　とても愛嬌のある顔 

イタチウオ （アシロ科）　地方名：うみなまず
Brotula multibarbata Temminck and Schlegel, 1846
分布：南日本, インド−西太平洋の浅海の岩礁域　全長：40cm　　　　　　　　　　E 2

　本種の属するアシロ科の魚類の多くは深海性ですが、本種は浅い海にすんでいます。また、同科のなかで唯一 "イタチのような口ひげ" をもった魚です。
《食べる》身がやわらかく、煮付けの味はまあまあです。

イタチウオの煮付け 　イタチウオ

A：とても簡単に手に入る　B：簡単に手に入る　C：普通に手に入る　D：地域や季節によっては手に入る　E：なかなか手に入らない　F：ほとんど手に入らない

魚のなかま

ヨロイイタチウオ（アシロ科）　地方名：ひげんで, ひげんだい, なまず, ぎんなまず

Hoplobrotula armata (Temminck and Schlegel, 1846)

分布：本州中部以南, 東シナ海, 南シナ海, オーストラリア北部の大陸棚縁辺部, 水深70〜440m　　D 3
全長：60cm

　東京では「ひげだら」という名前で呼ばれ, 鍋の具材として人気のある魚ですが, その多くは九州近海産です。腹鰭起部が胸鰭よりも前方の, 眼の下あたりにあるへんてこな魚です。鹿児島では, 糸状の腹鰭がひげのようなので, ひげんでとかひげんだいと呼ばれています。本種の鰓蓋には3本の棘があり, それがヨロイイタチウオの名前の由来だと思われます。本種は鍋も良いのですが, 新鮮なものを生食できるのが産地ならではの特権です！
《食べる》 刺身は淡白でややざらついた食感ですが, 昆布じめにすると身が引き締まり, 旨みも増して極上の味になります。

ヨロイイタチウオ
ひげのような腹鰭が眼の真下あたりにある
ヨロイイタチウオの刺身  
ヨロイイタチウオの昆布じめ 
ヨロイイタチウオの煮付け 
バングラデシュ風カレー 
から揚げ甘酢あんかけ 

シオイタチウオ（アシロ科）

Neobythites sivicolus (Jordan and Snyder, 1901)

分布：茨城以南の太平洋側, 青森以南の日本海側, 東シナ海, 水深100〜200m　　全長：25cm　　F 2

　やや黄色みがかった体色のイタチウオです。小型のヨロイイタチウオとまちがわれやすいですが, 腹鰭起部がヨロイイタチウオよりも後方の鰓蓋の下付近にある点で区別できます。小さい魚なので鮮魚店にならぶことはほとんどありませんが, 丸のままの煮付けやから揚げにはちょうど良いサイズです。
《食べる》 淡白な白身でくせがなく, 味はまあまあです。

シオイタチウオ
腹鰭は鰓蓋の下付近にある
シオイタチウオの煮付け 
シオイタチウオのから揚げ 

1:あまりおいしくない　2:まあまあ　3:おいしい　4:とてもおいしい　5:文句なくおいしい

魚のなかま

アンコウ （アンコウ科）
Lophiomus setigerus (Vahl, 1797)
分布：北海道以南, 東シナ海, フィリピン, アフリカ, オーストラリア, 水深30〜500m　全長：40cm　**D 3**

　ご存知, 可食部分が多く捨てるところがほとんどないことで有名な魚, アンコウです。九州近海には本種の他にキアンコウもいます。両種はそっくりですが, 区別するためには口の中を見ます。白色斑が散らばっていれば本種です。
《食べる》旬は冬。身も肝もおいしいです。

アンコウのから揚げ　　アンコウのあんきも蒸し 　　アンコウ　　口の中に白色斑がある

キアンコウ （アンコウ科）　地方名：あんこう
Lophius litulon (Jordan, 1902)
分布：北海道以南, 東シナ海北部, 黄海, 水深25〜560m　全長：40cm　**B 4**

　本種は口の中に白色斑が見られません。実は, 九州で「あんこう」として売られている魚の多くはキアンコウで, 味はアンコウよりも良いとされます。口の中を確認する際には, するどい歯に気をつけましょう。
《食べる》あんこう鍋は寒い冬の定番料理で, 骨以外は皮から内臓まで食べられます。年に一度は食べたい魚ですね。

キアンコウのあんこう鍋 　　キアンコウ　　口の中に白色斑がない

ツマリマツカサ （イットウダイ科）　地方名：ちぶぐち
Myripristis greenfieldi Randall and Yamakawa, 1996
分布：南日本のサンゴ礁域　全長：20cm　**D 3**

　イットウダイ科アカマツカサ属はよく似た種が多いですが, 本種は鰓蓋膜（鰓蓋の後縁）が黒く, 胸鰭の内側の付け根に鱗がなく, 下あごの歯塊が左右1対です。鱗は大きくてかたいですが, 鱗取り器を使えば簡単に取り除くことができます。
《食べる》煮付けの味は濃厚です。

ツマリマツカサの煮付け 　　ツマリマツカサ　　下あごの歯塊は左右1対

A：とても簡単に手に入る　B：簡単に手に入る　C：普通に手に入る　D：地域や季節によっては手に入る　E：なかなか手に入らない　F：ほとんど手に入らない

魚のなかま

エビスダイ （イットウダイ科）　地方名：よろいだい, まつかさ, ぐそく
Ostichthys japonicus (Cuvier, 1829)
分布：南日本太平洋沿岸〜アンダマン諸島, オーストラリアの沿岸の水深100m以浅　　全長：40cm　　E 3

　まるで赤いよろいをまとったような魚で, 鮮魚店でたまに見かけることがあります。
《食べる》鱗がかたいので調理するのががやや大変ですが, きれいな白身の刺身は上品な味です。

エビスダイの刺身
エビスダイ 

キンメダイ （キンメダイ科）　地方名：ながきんめ, とうきょうきんめ, きんめ
Beryx splendens Lowe, 1834
分布：北海道以南, 世界各地の水深100〜800mの深海　　全長：45cm　　C 4

　九州ではキントキダイの仲間を「きんめだい」と呼ぶことがありますが, 本種が正真正銘のキンメダイです。フウセンキンメとよく似ていますが, 2つある鼻孔のうち後方のもの（後鼻孔）が細長い溝状なら本種です。
《食べる》脂ののった白身は煮付けが最高ですが, 刺身や他の料理にもあうとてもおいしい魚です。

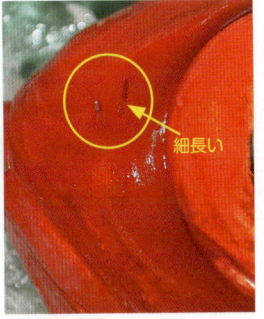

細長い
後鼻孔は細長い
キンメダイ 
キンメダイの湯引き 
キンメダイの煮付け 

フウセンキンメ （キンメダイ科）　地方名：ばけきんめ, きんめだい, きんめ
Beryx mollis Abe, 1959
分布：相模湾以南, インド洋西部の大陸棚から陸棚斜面の水深100〜500m　　全長：30cm　　E 4

　本種はキンメダイと同種か別種か混乱する時期がありましたが, 正式に別種とされたのは1993年でした。やや体高が高く, キンメダイの後鼻孔が細長いのに対して本種は楕円形です。九州では本種の水揚げ量は少ないです。キンメダイほど大きくはなりません。
《食べる》脂がのったおいしい魚です。

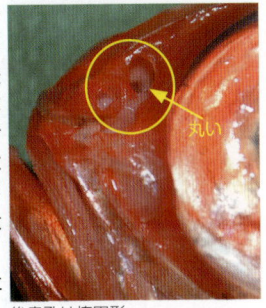

丸い
後鼻孔は楕円形
フウセンキンメ 
フウセンキンメの刺身 
フウセンキンメのバター焼き 

1：あまりおいしくない　2：まあまあ　3：おいしい　4：とてもおいしい　5：文句なくおいしい

魚のなかま

ナンヨウキンメ （キンメダイ科） 地方名：ひらきんめ, きんめだい, きんめ
Beryx decadactylus Cuvier, 1829
分布：南日本太平洋側, 世界中の水深500m付近の深海　　全長：35cm　　B 3

　体高が高く, 平べったい形をしています。南九州ではもっともよく見かけるキンメダイ科の魚です。
《食べる》ややあっさりした味なので, 煮付けよりも刺身に向きます。

ナンヨウキンメの湯引き　　ナンヨウキンメ

マルヒウチダイ （ヒウチダイ科） 地方名：ひうち
Hoplostethus crassispinus Kotlyar, 1980
分布：土佐湾, 九州〜パラオ海嶺, 東シナ海, 天皇海山　　全長：15cm　　E 4

　手のひらに乗る程度の小さな深海魚です。鹿児島湾のとんとこ網で漁獲されます。見た目は"微妙"ですが, この魚はかくれた逸材です！
《食べる》ほんのりと脂ののった刺身は最高です。もちろん, から揚げや南蛮漬けなどにも最適です。

マルヒウチダイの刺身　　マルヒウチダイの南蛮漬け　　マルヒウチダイ　　いかにも深海魚らしい顔

マトウダイ （マトウダイ科） 地方名：わいで, ばと, ばとう, まとう, まとだい, わせ, ぜにいち, もんだい
Zeus faber Linnaeus, 1758
分布：南日本太平洋側, インド−太平洋, 東部大西洋, 水深100〜200m　　全長：40cm　　C 4

　体側の中央にある斑紋がちょうど「的」のようにみえます。大きな口はエサを食べるときに長く伸びます。
《食べる》淡白な白身は刺身のほか, 鍋の具材としても一級品です。獲られたその日のうちなら, ぜひ肝和えにしてみてください。

マトウダイの刺身　　マトウダイの肝和え　　マトウダイ　　口が長く伸びる

A: とても簡単に手に入る　B: 簡単に手に入る　C: 普通に手に入る　D: 地域や季節によっては手に入る　E: なかなか手に入らない　F: ほとんど手に入らない

魚のなかま

アカヤガラ（ヤガラ科）　地方名：やがら，がらんぼ，ふえふき，あかざや，ひおこし，てっぽう
Fistularia petimba Lacepède, 1805
分布：北海道以南，東部太平洋を除く世界中の暖海の大陸棚　　全長：1m　　**C 5**

　長い筒状の口に細長い体，中央が糸状に伸びた尾鰭。まるで"赤い矢"のような魚です。両眼の間に凹みがあり，尾柄部の側線鱗に棘があるのが特徴です。
《食べる》見た目はユニークですが，九州でもっともおいしい魚の一つです。上品な白身はどんな料理にもよくあいます。

アカヤガラ

アカヤガラの刺身　　アカヤガラの吸い物　　アカヤガラの煮付け　　アカヤガラのから揚げ

アオヤガラ（ヤガラ科）　地方名：やがら，くろやがら，ふぐし
Fistularia commersonii Rüppell, 1838
分布：北海道以南，インド-太平洋の沿岸の浅所　　全長：80cm　　**E3**

　本種は両目の間に凹みがなく，尾柄部に棘がないことでアカヤガラと区別できますが，体色もちがうので一目瞭然です。
《食べる》一般的に本種はおいしくないとされていますが，新鮮なものの煮付けは決してまずくありません。

アオヤガラの煮付け　　アオヤガラ

ボラ（ボラ科）　地方名：くろめ，いな
Mugil cephalus cephalus Linnaeus, 1758
分布：北海道以南，アフリカ西部を除く世界中の温帯～熱帯域の沿岸浅所から汽水，淡水域　　全長：40cm　　**C 4**

　岸近くでよく飛び跳ねている魚です。いな→ぼら→とどの出世魚です。
《食べる》夏のボラはあまりおいしくないですが，冬のボラは見ちがえるような脂ののりで，極上の味です。ただし，有害異形吸虫が寄生していることがあるので生食の際は気をつけましょう。本種の卵巣はからすみの原料になります。

ボラ

ボラの刺身　　ボラの幽庵焼き　　からすみ　　ボラの卵巣

1：あまりおいしくない　2：まあまあ　3：おいしい　4：とてもおいしい　5：文句なくおいしい

魚のなかま

メナダ（ボラ科）　地方名：やすみ, しくち, あかめ
Chelon haematocheilus (Temminck and Schlegel, 1845)
分布：北海道〜九州, 中国, 朝鮮半島〜アムール川の内湾浅所, 汽水域　　全長：40cm　　D 2

　本種はボラに比べて体の輝きがなく, 眼, 口, 臀鰭などが朱色になります。有明海などでよく獲られます。佐賀県鹿島地方では成長にともなって, えびなご→あかめ→やすみ→まいお（真魚）と呼び名が変わります。かなり大型のものも水揚げされます。
《食べる》ボラの旬は冬ですが, メナダは夏です。本種も生食の際には有害異形吸虫に気をつけましょう。

メナダの刺身 　　メナダ側面（上）、背面（下）

サヨリ（サヨリ科）　地方名：かんぬき, はいがます
Hyporhamphus sajori (Temminck and Schlegel, 1846)
分布：北海道〜九州, 朝鮮半島, 黄海の沿岸の表層　　全長：35cm　　D 4

　細長い魚で, 下あごが針のように細長くつき出て先端はまるで口紅を付けたかのように赤くなっています。鹿児島では春を告げる魚です。
《食べる》あっさりとした上品な味の高級魚です。

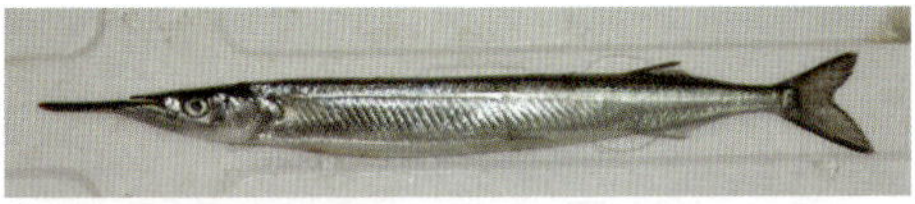

サヨリ

サヨリの刺身 　　サヨリの吸い物 　　サヨリの酒蒸し 　　サヨリの一夜干し

トビウオ（トビウオ科）　地方名：ほんとび, まるとび, あご
Cypselurus agoo agoo (Temminck and Schlegel, 1846)
分布：南日本, 台湾東岸の沿岸〜外洋の表層　　全長：35cm　　D 3

　私たちが「とびうお」と呼んでいるのは1種類の魚ではなく, 日本近海に30種ほどもいるトビウオ科の魚のことです。九州近海は"とびうおの宝庫"で, 季節ごとに優占種が変わります。トビウオ科の魚類は鱗の数や胸鰭の形状などで種に分けるのですが, 同定がもっとも難しい分類群の一つです。本種は上から2本の胸鰭の軟条が不分枝であることなどで, 九州近海産の他種と区別できます。秋に多く獲られます。
《食べる》刺身, 塩焼きが定番です。

トビウオ

不分枝
不分枝
途中で二叉

トビウオの塩焼き　　胸鰭の軟条は上から2本が不分枝

A:とても簡単に手に入る　B:簡単に手に入る　C:普通に手に入る　D:地域や季節によっては手に入る　E:なかなか手に入らない　F:ほとんど手に入らない

魚のなかま

ハマトビウオ （トビウオ科）　地方名：かくとび, おおとび, とびうお
Cypselurus pinnatibarbatus japonicus (Franz, 1910)
分布：南日本, 東シナ海の沿岸〜外洋の表層　　全長：45cm　　　　　C 3

冬から春先にかけて多く獲られる大型のトビウオ。胸鰭はやや暗色で, 最上の1本の軟条のみが不分枝です。かくとびと呼ばれています。
《食べる》刺身が定番のトビウオです。チーズ巻きフライも作ってみましたが, くせがなくおいしかったです。

ハマトビウオ 
不分枝
途中で二叉
胸鰭の軟条は最上の1本のみが不分枝

ハマトビウオの刺身
チーズ巻きフライ 

ツクシトビウオ （トビウオ科）　地方名：かくとび, とびうお, あご
Cypselurus heterurus doederleini (Steindachner, 1887)
分布：北海道南部以南の沿岸の表層　　全長：30cm　　　　　C 3

本種もかくとびと呼ばれています。春に多く獲られるトビウオです。暖かくなり, 今まで獲られていた大型のハマトビウオが最近小さくなってきたなと思うと, それはツクシトビウオの可能性が高いです。
《食べる》量的にたくさん出回るので, 食べられる機会は多いです。刺身で良し, 焼いて良し, 揚げて良しの魚です。

ツクシトビウオ

ツクシトビウオの刺身 　ツクシトビウオのなめろう 　ツクシトビウオの塩焼き 　ツクシトビウオの天ぷら

ホソトビウオ （トビウオ科）　地方名：とびうお, あご
Cypselurus hiraii Abe, 1953
分布：津軽海峡以南, 台湾の沿岸の表層　　全長：25cm　　　　　E 3

見た目が細長く, 本種もツクシトビウオと同様に春に多く獲られます。小型のため鮮魚店にならぶことは少なく, すり身や干物など, 加工品の原料とされるほうが多いと思います。
《食べる》くせがなく, 塩焼きがおいしいです。

ホソトビウオのから揚げ 　ホソトビウオ

1：あまりおいしくない　2：まあまあ　3：おいしい　4：とてもおいしい　5：文句なくおいしい

魚のなかま

オオメナツトビ （トビウオ科）　地方名：とびうお
Cypselurus antoncichi Woods and Schultz, 1953
分布：琉球列島〜伊豆諸島近海の黒潮流域,小笠原諸島東方海域,太平洋熱帯域の外洋の表層　全長：35cm　E 3

　夏に獲られる眼が大きいトビウオで,もっとも大きな特徴は下あごが突出していることです。本種は南方性が強く,九州では種子島・屋久島〜奄美海域で獲られますが,量的にはかなり少ないです。
《食べる》料理の用途は他のトビウオ類と同様です。ぜひ刺身でどうぞ。

オオメナツトビの刺身
オオメナツトビ 
下あごが出ている

カラストビウオ （トビウオ科）　地方名：あおとび,とびうお
Cypselurus cyanopterus (Valenciennes, 1846)
分布：南日本,世界中の熱帯域　　全長：35cm　　　　　　　　　　　　D 3

　丸みのある体形のトビウオで,胸鰭がカラスのように青黒いのでこの名が付けられました。ただし,トビウオ類の胸鰭は広げて見ないと色や模様がわかりません。本種も右上の写真のように胸鰭を閉じていると,とても"カラス"のイメージはないですよね。背鰭に暗色部分があるのも本種の特徴です。
《食べる》あまり多く出回る種ではないですが,大型になり刺身で食べるとおいしいトビウオです。

カラストビウオ
カラストビウオの刺身
胸鰭は青黒い

アヤトビウオ （トビウオ科）　地方名：あご,ことび,とびうお
Cypselurus poecilopterus (Valenciennes, 1846)
分布：房総半島以南,台湾東岸,太平洋の熱帯域　　全長：20cm　　　　C 3

　小型でずんぐりむっくりしたトビウオで,英名はイエローウィング・フライングフィッシュ（黄色いつばさのとびうお）です。黄色地に暗色の斑紋がならんだ胸鰭の模様で他種と簡単に区別できます。本種は夏に多く獲られます。
《食べる》小さいので加工品の原料にされることが多いですが,塩焼きはあっさりしておいしいです。刺身でも食べられます。

アヤトビウオの塩焼き（開き）
アヤトビウオ
この胸鰭の模様が本種の大きな特徴

A:とても簡単に手に入る　B:簡単に手に入る　C:普通に手に入る　D:地域や季節によっては手に入る　E:なかなか手に入らない　F:ほとんど手に入らない

魚のなかま

ハマダツ（ダツ科）　地方名：だつ，さんかん，しじ

Ablennes hians (Valenciennes, 1846)
分布：津軽海峡以南，太平洋，インド洋，大西洋の温帯〜熱帯域の沿岸の表層　　全長：60cm　　E3

体の後半部分に暗色の横帯がならびます。ダツの仲間は鮮魚としての味の評判は良くなく，すり身の原料などにされることが多いです。
《食べる》"さつま揚げ職人"有水港さん（有水屋（鹿児島市））に獲れたての原料用の個体をいただき，塩焼きで食べたところ，脂ののりが良くおいしかったです。新鮮なハマダツの入ったさつま揚げもさぞかしおいしいことでしょう。

ハマダツの塩焼き

ハマダツ

体側の後半部分に暗色の横帯がならぶ

オキザヨリ（ダツ科）　地方名：だつ，さんかん，ながさび，しじ

Tylosurus crocodiles crocodiles (Péron and Lesueur, 1821)
分布：津軽海峡以南の日本海側，三陸以南の太平洋側，東部太平洋を除く世界中の温帯〜熱帯域の沿岸の表層　　全長：1m　　D3

眼の後方に青い横帯がある大型のダツです。ライトに向かって突進してくることがあるので，夜間のダイビングでは注意が必要です。
《食べる》加工品の材料にされることが多く，身が青みがかっているので刺身で食べられることは少ないですが，体の後半の腹側の身は白く，刺身にするとコリコリとした食感でさっぱりとした味が楽しめます。

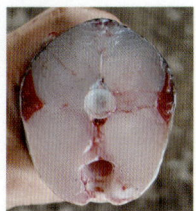

オキザヨリ

オキザヨリの断面　　オキザヨリの刺身 　　オキザヨリの塩焼き

カサゴ（フサカサゴ科）　地方名：あらかぶ，がらかぶ，がら，かぶ，ほしかり，あかぐち，かがら，がららめ，ほご

Sebastiscus marmoratus (Cuvier, 1829)
分布：北海道南部以南，東シナ海，朝鮮半島南部の沿岸の岩礁域　　全長：20cm　　B3

磯や防波堤でもっとも簡単に釣れる魚の一つです。体色は赤っぽいものから茶色っぽいものまで，個体差が大きいです。本種は漁業でも刺網などでたくさん獲られ，鮮魚店で簡単に手に入れることができるおいしい魚です。
《食べる》煮付けや味噌汁が定番です。

カサゴの煮付け 　　カサゴの塩焼き（開き）　　カサゴ（上下とも）

1：あまりおいしくない　2：まあまあ　3：おいしい　4：とてもおいしい　5：文句なくおいしい

77

魚のなかま

ウッカリカサゴ （フサカサゴ科）　地方名：あらかぶ, ほご, わんぱく, おきあらかぶ, おきかぶ

Sebastiscus tertius Barsukov and Chen, 1978
分布：宮城以南, 東シナ海, 朝鮮半島南部　　全長：15〜40cm　　　　　　B3

　本種はカサゴの深所型とされていましたが, 1978年に新種として記載されました。体色は赤っぽく, 側線上方にも暗色の縁取りがある明瞭な白斑が見られることなどでカサゴと区別できます。南九州で「あらかぶ」として売られているのは本種であることが多いです。
《食べる》おいしい魚で, ご覧のようにいろんな料理に向きます。カサゴよりも大型になります。

ウッカリカサゴ

ウッカリカサゴの刺身 　ウッカリカサゴのから揚げ 　ウッカリカサゴのトマト煮 　ウッカリカサゴの味噌汁 　フィッシュ・ド・ピアジャ

アヤメカサゴ （フサカサゴ科）　地方名：あらかぶ, おきあらかぶ, おきかぶ, おにかぶ, あかかぶ, おきほご

Sebastiscus albofasciatus (Lacepède, 1802)
分布：房総半島・佐渡以南, 東シナ海, 朝鮮半島南部, 香港沖の岩礁域, 水深30〜100m　　全長：25cm　　D3

　体側に黄色い虫くい模様がある鮮やかなカサゴ。ウッカリカサゴと同様にやや深い所にいます。水揚げ量はそれほど多くありません。
《食べる》鹿児島県阿久根沖で釣られたものを漁業者からいただきました。「あまりおいしくないよ」とのことでしたが, それは謙そん。煮付けでおいしくいただきました。

アヤメカサゴの煮付け 　アヤメカサゴ

フサカサゴ （フサカサゴ科）　地方名：あらかぶ, あは

Scorpaena onaria Jordan and Snyder, 1900
分布：南日本, 韓国釜山, 水深100m前後　　全長：15cm　　　　　　E3

　科名と同じ名前のカサゴ。近縁種のイズカサゴよりも体高が高く, コクチフサカサゴ（*S. miostoma* Günther, 1880）とは口の後端が眼の後縁に達するくらい口が大きいことで区別できます。
《食べる》小さいので刺身向きではありません。から揚げが最適だと思います。

フサカサゴのから揚げ 　フサカサゴ

78　A:とても簡単に手に入る　B:簡単に手に入る　C:普通に手に入る　D:地域や季節によっては手に入る　E:なかなか手に入らない　F:ほとんど手に入らない

魚のなかま

イズカサゴ（フサカサゴ科）　地方名：あらかぶ, あは, おにあらかぶ, おにかぶ

Scorpaena neglecta Temminck and Schlegel, 1843
分布：南日本, 東シナ海, 黄海, 南シナ海の砂泥底, 水深100～150m　　　全長：25cm　　D3

やや丸みのあるごつごつとした顔, 各鰭に見られる暗赤色に縁取られた黒点が特徴のカサゴです。胸鰭の内側の付け根に皮弁があります。やや深い海にすんでいるため, 水揚げ量はそれほど多くありません。
《食べる》味は良く, 刺身, 煮付け, から揚げなど, いろんな料理でおいしくいただけます。

イズカサゴ
イズカサゴの湯引き 　イズカサゴの煮付け 　イズカサゴの天ぷら 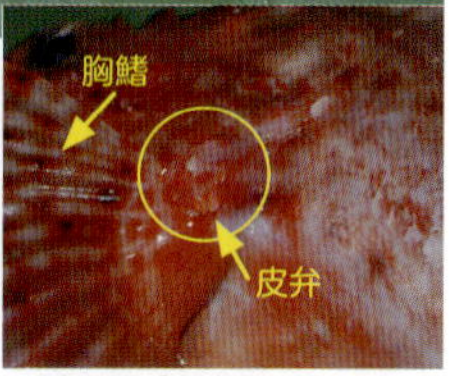　イズカサゴの皮弁 
胸鰭　皮弁

ユメカサゴ（フサカサゴ科）　地方名：あらかぶ, おきあらかぶ

Helicolenus hilgendorfi (Steindachner and Döderlein, 1884)
分布：岩手以南, 東シナ海朝鮮半島南部沖の砂泥底, 水深200～500m　　全長：20cm　　C3

本種は鰓蓋の部分が黒っぽくなっているのが特徴です。深海性の魚ですが鮮魚店で見かける機会が比較的多い魚です。
《食べる》やや旨みに欠けますが, 味は決して悪くありません。

ユメカサゴの刺身  　ユメカサゴの竜田揚げ 　ユメカサゴ

サツマカサゴ（フサカサゴ科）　地方名：あらかぶ

Scorpaenopsis neglecta Heckel, 1837
分布：南日本太平洋側, 西部太平洋, 東部インド洋の砂底のある岩礁域やサンゴ礁域　全長：15cm　E3

ごつごつした体のオニカサゴ属の魚です。胸鰭の内側の縁が黒いのと付け根近くに黒点があるのが特徴。鰭の棘条に毒があるので調理の際は要注意です。和名はサツマカサゴですが, 鹿児島で見かけるのは希です。
《食べる》料理の用途は他のフサカサゴ科の魚と同様ですが, 本種はとくに刺身がおいしいです。

サツマカサゴの刺身 　サツマカサゴ
胸鰭の内側は黄色みを帯び, 縁は黒色で付け根には黒点がみられる

1:あまりおいしくない　2:まあまあ　3:おいしい　4:とてもおいしい　5:文句なくおいしい

オニカサゴ （フサカサゴ科）　地方名：あらかぶ，あは，おにあらかぶ，おにかぶ

Scorpaenopsis cirrosa (Thunberg, 1880)
分布：千葉・新潟〜鹿児島，中国，香港の沿岸域　　　全長：20cm　　**D 2**

　鬼のような顔（？）をした細長いカサゴです。サツマカサゴは黒っぽいものが多いですが，本種は赤っぽい体色をした個体が多いです。
《**食べる**》刺身はやや甘みに欠けます。わさび醤油よりもポン酢があうと思います。

オニカサゴの刺身 　　オニカサゴ

ミノカサゴ （フサカサゴ科）　地方名：あは，やまのかみ

Pterois lunulata Temminck and Schlegel, 1844
分布：北海道南部以南，インド-太平洋の沿岸の岩礁域　　全長：30cm　　**E 2**

　ミノカサゴの仲間は英語でライオン・フィッシュ。ダイバーに人気のある魚ですが，ときどき釣れることもあります。鰭の棘条には毒があるので注意が必要です。
《**食べる**》水っぽいといううわさがありますが，から揚げは味も食感もまあまあです。調理の際にはまず料理バサミで鰭を切り取りましょう。

ミノカサゴのから揚げ 　　ミノカサゴ

オニオコゼ （オニオコゼ科）　地方名：おこぜ，つちおこぜ，どろおこぜ，にゅうどう，やまのかみ

Inimicus japonicus (Cuvier, 1829)
分布：南日本〜南シナ海北部の砂泥底，水深200m以浅　全長：20cm　　**C 5**

　魚の中には，見た目は悪いのに食べるとおいしいものがいますが，本種はその代表格ではないでしょうか？ オニオコゼは冬が旬とされますが，九州ではほぼ周年水揚げされます。
《**食べる**》刺身やから揚げが定番。ほどよい旨味と甘みで食感も言うことなしの高級魚です。自分で調理する際には背鰭の棘の毒腺に注意してください。

オニオコゼの刺身 　　オニオコゼのから揚げ 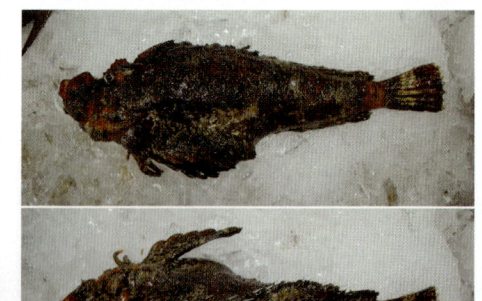 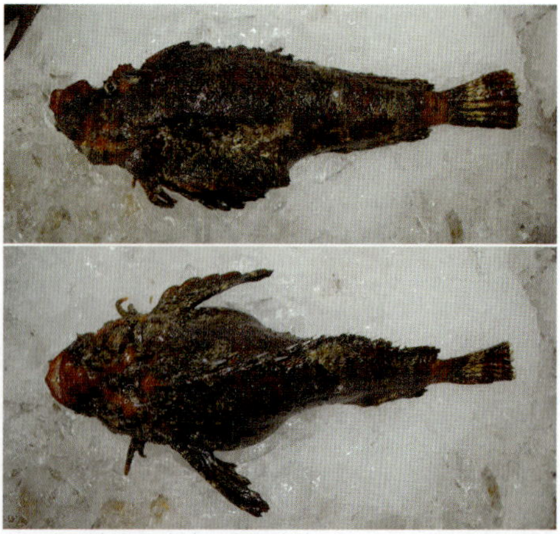　　オニオコゼ 側面（上），背面（下）

A：とても簡単に手に入る　**B**：簡単に手に入る　**C**：普通に手に入る　**D**：地域や季節によっては手に入る　**E**：なかなか手に入らない　**F**：ほとんど手に入らない

魚のなかま

アカメバル （フサカサゴ科）　地方名：めばる
Sebastes inermis Cuvier, 1829
分布：北海道南部〜九州，朝鮮半島南岸の浅海　　全長：20cm　　D 4

　メバルにはA型，B型，C型の3タイプが存在していましたが，2008年に3種に分けられました。体色と胸鰭の軟条数が異なります。本種はA型とされていたメバルで，体色は赤っぽいものが多いですが，変異が大きいようです。内湾に多く見られます。胸鰭の軟条数は15。
《食べる》煮付けの魚の代表格です！

アカメバルの赤出し仕立て
アカメバル
胸鰭は15軟条

シロメバル （フサカサゴ科）　地方名：めばる
Sebastes cheni Barsukov, 1988
分布：岩手・秋田〜九州，朝鮮半島南部の沿岸浅海の岩礁域　　全長：20cm　　D 4

　本種はC型とされていたメバルです。内湾でもっともふつうに見られるメバルです。胸鰭の軟条数は17です。B型とされていたクロメバル（*S. ventricosus* Temminck and Schlegel, 1843）とよく似ていますが，クロメバルは外海に面した岩礁域に多く，胸鰭の軟条数は16です。
《食べる》本種も煮付けがおいしいです。

シロメバルの煮付け
シロメバル
胸鰭は16軟条

ウスメバル （フサカサゴ科）　地方名：めばる，おきめばる，きんめばる，ぎんめばる，ぎめばる
Sebastes thompsoni (Jordan and Hubbs, 1925)
分布：北海道南部〜東京湾・対馬，韓国釜山の岩礁域，水深100m前後　　全長：30cm　　D 3

　沖合のやや深い所にいるのでおきめばるとも呼ばれています。クロメバルやアカメバルよりも大型のものが多いです。
《食べる》とくに大型のものは刺身がおいしいですが，火を通した料理にも向きます。

ウスメバルの刺身
から揚げ スイートチリソース
ウスメバル

1：あまりおいしくない　2：まあまあ　3：おいしい　4：とてもおいしい　5：文句なくおいしい　　81

魚のなかま

ホウボウ （ホウボウ科）　地方名：がっつ

Chelidonichthys spinosus (McClleland, 1844)

分布：北海道以南, 東シナ海, 黄海, 渤海, 南シナ海の砂泥底, 水深25〜600m　　全長：35cm　　**C 4**

　胸鰭が大きく，広げると内面に緑と青の美しい模様が現れます。胸鰭の下部軟条3本が遊離して脚のようになっていて，海底を歩きます。
《食べる》くせのない白身は，刺身はもちろんのこと，いろんな料理にあいます。

ホウボウの刺身　　ホウボウの味噌汁　　ホウボウ　　ホウボウの胸鰭内面

カナガシラ （ホウボウ科）　地方名：がっつ, かな, かなんど

Lepidotrigla microptera Günther, 1873

分布：北海道南部以南, 東シナ海, 黄海, 南シナ海の砂泥底　　全長：20cm　　**D 3**

　カナガシラの仲間（カナガシラ属）もホウボウと同様に胸鰭が大きく，内面の色彩や模様が種の判別の手がかりとなります。本種はこれといって特徴のある模様なく，全体的に赤っぽく，縁が青紫色になっています。
《食べる》あっさりとしたくせのない白身です。

カナガシラの煮付け　　カナガシラのから揚げ　　カナガシラ　　カナガシラの胸鰭内面

トゲカナガシラ （ホウボウ科）　地方名：がっつ

Lepidotrigla japonica (Bleeker, 1857)

分布：隠岐諸島, 北九州, 南日本太平洋側, 南シナ海, インドネシアの砂泥底, 水深100m前後　　全長：15cm　**F 3**

　ホウボウ科カナガシラ属の魚は，九州では一般的に「がっつ」という名前で呼ばれています。本種もがっつです。胸鰭内面は緑地に青い虫くい模様があり，下方（右下の写真では下側）には青い縁取りの大きな黒斑が見られます。
《食べる》小さい魚なので下処理が少しやっかいですが，味は悪くありません。から揚げか味噌汁がベストです。

トゲカナガシラの味噌汁　　トゲカナガシラ　　トゲカナガシラの胸鰭内面

A：とても簡単に手に入る　B：簡単に手に入る　C：普通に手に入る　D：地域や季節によっては手に入る　E：なかなか手に入らない　F：ほとんど手に入らない

魚のなかま

カナド （ホウボウ科）　地方名：がっつ

Lepidotrigla guentheri Hilgendorf, 1879
分布：南日本，東シナ海の砂泥底，水深70～280m　　全長：15cm　　E3

　本種は背鰭第2棘が長く，尾鰭に紅白の帯があるのが特徴です。胸鰭内面は下方（右下の写真では下側）に青い斑点を含む暗色域があり，外側は黄色っぽくなっています。
《食べる》小型ですが，身がしっかりして味は良いです。

カナドの煮付け 　　カナドの味噌汁 　　カナド　　カナドの胸鰭内面

ヒメソコカナガシラ （ホウボウ科）　地方名：がっつ

Lepidotrigla hime Matsubara and Hiyama, 1932
分布：南日本，東シナ海の水深40～440m　　全長：15cm　　F3

　本種の胸鰭内面は濃青色に暗赤色がまじったような色をしています。底曳網などで混獲されますが，カナドやトゲカナガシラなどと同様に小型種であるため，水揚げされることはほとんどありません。味は決して悪くないのですが…。
《食べる》あっさりとした白身です。他のカナガシラ属の魚と同様に，味噌汁，煮付け，から揚げなどでどうぞ。

ヒメソコカナガシラのから揚げ 　　ヒメソコカナガシラ　　ヒメソコカナガシラの胸鰭内面

イソキホウボウ （キホウボウ科）

Satyrichthys rieffeli (Kaup, 1859)
分布：南日本，東シナ海，黄海，南シナ海の砂泥底　　全長：15cm　　F3

　ご覧の通り変わった形をした魚で，深海の底曳網で希に混獲されます。水揚げされることはほとんどなく，基本的には食用にされません。
《食べる》くせのない白身は味噌汁や煮付けなどでおいしくいただけます。

イソキホウボウの味噌汁 　　魚の顔に見えますか？  　　イソキホウボウ側面（上），背面（下）

1：あまりおいしくない　2：まあまあ　3：おいしい　4：とてもおいしい　5：文句なくおいしい

マゴチ（コチ科）　地方名：こち，ごち，くろごち，ほんごち

Platycephalus sp. 2
分布：南日本の浅海域，水深30m以浅　　全長：40cm

C 4

　釣り人にも人気の，夏が旬の大型魚です。背面から見た頭部は扁平で幅広く，下あごの先端は丸みがあります。本種の胸鰭の裏面は白色ですが，近縁種のヨシノゴチは暗色であるため区別できます。

《食べる》甘みがありしっかりとした食感の白身は刺身のほか，から揚げや煮付け，吸い物などでおいしくいただけます。

マゴチの刺身   　マゴチの煮付け
マゴチの潮汁 　マゴチのから揚げ  
マゴチ背面（上），側面（下）
眼が小さく下あご先端が丸い 　胸鰭裏面は白い

ヨシノゴチ（コチ科）　地方名：こち，ごち，しろごち

Platycephalus sp. 1
分布：南日本，黄海の浅海域，水深30～40m　　全長：40cm

D 3

　本種はマゴチにそっくりですが，胸鰭の裏面の色のほかに，全体的に体色が淡いこと，背面にある茶褐色の斑点が大きいこと，頭部が細長く下あごの先端がやや尖っていること，眼が大きいことで区別できます。マゴチよりもやや外海域に多く分布しています。地域によってはマゴチをくろごち，ヨシノゴチをしろごちと呼んで区別しています。現時点では，両種ともにまだ学名が確定していません。

《食べる》食材としての用途はマゴチと同様ですが，味はやや劣る印象があります。とはいえ，決しておいしくない魚ではありません。

ヨシノゴチの刺身 　ヨシノゴチのから揚げ 
ヨシノゴチ背面（上），側面（下）
眼が大きく下あご先端が尖る 　胸鰭裏面は黒い

魚のなかま

イネゴチ（コチ科） 地方名：こち，ごち
Cociella crocodila (Tilesius, 1812)
分布：南日本〜インド洋の浅海域　　全長：30cm　　D 3

　頭部が細長く，下あごの先端が尖っています。背面には暗色の小斑が散らばっています。また，第1背鰭縁辺部が暗色なのも特徴です。ワニゴチに似ていますが，本種には間鰓蓋部に皮弁が見られません。比較的安価な魚です。
《食べる》マゴチに比べてやや旨みに欠けますが，決しておいしくない魚ではありません。

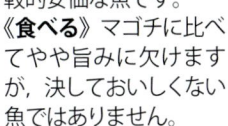

間鰓蓋部に皮弁がない
イネゴチの刺身 
イネゴチ背面（上），側面（下） 

ワニゴチ（コチ科） 地方名：こち，ごち，おにごち，せごち
Inegocia ochiaii Imamura, 2010
分布：相模湾・若狭湾以南の南日本の大陸棚　　全長：40cm　　E 3

　本種はイネゴチよりも頭部がごつごつしており，間鰓蓋部に皮弁が見られます。トカゲゴチ（*I. japonica* (Tilesius, 1812)）にも似ていますが，吻が長いのと胸鰭や腹鰭に見られる暗色斑紋が大きいことで区別できます。また，本種のほうが大型になります。
《食べる》刺身でおいしくいただけます。

皮弁
間鰓蓋部に皮弁がある
ワニゴチの刺身 
ワニゴチ背面（上），側面（下） 

アイナメ（アイナメ科） 地方名：あぶらめ
Hexagrammos otakii Jordan and Starks, 1895
分布：日本各地，朝鮮半島南部，黄海の浅海岩礁域　　全長：30cm　　E 4

　全国的に釣りの対象種としてよく知られていますが，一部の海域を除いて九州南部には少ないです。クジメ（*H. agrammus* (Temminck and Schlegel, 1844)）とよく似ていますが，本種には側線が5本あるので区別できます。
《食べる》脂がのり，煮崩れのしないしっかりとした白身は煮付けに最適です。もちろん刺身もOKです。

アイナメの煮付け
アイナメ 

1：あまりおいしくない　2：まあまあ　3：おいしい　4：とてもおいしい　5：文句なくおいしい

魚のなかま

スズキ （スズキ科）　地方名：まるすずき，もす，こばね

Lateolabrax japonicus (Cuvier, 1828)

分布：日本各地，朝鮮半島南部の沿岸の岩礁域，内湾，汽水域　　全長：60cm　　**C 3**

　本種は夏の夜釣りの人気ナンバーワン候補の魚です。また，シーバスと呼ばれてルアー釣りの対象としても人気があります。河口付近が絶好のポイントですね。スズキは出世魚で，佐賀県鹿島地方では成長にともなってせいご→はくらご→はくら→すずきと呼び名が変わります。
《食べる》白身魚の代表格です！　和洋中どんな料理もOKです。

スズキの刺身 　　スズキ（上下とも）

ヒラスズキ （スズキ科）　地方名：すずき，もす

Lateolabrax latus Katayama, 1957

分布：静岡～鹿児島の沿岸の外海に面した岩礁域　　全長：50cm　　**C 4**

　体形はスズキよりも太短く，体高が高いので顔が小さく見えます。スズキが内湾や汽水域に多いのに対して，本種は外洋に面した波の荒い磯にすんでいます。
《食べる》本種はスズキよりもおいしい魚とされています。

ヒラスズキの洗い 　　ヒラスズキ

アカムツ （ホタルジャコ科）　地方名：のどぐろ

Doederleinia berycoides (Hilgendorf, 1878)

分布：福島・新潟～鹿児島，東部インド洋，西部太平洋，水深100～200m　　全長：35cm　　**D 5**

　本種はムツの仲間ではなく，ホタルジャコ科の魚です。口腔内が黒いのでのどぐろとも呼ばれ，比較的多く水揚げされる山陰地方や北陸地方を中心に高級魚として知られています。今では本種の知名度は"全国区"でしょう。
《食べる》さすがに脂ののりは抜群で，味は極上です。どんな料理もOKですが，私は脂のしたたる塩焼きが最高だと思います。

アカムツ

アカムツの刺身 　　アカムツの煮付け 　　アカムツの塩焼き 　　これがのどぐろと呼ばれる理由

A：とても簡単に手に入る　B：簡単に手に入る　C：普通に手に入る　D：地域や季節によっては手に入る　E：なかなか手に入らない　F：ほとんど手に入らない

魚のなかま

ホタルジャコ （ホタルジャコ科）　地方名：ぎんぎらぎん
Acropoma japonicum Günther, 1859
分布：南日本太平洋側，東シナ海，朝鮮半島南部，インド－西太平洋，南アフリカの大陸棚　　全長：13㎝　E3

　鱗がキラキラした薄紅色の魚で，腹側に発光器をもっています。本種は愛媛名産の「じゃこ天」の原料ですが，九州での知名度はいまいちです。
《食べる》やや身がやわらかいですが，甘みのあるおいしい魚です。

ホタルジャコの刺身　　ホタルジャコのから揚げ　　ホタルジャコ

オオメハタ （ホタルジャコ科）　地方名：めばる，くろめばる
Malakichthys griseus Döderlein, 1883
分布：新潟・東京湾～鹿児島の大陸棚～陸棚斜面　　全長：15㎝　D3

　本種は鹿児島でめばると呼ばれていますが，ホタルジャコ科のやや深海性の魚です。臀鰭の形状でワキヤハタと区別できます。底曳網などで漁獲されますが，泥底に点在する瀬の付近までまとまって入網する傾向があります。
《食べる》淡白な白身の魚で，刺身でも，煮ても，焼いても，揚げてもおいしいです。

オオメハタの味噌汁　　オオメハタの塩焼き　　オオメハタ　　臀鰭は高い

ワキヤハタ （ホタルジャコ科）　地方名：めばる，しろめばる，しろめ
Malakichthys wakiyae Jordan and Hubbs, 1925
分布：房総半島～九州の太平洋側，東シナ海，水深50～350m　　全長：20㎝　D3

　本種はオオメハタとそっくりで，同様に底曳網で漁獲されますが，平坦な泥底域で多く入網する傾向があります。臀鰭の基底が長く鰭条が短い形をしている点でオオメハタと区別できます。
《食べる》本種も味の良い白身の魚です。

ワキヤハタの刺身　　ワキヤハタの煮付け　　ワキヤハタ　　臀鰭は低く細長い

1：あまりおいしくない　2：まあまあ　3：おいしい　4：とてもおいしい　5：文句なくおいしい

87

スジアラ （ハタ科）　地方名：あら，はーじん，あかずみ，あかじょう，ばらはた
Plectropomus leopardus (Lacepède, 1802)
分布：南日本太平洋沿岸，太平洋西部，オーストラリア西部のサンゴ礁外縁　　　全長：60cm　　**D 4**

　ハタ科の魚は背鰭棘数や尾鰭の形，体の模様などで分類されます。本種の背鰭棘数は8で，体色は赤色，赤橙色，オリーブ色などいろいろあります。体中に青色の小斑点がちらばっており近縁種のコクハンアラの成魚とよく似ていますが，コクハンアラの胸鰭の全体もしくは一部が暗色であるのに対して本種は淡い色をしています。ハタの仲間には味に定評のある魚種が多数いますが，スジアラもその一つです。本種は奄美地方では赤仁（はーじん）と呼ばれていますが，沖縄では同じ漢字が使われ，あかじんと読まれます。
《**食べる**》少しくせのある風味ですが，刺身のほか，煮ても焼いても揚げても汁でもおいしくいただける高級魚です。本種は"南のハタの王様"といっても良いのではないでしょうか。

スジアラ
スジアラの刺身
スジアラのあら煮

コクハンアラ （ハタ科）　地方名：あら
Plectropomus laevis (Lacepède, 1801)
分布：奄美諸島以南，インドー太平洋のサンゴ礁外縁　　　全長：70cm　　**D 3**

　思わず「スジアラとどこがちがうの？」と言いたくなるような魚ですね。決定的なちがいは胸鰭で，暗色なら本種，淡色ならスジアラです。また，本種は体にある小斑点の数がスジアラよりも少ないです。背鰭棘数8。
《**食べる**》大型になるおいしいハタです。

コクハンアラの刺身
コクハンアラ

ツチホゼリ （ハタ科）　地方名：あら，いしあら，たばねばり
Epinephelus cyanopodus (Richardson, 1846)
分布：南日本太平洋沿岸，中・西部大西洋の浅所のサンゴ礁域　　　全長：50cm　　**D 5**

　体高が高く，肉厚なハタです。体色は青灰色で，胸鰭以外の体中に小黒点がちらばっています。ただし，個体による変異が大きいようです。背鰭棘数11。
《**食べる**》脂のよくのった刺身は極上の味です。ハタ科のなかで上位に位置します。

ツチホゼリの刺身
ツチホゼリ

魚のなかま

オオスジハタ （ハタ科）　地方名：あら
Epinephelus latifasciatus (Temminck and Schlegel, 1842)
分布：南日本〜インド－西太平洋の沿岸の岩礁域　　　全長：40cm　　E 3

　体が細長く，黒い線で縁取られた白い縦帯が2本走るハタです。大きなものは1mを超えますが水揚げされることはほとんどなく，小型のものを極希に見かける程度です。背鰭棘数 11。
《**食べる**》小型のものは脂ののりがいまいちです。

オオスジハタの刺身 　　オオスジハタ

クエ （ハタ科）　地方名：あら，まあら
Epinephelus bruneus Bloch, 1793
分布：南日本，東シナ海，南シナ海，フィリピンの沿岸の岩礁域　　全長：60cm〜1.2m　　D 5

　ハタの仲間は一般的に九州本土ではあら，奄美ではねばり，沖縄ではみーばいと呼ばれています。本種は「まあら」。つまりハタの中のハタなのです。磯で1mを超えるクエを釣るのは釣り人の夢ではないでしょうか。漁場は西日本に多いですが，関東でも人気があり，もろこと呼ばれています。灰褐色の体に6〜7本の暗色横帯がやや斜めに走りますが，水揚げ後は不明瞭になる場合もあり，老成すると横帯は消えて一様に茶褐色になります。クエは生まれた時はすべて雌で，生活史の途中で雄に性転換します。背鰭棘数 11。
《**食べる**》旬は冬。最高級魚の一つで値段が高いですが，年に一度は食べたいものですね。

クエ 　　クエの刺身 　　クエのあら煮 　　クエ鍋

アオハタ （ハタ科）　地方名：あら，あおな，きいぎす
Epinephelus awoara (Temminck and Schlegel, 1842)
分布：南日本〜南シナ海の沿岸浅所の岩礁域　　　全長：40cm　　D 3

　ずんぐりとした体形で，こげ茶色の横帯に黄色い斑点，尾鰭の黄色い縁取りが特徴です。これがなぜアオハタ？　背鰭棘数 11。
《**食べる**》和名はともかく，"黄色い"アオハタはくせのない上品な白身の魚です。

アオハタの刺身 　　アオハタ

1：あまりおいしくない　2：まあまあ　3：おいしい　4：とてもおいしい　5：文句なくおいしい

魚のなかま

マハタ （ハタ科）　地方名：あら，たかば

Hyporthodus septemfasciatus (Thunberg, 1793)
分布：北海道南部以南の沿岸の浅所から深所の岩礁域　全長：30cm～1m　D 5

本種は分布域が広く，各地で釣りの対象にもなっている人気のある魚です。体側に7～8本の横帯が見られるのが本種の特徴ですが，成長すると横帯は消え，一様に黒褐色になります。全長1mほどもある大型のものが水揚げされることもあります。背鰭棘数11。
《食べる》ハタ科の多くは冬が旬ですが，マハタの旬は夏です。いろんな料理に向くおいしい高級魚です。大型のものを定番の刺身やあら煮に，小型のものをオーブンでガーリックオリーブオイル焼きにしてみました。風味豊かな極上の白身で，ハタ科の代表種の一つです。

マハタ
マハタ若魚
マハタの刺身 
マハタのにぎり寿司  
マハタのあら煮 
マハタのガーリックオリーブオイル焼き 

マハタモドキ （ハタ科）　地方名：あら，くろたかば

Hyporthodus octofasciatus (Griffin, 1926)
分布：南日本～インド－太平洋の沿岸のやや深い岩礁域　全長：30cm～1m　D 5

本種はマハタとそっくりです。尾鰭と胸鰭の後縁，背鰭と臀鰭の軟条部縁辺が黒ければ本種，白い縁取りがあればマハタですが，見分けるのは難しいです。本種のほうが体高が高い印象があります。また，マハタよりもやや南に分布しています。背鰭棘数11。
《食べる》マハタモドキは大きさ，食材としての用途もマハタと変わりません。実際に食べると両種の味のちがいはわかりにくく甲乙つけがたいですが，プロの料理人たちのなかには本種のほうがマハタよりも脂がのっているといって，好んで仕入れる人もいるそうです。

マハタモドキ
マハタモドキ若魚
マハタモドキの刺身 
マハタモドキの皮の湯引き 
マハタモドキのづけ丼 
マハタモドキのあら煮 

A：とても簡単に手に入る　B：簡単に手に入る　C：普通に手に入る　D：地域や季節によっては手に入る　E：なかなか手に入らない　F：ほとんど手に入らない

魚のなかま

ホウセキハタ （ハタ科）　地方名：あら，ごまあら

Epinephelus chlorostigma (Valenciennes, 1828)
分布：南日本～インド─太平洋の沿岸の岩礁域　　全長：50cm

C 3

　黄褐色の斑点が多数ならんで網目模様になっています。比較的たくさん水揚げされ，ハタ科の中では九州本土でよく見かける種の一つといえます。ただし，オオモンハタととてもよく似ており，区別されずに扱われていることが多いです。背鰭棘数 11。
《食べる》ややさっぱりとした上品な白身です。

ホウセキハタの刺身　　ホウセキハタ

オオモンハタ （ハタ科）　地方名：あら，もあら，ちゃいぎす

Epinephelus areolatus (Forsskål, 1775)
分布：南日本～インド─西太平洋の沿岸の岩礁域やサンゴ礁域　　全長：35cm

B 3

　本種はホウセキハタ以上に手に入れやすいハタです。ハタ科のなかで唯一本種だけがならんでいる鮮魚店もあります。ホウセキハタと見分けるためには尾鰭を見てください。後縁が白く縁取られていればオオモンハタです。背鰭棘数 11。
《食べる》ホウセキハタに比べて大型のものは少ないですが，味は両種とも変わりません。鮮魚店によくならぶ魚ですので，ぜひご賞味ください。

オオモンハタの刺身　　オオモンハタの味噌汁　　オオモンハタのバター焼き　　オオモンハタ　　尾鰭後縁が白い

カケハシハタ （ハタ科）　地方名：あら，ねばり

Epinephelus radiatus (Day, 1867)
分布：南日本～インド─西太平洋の沿岸深所の岩礁域　　全長：50cm

E 3

　独特の虫食い状の模様をもつハタで，市場にならんでいる姿はかなり目立ちます。本種の体の模様は幼魚でははっきりしていますが，成長にともなってだんだん薄くなっていきます。背鰭棘数 11。
《食べる》私は小型のものを塩焼きにしましたが，ハタ科らしく1ランク上の風味でした。大型のものは刺身や煮付け，鍋など，いろんな料理にあうでしょう。

カケハシハタ若魚の塩焼き　　カケハシハタ　　カケハシハタ若魚

1：あまりおいしくない　2：まあまあ　3：おいしい　4：とてもおいしい　5：文句なくおいしい

モヨウハタ （ハタ科）　地方名：あら
Epinephelus quoyanus (Valenciennes, 1830)
分布：南日本〜インド-西太平洋の沿岸浅所の砂泥底域や岩礁域　　全長：30cm　　E3

　小型のハタで，体中に茶褐色の大きな斑紋が多数見られます。このような模様のハタは斑紋の色や大きさに若干の個体差があるので他種との区別が難しい場合がありますが，本種は胸鰭に斑紋がないことが特徴です。また，とくに背側前方の斑紋は多角形をしていて，カメの甲羅のような模様にみえる個体が多いです。背鰭棘数 11。
《食べる》刺身がいちばん。薄造りでどうぞ。

モヨウハタの刺身　　モヨウハタ

シロブチハタ （ハタ科）　地方名：あら，ねばり
Epinephelus maculatus Bloch, 1793
分布：南日本太平洋沿岸，太平洋中・西部，インド洋東部のサンゴ礁域の浅所　　全長：45cm　　E3

　本種はモヨウハタよりもやや大型になり，斑紋の色がやや濃い印象があります。もっとも大きな特徴は背鰭の中央部分が白っぽくなっていることで，これが和名の由来にもなっています。海中を泳いでいるときには白い部分が目立ちます。また，胸鰭にも斑紋があります。背鰭棘数 11
《食べる》刺身や鍋でどうぞ。

シロブチハタの刺身　　シロブチハタ

カンモンハタ （ハタ科）　地方名：あら，いしあら，いしねばり，しーねばり
Epinephelus merra Bloch, 1793
分布：南日本〜インド-太平洋のサンゴ礁の極浅所　　全長：25cm　　D3

　奄美諸島以南では，サンゴ礁の礁池や礁湖内でよく見かける小型のハタです。本種もモヨウハタとそっくりですが，胸鰭に斑紋があることと，体側の斑紋のうちいくつかがつながっていることで区別できます。背鰭棘数 11。
《食べる》刺身でもOKですが，小型のハタなのでバター焼きやから揚げなどに向きます。

カンモンハタ

カンモンハタの刺身　　カンモンハタの赤出し汁　　カンモンハタのバター焼き　　カンモンハタのから揚げ

A:とても簡単に手に入る　B:簡単に手に入る　C:普通に手に入る　D:地域や季節によっては手に入る　E:なかなか手に入らない　F:ほとんど手に入らない

ヒトミハタ （ハタ科） 地方名：あら、ねばり

Epinephelus tauvina (Forsskål, 1775)
分布：南日本〜インドー太平洋のサンゴ礁域の浅所　　全長：50cm　　E3

　よく似た模様のハタがたくさんいるものですね。背側ほど密ではない小型の斑紋が腹側にも点在し、体の後半部分に斜めの帯があれば本種と考えて良いでしょう。背中の中央、背鰭の付け根付近に目立つ黒色斑がある場合もあります。腹部に斑点がなければヒレグロハタ（*E. howlandi* (Günther, 1873)）です。背鰭棘数11。
《食べる》 あら煮がおいしかったです。

ヒトミハタの刺身　　ヒトミハタのあら煮　　ヒトミハタ　　ヒレグロハタ

キジハタ （ハタ科） 地方名：あら、あこう、あこ、あかいぎす

Epinephelus akaara (Temminck and Schlegel, 1842)
分布：本州以南の日本各地、朝鮮半島南部、中国、台湾の沿岸浅所の岩礁域　　全長：40cm　　D4

　瀬戸内海沿岸や九州北部であこうと呼ばれている、人気のある魚です。茶色っぽい体に橙色の斑点が密にならび、背中の中央、背鰭の付け根付近に黒色斑があります。背鰭棘数11。
《食べる》 スジアラ、トビハタ、マハタ、マハタモドキ、ツチホゼリ、クエとならんでおいしいハタ科の魚の中でもさらにおいしい、おすすめの魚です。

キジハタの刺身　　キジハタ

アカハタ （ハタ科） 地方名：あら、あこう、めばる、はーねばり、あかじょう、あかば

Epinephelus fasciatus (Forsskål, 1775)
分布：南日本〜インドー太平洋の沿岸の岩礁域やサンゴ礁域　　全長：25cm　　C3

　本種もホウセキハタやオオモンハタと同様に、よく見かけるハタです。九州本土から奄美地方にかけて、各地でいろんな名前で呼ばれています。種子島でめばるといえば本種のことです。体色は個体差が大きいですが、基本的には赤い体に数本の横帯があり、背鰭棘の外縁に黒い部分が見られます。背鰭棘数11。
《食べる》 手軽に味わえる小型のハタです。

アカハタの刺身　　アカハタ

1：あまりおいしくない　2：まあまあ　3：おいしい　4：とてもおいしい　5：文句なくおいしい

魚のなかま

アラ（ハタ科）　地方名：すけそ, ほんあら, ほた, おきすずき
Niphon spinosus Cuvier, 1828
分布：南日本～フィリピンの大陸棚縁辺部の岩礁域, 水深100～140m　　全長：40～80cm　　E 4

　九州では一般的にハタの仲間をあらと呼びますが, 本種が正真正銘の標準和名アラです。一見スズキのような体形をしており, 以前はスズキ科に分類されていましたが, 2000年にハタ科に移されました。やや深い海にすんでいます。背鰭棘数13。
《食べる》わかりやすい名前のわりにはあまり知られていない魚ですが, 味は極上です。

アラ
アラ若魚
アラの刺身
アラのあら煮
アラの酒蒸し

コクハンハタ（ハタ科）　地方名：あら, はーねばり
Cephalopholis sexmaculata (Rüppell, 1830)
分布：南日本太平洋沿岸, インド－太平洋のサンゴ礁域のやや深い所　　全長：50cm　　D 3

　地方名のはーねばりは「赤いハタ」という意味です。ハタ科には本種のように赤色もしくは赤橙色の魚が多く見られます。本種は体に淡色の斑点がちらばり, 背側には帯のようにもみえる黒色斑があります。背鰭棘数9。
《食べる》薄造りがおいしいです。ポン酢がよくあいます。

コクハンハタの刺身
コクハンハタ

ニジハタ（ハタ科）　地方名：あら, はーねばり
Cephalopholis urodeta (Forster, 1801)
分布：南日本太平洋沿岸, インド－太平洋のサンゴ礁域の浅い所　　全長：25cm　　D 3

　本種も"赤いハタ"の一つですが, 尾柄部から尾鰭にかけてやや黒っぽくなります。また, 尾鰭に見られる2本の白い線で他種と容易に区別できます。小型のハタです。背鰭棘数9。
《食べる》刺身で食べても良いのですが, それほど大きくならない魚なので焼き物や煮物などに向くと思います。

ニジハタの焼き物つけ塩
ニジハタ

魚のなかま

アザハタ（ハタ科）　地方名：あら，はーねばり
Cephalopholis sonnerati (Valenciennes, 1828)
分布：南日本太平洋沿岸，インド－太平洋のサンゴ礁域のやや深い所　　全長：50cm　　D 3

　本種はニジハタよりもやや深い所にすんでいます。体高が高く，やや大型になります。体は真っ赤にみえますが，よく見ると斑点がちらばっています。ただし，体色や斑点の色は個体によってまちまちです。背鰭棘数9。
《食べる》真っ赤な魚ですが，おいしい白身です。

アザハタの刺身 　　アザハタ

ユカタハタ（ハタ科）　地方名：あら，はーねばり
Cephalopholis miniata (Forsskål, 1775)
分布：南日本太平洋沿岸，インド－太平洋のサンゴ礁域のやや深い所　　全長：30cm　　D 3

　体高が高く，体形はアザハタとよく似ていますが，真っ赤な体に鮮やかな水色の斑紋がちらばった，きれいなハタです。成魚になると体の後半，すなわち背鰭と臀鰭の後半部分，尾鰭がやや濃い色になります。背鰭棘数9。
《食べる》見た目はカラフルですが，本種もおいしい魚です。

ユカタハタの刺身 　　ユカタハタ

シマハタ（ハタ科）　地方名：あら，たなばたねばり
Cephalopholis igarashiensis Katayama 1957
分布：南日本，中・西部太平洋の沿岸深所の岩礁域　　全長：35cm　　D 3

　体の模様の派手さから，奄美地方ではたなばたねばりと呼ばれています。この魚を見るたびに，どういうわけか私はあの昔ながらの豚の形をした蚊取り線香専用の容器を思い出します。たなばたの時期にぴったりではないですか！　背鰭棘数9。
《食べる》獲れたてを騎射場まんまるや（鹿児島市）の原永光則さんに料理していただきました。刺身はハタらしく上品な白身でした。塩焼きとあら煮は鮮度が良すぎるせいか，身がかたいという印象がありましたが，旨みがあり味は上々でした。

シマハタ
シマハタの刺身 　　シマハタのあら煮 　　シマハタの塩焼き 

1：あまりおいしくない　2：まあまあ　3：おいしい　4：とてもおいしい　5：文句なくおいしい

95

トビハタ （ハタ科）　地方名：あら

Triso dermopterus (Temminck and Schlegel, 1842)
分布：南日本，太平洋西部，西オーストラリアの沿岸の岩礁域　　全長：60cm　　　E 5

　本種は体高が高く平べったい魚で，ハタらしくありません。体色は茶褐色で目立った模様がなく，一見メジナのようにみえますが，れっきとしたハタ科の魚です。それどころか，味はハタ科の中でも上位に位置します。背鰭棘数 11。
《**食べる**》ほどよい甘みのあるとてもおいしい魚です。見た目で敬遠しないで，ぜひご賞味いただきたいです。

トビハタの刺身 　　トビハタ

ヤマブキハタ （ハタ科）　地方名：あら，ねばり

Saloptia powelli Smith, 1964
分布：奄美諸島以南，インド－太平洋の沿岸深所の岩礁域　　全長：45cm　　　E 3

　橙色と黄色の鮮やかなハタです。奄美大島近海で希に漁獲されます。背鰭棘数 8。
《**食べる**》ハタの仲間にしては刺身の味はやや旨みに欠けますが，昆布じめやづけ丼など，少し手を加えれば極上の味になります。

ヤマブキハタの刺身
ヤマブキハタの昆布じめ 　　ヤマブキハタのづけ丼 　　ヤマブキハタ 

ヒメコダイ （ハタ科）

Chelidoperca hirundinacea (Valenciennes, 1831)
分布：琉球列島を除く南日本，沖縄舟状海盆，東シナ海の大陸棚縁辺部の砂泥底　　全長：18cm　　　E 3

　本種はアマダイ類を狙った釣りの外道として釣られる魚で，関東や東海地方では人気があるようです。残念ながら九州では知名度が低く，水揚げされることも少ない小型魚です。
《**食べる**》おいしい白身の魚なので食材開発が望まれます。

ヒメコダイの煮付け 　　ヒメコダイ

A：とても簡単に手に入る　B：簡単に手に入る　C：普通に手に入る　D：地域や季節によっては手に入る　E：なかなか手に入らない　F：ほとんど手に入らない

魚のなかま

カスミサクラダイ（ハタ科）　地方名：あかず
Plectranthias japonicus (Steindachner, 1884)
分布：南日本太平洋側，西部太平洋のやや深い砂礫底や砂泥底　　全長：15cm　　D3

　体色は赤，背鰭と尾鰭に黄色い部分のある小型の魚です。鹿児島湾では湾南部の水深100～150m付近でとんとこ網によく入網しますが，地元で細々と消費されている程度です。
《食べる》湯引きにすると見た目もきれいでおいしいです。

カスミサクラダイの湯引き 　　カスミサクラダイの味噌汁 　　カスミサクラダイ

アカイサキ（ハタ科）　地方名：ひめだい，きろめ，きつね
Caprodon schlegelii (Günther, 1859)
分布：南日本の沿岸の岩礁域　　全長：35cm　　D3

　本種はイサキの仲間ではなくハタの仲間です。雌雄で色彩が異なり，雄は朱色とピンク色の体に黄色い斑紋や線がならびます。また，背鰭に不明瞭な黒斑があります。一方，雌の体色は赤く，体側中央がほんのり黄色く，背中に数個の暗色斑がうっすらとならびます。
《食べる》淡白な白身の魚で，味は良いです。

アカイサキの刺身 　　アカイサキのチーズ焼き 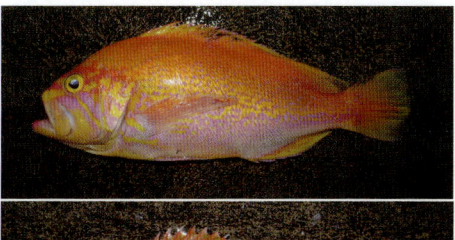 　　アカイサキ雄（上），雌（下）

チョウセンバカマ（チョウセンバカマ科）　地方名：やばた
Banjos banjos (Richardson, 1846)
分布：南日本～東シナ海，オーストラリア西部の水深50～400mの砂泥底域　　全長：25cm　　E3

　平べったい体の魚でカワビシャ科のツボダイに少し似ていますが，本種はチョウセンバカマ科の魚です。底曳網で極希に漁獲される程度で，あまり市場には出回りません。
《食べる》塩焼きや煮付けで食べられます。

チョウセンバカマの塩焼き 　　チョウセンバカマ

1:あまりおいしくない　2:まあまあ　3:おいしい　4:とてもおいしい　5:文句なくおいしい

魚のなかま

アカアマダイ （アマダイ科）　地方名：あまだい,あかあま,いとより,えんなめ,くずな
Branchiostegus japonicus (Houttuyn, 1782)
分布：南日本,東シナ海,韓国済州島,南シナ海の泥底や砂泥底,水深20～160m　　全長：35cm　　C 4

　いわゆるアマダイの仲間でおいしいとされるのは，アカアマダイ，キアマダイ，シロアマダイの3種です。本種は眼の後方下に銀白色の三角形があるのが特徴です。
《食べる》定番の味噌漬けは甘みがあっておいしいです。

アカアマダイの一夜干し（開き）
アカアマダイの味噌漬け
アカアマダイ 
眼の後方下に銀白色の三角形

キアマダイ （アマダイ科）　地方名：あまだい,くずな,なたぼ
Branchiostegus auratus (Kishinouye, 1907)
分布：本州中部以南,東シナ海,台湾の泥底や砂泥底,水深30～300m　　全長：35cm　　C 4

　本種はアカアマダイに似ていますが，決定的なちがいは眼の前方下に銀白色の線が1本あることです。アマダイの仲間は上品な白身で，和食を中心にいろんな料理に使われます。
《食べる》身がやわらかく，味噌漬けや一夜干し，生食なら昆布じめなどにすると身が締まります。

キアマダイの焼霜造り
キアマダイの昆布じめ 
キアマダイ 
眼の前方から上あごにかけて1本の銀白色の線

シロアマダイ （アマダイ科）　地方名：あまだい,しろあま,くずな,えんなめ
Branchiostegus albus Dooley, 1978
分布：南日本,東シナ海,韓国釜山,南シナ海,フィリピンの泥底や砂泥底,水深30～100m　　全長：40cm　　D 4

　本種は眼が小さく，地味なイメージのアマダイです。ところが，3種のなかでもっともおいしいとされ，値段が高いのは本種です。水揚げ量は決して多くありません。
《食べる》食べ方は他の2種と同じです。

シロアマダイの湯引き
シロアマダイの味噌漬け 
シロアマダイ 

A:とても簡単に手に入る　B:簡単に手に入る　C:普通に手に入る　D:地域や季節によっては手に入る　E:なかなか手に入らない　F:ほとんど手に入らない

魚のなかま

ムツ（ムツ科）　地方名：むつあら，くろむつ，ろくろう（幼魚）
Scombrops boops (Houttuyn, 1782)
分布：北海道南部以南，東シナ海の水深200～700mの岩礁域　　全長：15cm～1m　　B 4

　見た目はご覧の通りですが，とてもおいしい魚です。幼魚は沿岸の定置網などで漁獲されますが，大きくなると深海に移動します。本種はくろむつと呼ばれることがありますが，和名クロムツ（*S. gilberti* (Jordan and Snyder, 1901)）という別の魚がいます。側線有孔鱗数（側線上の孔のあいた鱗の数）が50～57ならムツ，59～70ならクロムツです。ただし，クロムツの分布域は本州中部以北です。
《食べる》旬は冬で，刺身もおいしいですが，脂がのっているので煮付けが最高だと思います。

ムツ
ムツの刺身 
ムツの煮付け 
ムツ幼魚

キントキダイ（キントキダイ科）　地方名：きんめだい，ほんきんめ，あかめ，おかめんばち
Priacanthus macracanthus Cuvier, 1829
分布：南日本，東シナ海，南シナ海，アンダマン海，インドネシア，オーストラリア北西・北東岸の大陸棚上の砂泥底　　全長：30cm　　C 3

　本種はきんめだい，ほんきんめなどと呼ばれていますが，キンメダイの仲間ではありません。背鰭，腹鰭，臀鰭に黄色い点が散在しているのが特徴です。
《食べる》煮付けの際は皮がかたいので切れ目を入れて煮ると食べやすくなります。

キントキダイの煮付け
キントキダイ 

ホウセキキントキ（キントキダイ科）　地方名：きんめだい
Priacanthus hamrur (Forsskål, 1775)
分布：南日本太平洋側，インド－西太平洋の岩礁域やサンゴ礁域　　全長：35cm　　D 3

　キントキダイの仲間はよく似たものが多いですが，本種は尾鰭が湾入形なので区別しやすいです。また，側線に沿って斑点がならんでいます。
《食べる》食べ方はキンメダイの仲間と同様ですが，残念ながら味ではかないません。キンメダイよりも安価なので，良しとしましょう。

ホウセキキントキの刺身
ホウセキキントキ 

1：あまりおいしくない　2：まあまあ　3：おいしい　4：とてもおいしい　5：文句なくおいしい

魚のなかま

チカメキントキ（キントキダイ科）　地方名：きんめだい, きんめ, はーむ, べんけい, めひかり, めんばち

Cookeolus japonicus (Cuvier, 1829)
分布：南日本太平洋側, 世界中の熱帯・亜熱帯海域の岩礁域, 水深100m以深　　全長：30cm　　C 3

　体高が高く, 大きな腹鰭が特徴のキントキダイです。南九州では水揚げ量が比較的多く, 鮮魚店でも見つけやすい魚です。
《食べる》キントキダイの仲間ではもっともおいしい魚だと思います。

チカメキントキの刺身
チカメキントキの塩焼き
チカメキントキ
チカメキントキの大きな腹鰭

ネンブツダイ（テンジクダイ科）　地方名：きんぎょ, あかじゃこ, いしもちじゃこ, かぶとじゃこ

Apogon semilineatus Temminck and Schlegel, 1843
分布：南日本, 台湾, フィリピン, オーストラリアの内湾の岩礁付近　　全長：10cm　　F 4

　鹿児島ではきんぎょと呼ばれ, アオリイカ釣りのエサにするために釣られる魚です。しかし, イカのエサだけにするにはもったいない魚です！
《食べる》骨がやわらかく, 甘みがあるのでから揚げにするととてもおいしいです。すりつぶしてつみれやさつま揚げなどにするのも良いでしょう。小さい魚なので市場に出回ることはほとんどありませんが, 誰でも簡単に釣れますので持ち帰ってぜひご賞味ください。

ネンブツダイのから揚げ
ネンブツダイ

テッポウイシモチ（テンジクダイ科）

Apogon kiensis Jordan and Snyder, 1901
分布：相模湾以南, 東シナ海, フィリピン, 南アフリカ　　全長：8cm　　F 2

　体側中央を走る黒い線が特徴の魚で, 鹿児島湾では水深100m以浅で底曳網を曳くと入網することがあります。
《食べる》本種も市場に出回ることはほとんどありませんが, ネンブツダイと同様の料理方法で食べることができます。味はネンブツダイよりも劣りますが。

テッポウイシモチのから揚げ
テッポウイシモチ

100　A：とても簡単に手に入る　B：簡単に手に入る　C：普通に手に入る　D：地域や季節によっては手に入る　E：なかなか手に入らない　F：ほとんど手に入らない

魚のなかま

スギ（スギ科）　地方名：つぐろ，ます

Rachycentron canadum (Linnaeus, 1766)
分布：東部太平洋を除く世界中の温帯，熱帯海域の沿岸から沖合の表層　　全長：1m　　D 3

　横に平べったい顔をした大型の魚です。背鰭棘がばらばらにならび，鰭膜でつながっていないのが特徴です。
《**食べる**》知名度は低いですが味の良い魚です。刺身で食べるのがいちばんで，ややかたい食感ですが脂がのって甘みは十分です。

スギの刺身　　スギと大根の煮物

スギ

背鰭棘は鰭膜でつながっていない

シイラ（シイラ科）　地方名：まんびき，かなやま，ひうお，ひゅーぬゆ，まびき，まんた

Coryphaena hippurus Linnaeus, 1758
分布：世界中の暖海のやや沖合の表層　　全長：1.2m　　B 3

　トローリングをする人なら，釣れたての黄金に輝く美しい姿を一度は見たことがあるのではないでしょうか。引きが強く人気のターゲットですね。残念ながら水揚げ後，鮮魚店にならぶ段階では体色はあせて銀白色になっています。大きくなると雄は頭が張り出すので雌雄の判別が簡単になります。
《**食べる**》刺身がおいしいですが，鮮度の良いものに限ります。その他，天ぷらやフライ，バター焼きなど，食べ方はバラエティーに富みます。旬は夏です。

シイラの刺身 　　シイラの真子の煮付け 
シイラのトマトシチュー 　　シイラの天ぷら

シイラ雄（上），雌（下）
シイラ雄の頭部 　　シイラ雌の頭部

1：あまりおいしくない　**2**：まあまあ　**3**：おいしい　**4**：とてもおいしい　**5**：文句なくおいしい　　101

クロアジモドキ （アジ科）　地方名：まながつお，くろまな
Parastromateus niger (Bloch, 1795)
分布：南日本～インド-西太平洋の陸棚上　　全長：40cm　　E 3

「えっ，これがアジの仲間?」と思ってしまうほど変な形をしていますが，アジ科の魚です。腹鰭がありません。他のアジ科魚類よりもむしろマナガツオとよく似ていて，まちがわれることも多いようですが，体色が黒っぽいのと鰓蓋が大きいことで区別できます。
《食べる》刺身は脂がのっておいしいです。

クロアジモドキの刺身 　　クロアジモドキの味噌漬け 　　クロアジモドキ

ブリ （アジ科）　地方名：はまち（若魚），やず（幼魚）
Seriola quinqueradiata Temminck and Schlegel, 1845
分布：琉球列島を除く日本各地，朝鮮半島の沿岸の中・下層　　全長：70cm　　B 4

大きな群れをなして泳ぐ姿は精かんで，日本を代表する魚の一つです。英名はイエロー・テール（黄色いしっぽ）。黄色い縦帯と黄色みがかった尾鰭が特徴です。本種は上あご後端の上角が角ばっているのが特徴です。ブリは出世魚で，各地で成長段階によっていろんな呼ばれ方をしています。九州では幼魚をやず，若魚をはまちと呼んでいます。各地で養殖も盛んに行われていますが，種苗にされる天然の稚魚（もじゃこ）は流れ藻に乗って移動します。そのため，春に黒潮流域付近まで出かけ，流れ藻を探して網を入れるもじゃこ漁はブリ養殖のための大切な漁業です。
《食べる》とくに，定置網などで冬に獲られる天然の「寒ぶり」は脂がのっていて，刺身やしゃぶしゃぶなどに最適です。白子のバター焼きもおすすめです。

ブリ　　ブリの稚魚（もじゃこ）　　上あご後端上角が角ばる
ブリ若魚の刺身 　　ブリのにぎり寿司 　　ブリのしゃぶしゃぶ
ブリ若魚のづけ丼 　　ブリの照り焼き 　　ブリの白子ポン酢 　　白子のバター焼き生姜醤油かけ

魚のなかま

ヒラマサ （アジ科）　地方名：ひらす, ひらご（若魚）
Seriola lalandi Valenciennes, 1833
分布：北海道南部以南, 世界各地の温帯・亜熱帯海域の沿岸の中・下層　　全長：70cm　　D 4

　本種はブリとよく似ていますが, 上あご後端の上角に丸みがあることで区別できます。ブリの陰に隠れた存在ですが, 九州ではひらすと呼ばれ, ブリよりもおいしい高級魚として定評があります。また, 引きが強いことから釣り人にも人気の魚です。簡単に釣れないのも魅力の一つですね。
《**食べる**》ブリが冬の魚なのに対し, ヒラマサは夏の魚です。

ヒラマサの刺身 　　ヒラマサの塩焼き 　　ヒラマサのレモンステーキ　　ヒラマサ　　上あご後端上角が角ばらない

カンパチ （アジ科）　地方名：あかばら, あかばな, そーじ, あかばなそーじ, ねり, ねる, ねいご（幼魚）, ねりご（幼魚）
Seriola dumerili (Risso, 1810)
分布：南日本, 東部太平洋を除く世界中の温帯～熱帯海域　　全長：80cm　　C 4

　生きているときは眼を通る斜めの帯があり, 正面から見ると「八」の字をしているのが和名の由来です。尾鰭下葉の先端が白く, 上あご後端の上角は丸く膨らんでいます。ブリよりも南方系で全長1mを超えることがあり, 釣り人にも人気があります。南九州では本種が養殖されており, 中でも黒潮の影響で冬でも水温の高い鹿児島湾はもっとも養殖が盛んで, 同湾だけで全国の養殖カンパチの約5割が生産されています。もちろん天然物も水揚げされ, あかばらという名前で区別されています。養殖物が緑っぽい体色なのに対し, 天然物は赤みが強くて尾鰭が大きく, まるで別の魚のようです。
《**食べる**》カンパチはヒラマサとともに夏の魚です。また, ブリが旬をむかえる前の秋にも人気があります。餌料の改良等の工夫がなされ, 品質管理がいきとどいた養殖物は脂が多くおいしいです。一方, 天然物はカンパチ本来の食感が楽しめ, 極上の味がより長時間持続します。

カンパチ　　カンパチ幼魚　　上あご後端上角が丸い 　　養殖カンパチ

カンパチのにぎり寿司 　　カンパチの刺身 　　養殖カンパチの刺身 　　カンパチの「八」の字

1：あまりおいしくない　2：まあまあ　3：おいしい　4：とてもおいしい　5：文句なくおいしい

魚のなかま

ヒレナガカンパチ（アジ科）　地方名：あかばら，ひれなが，そーじ，はちまきそーじ，くろねる
Seriola rivoliana Valenciennes, 1833
分布：南日本太平洋沿岸，世界中の温帯〜熱帯海域の沿岸の中・下層　　全長：70cm　　**D3**

　第2背鰭前部と臀鰭前部が長いのが和名の由来で，尾鰭下葉の先端が白くないことでもカンパチと区別できます。また，カンパチよりも眼が大きい印象があります。本種は水揚げ後も眼を通る黒褐色の「八」の字の帯が比較的鮮明に残っていることが多いです。
《食べる》カンパチよりもさらに南方系の魚で，味はカンパチよりもやや劣ります。

ヒレナガカンパチの刺身

ヒレナガカンパチ

眼が大きく上あご後端上角が丸い

ツムブリ（アジ科）　地方名：つんぶり，おきぶり，さおまつ，やまとなが，たんご，たんごぶり，ます，あすなろ，しまぶり
Elagatis bipinnulata (Quoy and Gaimard, 1824)
分布：南日本，世界中の温帯〜熱帯海域の沿岸から沖合の表層　　全長：70cm　　**C3**

　尖った顔と細身の体。名前に「ブリ」がつきますが，ブリの仲間（ブリ属）ではなくツムブリ属です。群れをなす魚で，定置網などで比較的たくさん獲られ，鮮魚店でもよく見かける魚です。
《食べる》本種は大型の個体ほどおいしいです。

ツムブリ

ツムブリの刺身 　　ツムブリのホイル焼き 　　ツムブリの塩焼き 　　ツムブリの竜田揚げ

アイブリ（アジ科）　地方名：もうお，ねこそーじ
Seriolina nigrofasciata (Rüppell, 1829)
分布：隠岐諸島，南日本太平洋側，インド−西太平洋のやや深い沖合の岩礁域　　全長：50cm　　**D2**

　顔に丸みがあり，かすかに暗色の帯が斜めに走る以外に目立った模様はありません。本種もブリの仲間ではなく，アイブリ属です。ブリ属の魚ほど大きくはなりません。
《食べる》刺身は独特の甘みがありますが，やわらかく，ブリ属の魚に比べると食感はいまいちです。煮付けはおいしいです。

アイブリの刺身 　　アイブリの煮付け　　アイブリ　　アイブリ若魚

A：とても簡単に手に入る　B：簡単に手に入る　C：普通に手に入る　D：地域や季節によっては手に入る　E：なかなか手に入らない　F：ほとんど手に入らない

魚のなかま

マアジ（アジ科）　地方名：あじ, ひらあじ, しばあじ, あじご, ぜんご（幼魚）

Trachurus japonicus (Temminck and Schlegei, 1844)

分布：日本各地, 東シナ海, 朝鮮半島の沿岸〜沖合の中・下層　　全長：10〜30cm　　**A 5**

　日本人がもっとも好んで食べる魚の一つで，大衆魚の代名詞です。とはいっても近年は各地でブランド化され，高級魚としても売られています。一本釣りのあと，魚にストレスを与えないよう慎重に扱うことで鮮度保持が徹底されたマアジは一味ちがいます。アジといえば体の後半にある「ぜいご」（稜鱗）がトレードマークですが，実はアジ科のもっとも大きな特徴は臀鰭前方の2本の遊離棘の存在です。例外もありますが。同じマアジでも，体色は大きく2種類に分かれます。「きあじ」「しろあじ」などと呼ばれ沿岸域に多い金色に近いものと，「くろあじ」と呼ばれ沖合に多く大型になる黒っぽいものです。前者のほうが脂ののりが良く，おいしい傾向があります。
《食べる》文句なくおいしい魚です。マアジの刺身はわさびよりも生姜があうと思います。

マアジ　　マアジの遊離棘

マアジの刺身 　　マアジのたたき 　　マアジの南蛮漬け 　　マアジのムニエル風サラダ

マルアジ（アジ科）　地方名：あおあじ, あーず, あわず, あじご

Decapterus maruadsi (Temminck and Schlegel, 1844)

分布：南日本, 東シナ海の内湾, 沿岸〜沖合　　全長：25cm　　**A 4**

　本種はマアジとまちがわれやすいのですが，ムロアジ属の魚です。体の断面がマアジよりも丸いのでマルアジです。また，やや青みがかった体色のためあおあじとも呼ばれます。マアジとの決定的なちがいは尾柄部にある1対の小離鰭です。
《食べる》刺身に向く魚で，とくに冬がおいしいです。

マルアジの刺身 　　マルアジのフライ　　マルアジ　　尾柄部には1対の小離鰭

1：あまりおいしくない　2：まあまあ　3：おいしい　4：とてもおいしい　5：文句なくおいしい

魚のなかま

アカアジ（アジ科）　地方名：ひめあじ
Decapterus akaadsi Abe, 1958
分布：新潟，山陰，南日本太平洋側，東シナ海，南シナ海の大陸棚縁辺　　全長：25cm　　**D 3**

　青が基調の体に赤を散らしたような体色のアジです。ムロアジの仲間にしては体高が高いのも特徴です。市場に出回る量はやや少ないです。
《食べる》本種をはじめとして，鮮度が命のムロアジの仲間を刺身で食べるのは産地ならではの贅沢ですね。

アカアジの刺身 　　アカアジのフライ 　　アカアジ

ムロアジ（アジ科）　地方名：きんむろ，せいめい，あおあじ
Decapterus muroadsi (Temminck and Schlegel, 1844)
分布：南日本，東シナ海，マーシャル諸島，ハワイ諸島，オーストラリア西岸・南東岸，セントヘレナの沿岸，島嶼域　　全長：40cm　　**C 4**

　ムロアジ属の代表種！　とはいっても九州ではそれほど頻繁にお目にかかれる魚ではありません。鮮度の良いものは体側に黄色い縦帯が走ります。
《食べる》脂ののった刺身は絶品で，そのほかいろんな料理でおいしくいただけます。

ムロアジの刺身 　　ムロアジの煮付け 　　ムロアジ

クサヤモロ（アジ科）　地方名：むろあじ，あおむろ，めなが，しろうるめ
Dacapterus macarellus (Cuvier, 1833)
分布：南日本太平洋側，世界中の暖海の沿岸，島嶼域の中・下層，水深40〜200m　　全長：35cm　　**B 3**

　その名が表すように伊豆諸島の「くさや」の原料に最適なムロアジで，九州でもたくさん水揚げされます。やや背中側からみると体側に青い縦帯が確認できます。また，尾鰭下葉の前縁が赤いのも特徴です。
《食べる》ぜひ鮮度の良いものを刺身でどうぞ。

クサヤモロ

クサヤモロの刺身 　　クサヤモロの塩焼き（開き） 　　クサヤモロのホイル焼き 　　ソテー ガーリック醤油風味

A：とても簡単に手に入る　B：簡単に手に入る　C：普通に手に入る　D：地域や季節によっては手に入る　E：なかなか手に入らない　F：ほとんど手に入らない

魚のなかま

オアカムロ（アジ科）　地方名：あかむろ，ひめむろ，あかあじ，さなだうるむ
Decapterus tabl Berry, 1968
分布：新潟，富山，山陰，南日本太平洋側，インド－太平洋，熱帯大西洋の沿岸～沖合の表層，大陸棚縁辺の水深200～360m　　全長：35cm　　C 4

　尾鰭が赤いムロアジです。体が細長く，体色に赤がまじらないのでアカアジとは容易に区別できます。
《**食べる**》鮮度の良いものに限りますが，私はムロアジ属の中で刺身がもっともおいしいのはオアカムロだと思います。夏が旬です。

オアカムロの刺身 　　オアカムロの味噌汁 　　オアカムロ

メアジ（アジ科）　地方名：きんめあじ，ぎんあじ，めこん，がつん，きんばく
Selar crumenophthalmus (Bloch, 1793)
分布：佐渡，南日本太平洋側，世界中の暖海の沿岸域，水深170m以浅　　全長：20cm　　C 3

　体高が高く眼が大きいアジで，新鮮なものは体側に黄色い縦帯が見られます。本種の大きな特徴は，肩帯下部（鰓蓋をめくって見えるところ）に突起が見られることです。
《**食べる**》沖縄でがちゅんと呼ばれている魚で，とくに刺身で食べるとおいしいです。

メアジの刺身 　　メアジ　　肩帯下部に突起がある

クロボシヒラアジ（アジ科）　地方名：くろぼしあじ
Alepes djedaba (Forsskål, 1775)
分布：宮崎～鹿児島，インド－太平洋，地中海東部の沿岸の浅所　　全長：25cm　　D 3

　体高が高く，眼がやや低い位置にあります。眼の後方の鰓蓋には黒斑が見られます。鮮魚店で見かける機会は多くありませんが，定置網などでまとまって獲られることがあります。
《**食べる**》適度に脂がのったおいしい魚です。いろんな料理でどうぞ。

クロボシヒラアジの刺身 　　クロボシヒラアジのなめろう　　クロボシヒラアジ　　クロボシヒラアジの煮付け 　　クロボシヒラアジのから揚げ

1:あまりおいしくない　2:まあまあ　3:おいしい　4:とてもおいしい　5:文句なくおいしい

魚のなかま

ギンガメアジ（アジ科）　地方名：ひらあじ, えば, がら, そうじがら, ぎんあじ
Caranx sexfasciatus Quoy and Gaimard, 1824
分布：隠岐諸島, 南日本太平洋側, インドー太平洋の沿岸のサンゴ礁域, 内湾　　全長：50cm　　**C 4**

　大きな口と尾鰭の後縁が黒いのが特徴です。幼魚は体側に5本の横帯がうっすらと走ります。また, 幼魚の尾鰭は上葉, 下葉ともに後端が黒っぽくなっています。ギンガメアジ属やヨロイアジ属の魚は「ひらあじ」という総称で呼ばれますが, 本種はそのなかでも手に入れやすい魚です。
《**食べる**》脂ののったおいしい魚です。ぜひ刺身でどうぞ。

ギンガメアジの刺身　　ギンガメアジ　　ギンガメアジ幼魚

ロウニンアジ（アジ科）　地方名：ひらあじ, かまじ, えば（幼魚）
Caranx ignobilis (Forsskål, 1775)
分布：富山湾, 南日本太平洋側, インドー太平洋の沿岸の岩礁域やサンゴ礁域　　全長：60cm　　**D 4**

　本種はギンガメアジ, カスミアジとともにギンガメアジ属を代表する魚で, 大物釣りの対象としても人気があります。ときに, 全長1mを超えるものが釣れたりもします。幼魚は体色が銀色で尾鰭の下葉に黄色い部分がありますが, 大型になると全体的に黒っぽくなります。
《**食べる**》刺身は見た目も味も抜群です。

ロウニンアジの刺身　　ロウニンアジ　　ロウニンアジ幼魚

カスミアジ（アジ科）　地方名：がら
Caranx melampygus Cuvier, 1833
分布：南日本太平洋側, インドー太平洋の沿岸の内湾やサンゴ礁域　　全長：50cm　　**D 3**

　黄金地に黒点を散りばめた美しい魚です。第2背鰭や臀鰭の付け根が青く輝くのも特徴です。本種も釣りの対象魚として有名です。定置網などで漁獲もされますが, 大量に水揚げされることはありません。
《**食べる**》刺身でも加熱した料理でもOKです。

カスミアジの刺身 　　バングラデシュ風カレー 　　カスミアジ（上下とも）

A：とても簡単に手に入る　B：簡単に手に入る　C：普通に手に入る　D：地域や季節によっては手に入る　E：なかなか手に入らない　F：ほとんど手に入らない

魚のなかま

イトヒキアジ（アジ科）　地方名：よーれがら、いとまき、ぎんあじ、いしわり、いとひき、かがみうお
Alectis ciliaris (Bloch, 1788)
分布：北海道南部以南、世界中の熱帯海域の沿岸の浅所、内湾、水深100m以浅　　全長：50cm　　C 3

　背鰭や臀鰭が糸を引く、独特の姿の魚ですが、本種もアジの仲間です。成長にともなってこれらの糸は短くなります。九州では比較的頻繁に市場に出回りますが、大型のものは少ないです。
《食べる》鮮度の良いものはぜひ刺身で！

イトヒキアジの刺身 　　イトヒキアジの煮付け 　　イトヒキアジ

オキアジ（アジ科）　地方名：くろこぜん、くろかまち、ぎんてつ
Uraspis helvola (Forster, 1775)
分布：南日本、インド-太平洋、東部太平洋、南部大西洋の沿岸～沖合の底層　　全長：30cm　　D 2

　楕円形をした黒っぽい体色のアジで、近縁種のインドオキアジ（*U. uraspis* (Günther, 1860)）とそっくりです。本種は胸部（腹鰭前方）と胸鰭前方の2カ所に無鱗域がありますが、インドオキアジはそれらの無鱗域がつながっています。
《食べる》外見に反して刺身の色はきれいです。煮付けはややもちもち感に欠けます

オキアジの刺身 　　オキアジの煮付け 　　オキアジ　　オキアジの2ヵ所の無鱗域

リュウキュウヨロイアジ（アジ科）　地方名：ぜんめ、えば
Carangoides hedlandensis (Whitley, 1934)
分布：南日本太平洋側、インド-西太平洋、サモアの沿岸の浅所下層　　全長：20cm　　D 2

　小型のヨロイアジ属の魚はどれもよく似ているので区別するのが難しいですが、本種は眉間の出っ張りが特徴です。和名には「リュウキュウ」が入るのですが、九州本土や本州太平洋側の沿岸にもいます。
《食べる》味に高級感はないですが、どんな料理にも向く無難な魚です。

バター焼き 　　リュウキュウヨロイアジ

1：あまりおいしくない　2：まあまあ　3：おいしい　4：とてもおいしい　5：文句なくおいしい

魚のなかま

キイヒラアジ （アジ科）　地方名：えば
Carangoides uii (Wakiya, 1924)
分布：南日本, インドー西太平洋の沿岸の浅所, 内湾　　全長：20cm　　D 2

　第2背鰭前部と臀鰭前部が伸長し, 腹鰭前方部分が鰓蓋までほぼ全域無鱗域になっていることが特徴の小型のヨロイアジ属の魚です。
《食べる》味はリュウキュウヨロイアジに似ています。

キイヒラアジの塩焼き　　キイヒラアジの無鱗域　　キイヒラアジ

マルヒラアジ （アジ科）　地方名：ひらあじ, がら
Carangoides caeruleopinnatus (Rüppell, 1830)
分布：南日本太平洋側, インドー西太平洋の沿岸の浅所　　全長：25cm　　D 3

　キイヒラアジに似ていますが, 第2背鰭前部と臀鰭前部があまり伸長しないこと, 胸鰭前方鰓蓋直後の部分に鱗があることで区別できます。
《食べる》刺身は血合の色がとてもきれいです。

マルヒラアジの刺身　　マルヒラアジの無鱗域　　マルヒラアジ

クロヒラアジ （アジ科）　地方名：ながえば, えば
Carangoides ferdau (Forsskål, 1775)
分布：南日本, インドー太平洋の岩礁域やサンゴ礁域の沿岸の浅所　　全長：30cm　　D 3

　ヨロイアジ属の魚で, 吻端が丸く, 暗色の横帯がうっすらとならんでいます。
《食べる》本種の刺身は適度に脂がのっておいしく, 塩焼きもくせや臭みがなくおいしいです。

クロヒラアジの塩焼き　　クロヒラアジのムニエル　　クロヒラアジ

魚のなかま

ナンヨウカイワリ （アジ科）　地方名：ひらあじ, がら, ちょーご
Carangoides orthogrammus (Jordan and Gilbert, 1882)
分布：新潟, 山陰, 南日本太平洋側, インド–太平洋の岩礁域やサンゴ礁域の沿岸の浅所　　全長：40cm　**C 4**

本種はクロヒラアジと似た体形をしていますが, 吻端が尖っていることと体側に黄褐色の小斑が見られることで区別できます。
《食べる》比較的手に入れやすい魚で, 刺身はとてもおいしいです。

ナンヨウカイワリの刺身 　　ナンヨウカイワリ

シマアジ （アジ科）　地方名：がら, ぎんがめ, ひらあじ
Pseudocaranx dentex (Bloch and Schneider, 1801)
分布：南日本, 東部太平洋を除く世界中の暖海の中〜下層, 水深200m以浅　　全長：45cm　**D 5**

頭部から背中にかけての独特のライン, 鰓蓋の黒斑, 体側の黄色い縦帯が特徴の"アジの味の王様"です！ 養殖も行われていますが, カンパチと同様に天然物と養殖物では体色や尾鰭の形などにちがいが見られます。
《食べる》刺身の見た目の美しさ, もちもちとした食感, 甘み, どれをとっても極上の高級魚。九州では希少な天然魚を味わうことができます。

シマアジの刺身 　シマアジ幼魚の塩焼き　シマアジ　養殖シマアジ

カイワリ （アジ科）　地方名：こぜん, ぜんめ, ひらあじ
Kaiwarinus equula (Temminck and Schlegel, 1844)
分布：北海道南部以南, インド–太平洋, イースター島の沿岸の下層, 水深200m以浅　　全長：20cm　**B 3**

高級魚のシマアジに対して, カイワリは手軽に食べられる大衆魚です。
《食べる》とくに鹿児島ではこぜんと呼ばれ, あめうお（クロサギ）とともに"庶民の味方"として煮付けや塩焼きでよく食べられています。刺身もおいしいので, どうぞお試しください。

カイワリの刺身 　カイワリの煮付け 　カイワリ

1：あまりおいしくない　2：まあまあ　3：おいしい　4：とてもおいしい　5：文句なくおいしい

ヒイラギ （ヒイラギ科）　地方名：えば, いらげ, だいちょう, しいば, しいかぶら, とんま
Nuchequula nuchalis (Temminck and Schlegel, 1845)
分布：南日本, 台湾, 中国の沿岸の浅所, 汽水域　　全長：12cm　　　　　D 4

　体全体が銀色に輝き，項部（背鰭の前方）に暗色斑が見られる小型の魚です。ヒイラギの仲間は口が前下方に伸びます。
《食べる》本種は小型ですが，甘みがあって身離れが良く，煮付けがとてもおいしいです。中骨がかたいのが難点です。

ヒイラギの煮付け　　ヒイラギの南蛮漬け　　ヒイラギ　　口が長く伸びる

オキヒイラギ （ヒイラギ科）　地方名：えば, えばじゃこ, えばざこ, だいちょう
Equulites rivulatus (Temminck and Schlegel, 1845)
分布：南日本の沿岸域　　全長：7cm　　　　　　　　　　　　　C 4

　鹿児島では梅雨の頃から夏にかけて市場に出回るよく知られた魚です。
《食べる》ヒイラギよりもさらに小型ですが，骨がやわらかいのでから揚げや南蛮漬けには最適です。脂ののりが良いので骨ごとスライスした刺身（背ごし）もおすすめです。干物で売られているものを炙って食べてもおいしいです。

オキヒイラギの干物の炙り　　オキヒイラギのから揚げ　　オキヒイラギ　　口が長く伸びる

ヒメヒイラギ （ヒイラギ科）　地方名：えば, えばじゃこ, えばざこ
Equulites elongates (Günther, 1874)
分布：南日本, インド－西太平洋の沿岸域　　全長：7cm　　　　D 4

　本種が単独で売られていることはほとんどありません。オキヒイラギの中にまじっているのを見つけてみましょう！体が細長いので区別は容易です。
《食べる》食べ方や味はオキヒイラギと変わりません。

ヒメヒイラギの背ごしポン酢　　ヒメヒイラギ

魚のなかま

ハチビキ （ハチビキ科）　地方名：あかぼう, ちびき, ねこまたぎ, きんこぶ

Erythrocles schlegelii (Richardson, 1846)
分布：南日本太平洋側, 九州－パラオ海嶺, 沖縄舟状海盆, 朝鮮半島南部, 南アフリカの水深100～350mの岩礁域　　全長：40～60cm

D 3

　全身暗赤色の魚で, 尾柄部に隆起線があります。脂肪が少なく独特の風味のあるピンク色の身は好き嫌いが分かれるところです。
《食べる》刺身は皮を残したまま焼霜造りにすると風味が良くなります。

ハチビキの焼霜造り 　　ハチビキのムニエル カレー風味 　　ハチビキ

ロウソクチビキ （ハチビキ科）

Erythrocles schlegelii (Richardson, 1846)
分布：南日本太平洋側, 西部太平洋, ハワイ諸島の水深200～300mの海山　　全長：25cm

D 2

　和名の通りロウソクのようなずん胴の体形の魚で, 第1背鰭と第2背鰭がかなり離れています。ハチビキよりも体色が鮮やかです。
《食べる》安価な小型の魚で, 焼き物やから揚げに向きます。

ロウソクチビキの塩焼き 　　ソテー レモンソース 　　ロウソクチビキ

ロクセンフエダイ （フエダイ科）　地方名：ほたる, やまとべ

Lutjanus quinquelineatus (Bloch, 1790)
分布：南日本, インド－西太平洋の岩礁域やサンゴ礁域　　全長：30cm

C 3

　背部から腹部まで黄色く, 鰭もすべて黄色い魚です。体側に5本の青白色の縦線が見られます。ただし, 頭部には6本あるのでこれが和名の由来です。
《食べる》淡白な白身の魚で, 刺身やバター焼きなどに向きます。

ロクセンフエダイの刺身 　　ロクセンフエダイのバター焼き 　　ロクセンフエダイ

1:あまりおいしくない　2:まあまあ　3:おいしい　4:とてもおいしい　5:文句なくおいしい

ヨスジフエダイ （フエダイ科）　地方名：ほたる，やまとべ

Lutjanus kasmira (Forsskål, 1775)

分布：南日本，インドー太平洋の岩礁域やサンゴ礁域　　全長：30㎝　　**C 3**

　本種はロクセンフエダイと似ていますが，青白色の縦線がその名の通り4本で，腹部が黄色くないことで簡単に区別できます。また，不明瞭ですが眼の下にも2本の青白色の縦線が走っています。
《**食べる**》鮮魚店よりも水族館にいそうなカラフルな魚ですが，実は食べてもおいしいのです。

ヨスジフエダイの刺身 　　ヨスジフエダイ

クロホシフエダイ （フエダイ科）　地方名：やまもち，もんつき，くろてん，すき，きーすび，しょうぶ

Lutjanus russellii (Bleeker, 1849)

分布：南日本太平洋沿岸，インドー西太平洋の岩礁域やサンゴ礁域　　全長：50㎝　　**C 3**

　胸鰭，腹鰭，臀鰭が黄色く，体の後方に黒い斑紋があります。近縁のニセクロホシフエダイ（*L. fulviflamma* (Forsskål, 1775)）やイッテンフエダイ（*L. monostigma* (Cuvier, 1828)）に似ていますが，前者は体側に黄色の縦縞が5本以上走ることで，後者は黒い斑紋が不明瞭で小さいこととすべての鰭が黄色っぽいことで本種と区別できます。
《**食べる**》刺身は見た目もきれいでおいしいです。クロホシフエダイは食材としてのフエダイ科の代表種の一つといえるでしょう。

クロホシフエダイの刺身　　クロホシフエダイ　　ニセクロホシフエダイ

ヨコスジフエダイ （フエダイ科）　地方名：やまもち，やまと，ぼーどー，たるみ，おきいっさき

Lutjanus ophuysenii (Bleeker, 1860)

分布：南日本，韓国南部，台湾，香港　　全長：35㎝　　**C 3**

　すべての鰭が黄色っぽく，吻端から眼を通り尾柄部まで1本の縦帯が走っています。以前はタテフエダイ（*L. vitta* (Quoy and Gaimard, 1824)）と混同されていましたが，1993年に整理され，別種のヨコスジフエダイとなりました。本種には縦帯の後半部分に不明瞭な黒い斑紋があるので区別できます。
《**食べる**》刺身のほか，煮ても焼いてもおいしい魚です。

ヨコスジフエダイの刺身 　　ヨコスジフエダイ

A：とても簡単に手に入る　B：簡単に手に入る　C：普通に手に入る　D：地域や季節によっては手に入る　E：なかなか手に入らない　F：ほとんど手に入らない

魚のなかま

フエダイ （フエダイ科）　地方名：しぶだい, すび, きーすび, やまもち

Lutjanus stellatus Akazaki, 1983
分布：南日本から南シナ海の岩礁域やサンゴ礁域　　全長：45cm　　B3

　科名と同じ名前をもつフエダイ科の代表種ですが，新種記載されたのは意外に最近で，1983年に命名されました。眼の下の青い線と体の後方の白い斑紋が特徴です。この斑紋は傷とまちがえるくらい小さいですが，水中ではよく目立ちます。引きが強く味も良いので釣り人にも人気があります。
《食べる》夏が旬のおいしい魚で，とくに宮崎地方では好んで食べられています。

フエダイの刺身　　フエダイ

ヒメフエダイ （フエダイ科）　地方名：えびすだい, はーすび

Lutjanus gibbus (Forsskål, 1775)
分布：相模湾, 鹿児島以南の岩礁域やサンゴ礁域　　全長：50cm　　C3

　真っ赤なフエダイ科の魚です。体高が高く，尖った顔をしていること，尾鰭の先端が丸いことで他種と容易に区別できます。英名は「背の張り出した赤いフエダイ」という意味のハンプバック・レッド・スナッパーですが，南九州では「えびすだい」という縁起の良い名前で呼ばれています。
《食べる》淡白な白身の魚です。南方ではシガテラ毒の報告がありますが，今のところ日本では大丈夫のようです。

ヒメフエダイの刺身　　ヒメフエダイ

センネンダイ （フエダイ科）　地方名：さんばらだい

Lutjanus sebae (Cuvier, 1828)
分布：南日本, インド－西太平洋の岩礁域やサンゴ礁域　　全長：70cm　　D3

　体の側面に大きな「小」の字の模様があり，若い個体ほどよく目立ちます。成長するにつれてこの模様は不鮮明になりヒメフエダイに似てきますが，眼が小さく，尾鰭の先端が丸くなければ本種です。写真は奄美大島瀬戸内町の素潜り漁で獲られた全長70cmほどの個体ですが，まだ「小」が残っています。
《食べる》刺身は甘み，歯ごたえともに上々です。

センネンダイの刺身　　センネンダイ

1:あまりおいしくない　2:まあまあ　3:おいしい　4:とてもおいしい　5:文句なくおいしい

魚のなかま

ハマダイ（フエダイ科）　地方名：ちびき，あかまち，あかまつ
Etelis coruscans Valenciennes, 1862
分布：南日本太平洋側，インド－太平洋の熱帯海域の深みの岩礁周辺，水深200～500m　　全長：70cm　**B 5**

　赤い体色，長く伸びた尾鰭が美しい高級魚で，食材としてとても人気のある魚です。また，深海釣りの対象としても人気があります。
《**食べる**》適度に脂ののった白身はどんな料理にしても絶品です。九州を代表する魚の一つです。

ハマダイ

ハマダイの刺身　　ハマダイ他の南九州海鮮鍋　　ハマダイのあら煮　　ハマダイのかぶと焼き

オオクチハマダイ（フエダイ科）　地方名：ぎんちびき，じきじん
Etelis radiosus Anderson, 1981
分布：鹿児島以南，インド洋東部，太平洋西部，水深100m以深　　全長：60cm　**E 4**

　本種は口が大きいことと尾鰭が長く伸びないことでハマダイと区別できます。また，尾鰭上葉の先端が黒い個体が多いです。身の色はややピンク色がかっています。
《**食べる**》ハマダイと同様に脂がのっておいしい魚ですが，水揚げ量が少ないのでめったに出合うことができません。

オオクチハマダイの刺身　　オオクチハマダイ

ハチジョウアカムツ（フエダイ科）　地方名：きんぎょ，どんこまつ
Etelis carbunculus Cuvier, 1828
分布：南日本太平洋側，インド－太平洋，水深200m以深　　全長：50cm　**D 5**

　本種もハマダイの仲間（ハマダイ属）で，口が大きくオオクチハマダイに似ています。尾鰭下葉の先端が白いのが特徴です。大きな魚なのに鹿児島ではきんぎょと呼ばれていますが…，なんとなくわかりますよね。
《**食べる**》文句なくおいしい魚です。

ハチジョウアカムツの刺身　　フィッシュアンドチップス　　ハチジョウアカムツ

A：とても簡単に手に入る　B：簡単に手に入る　C：普通に手に入る　D：地域や季節によっては手に入る　E：なかなか手に入らない　F：ほとんど手に入らない

魚のなかま

オオグチイシチビキ（フエダイ科）　地方名：ぎんまつ、くちぐるまつ
Aphareus rutilans Cuvier, 1830
分布：南日本太平洋側、インド－太平洋、水深100以深　　全長：50cm　　D 3

　淡褐色で、和名の通り口の大きな魚です。下あごは突出し、まるでロボットのように重厚な感があります。
《食べる》ハマダイやハチジョウアカムツにはやや劣りますが、刺身がおいしい魚です。

オオグチイシチビキの刺身　　焼霜造り　　オオグチイシチビキ　　重厚な感じの下あご

イシフエダイ（フエダイ科）　地方名：くちぐるまつ
Aphareus furca (Lacepède, 1802)
分布：南日本太平洋側、インド－太平洋の沿岸の岩礁域やサンゴ礁域、水深100m以浅　　全長：40cm　　E 2

　本種も口が大きく尾鰭が三日月形でオオグチイシチビキと似ていますが、体色が暗青色なのと尾鰭がやや太いことで区別できます。
《食べる》外見も地味ですが、身の脂ののりもいまいちです。生食なら、刺身よりも湯引きのほうが旨みがあって良いでしょう。

イシフエダイの湯引き　　イシフエダイ

ハナフエダイ（フエダイ科）　地方名：ほたる、あまだい、ぴたろ、みたろー
Pristipomoides argyrogrammicus (Valenciennes, 1831)
分布：南日本、インド洋東部、太平洋西部、水深100m以深　　全長：30cm　　D 4

　ピンク色の地に淡青色の不規則な斑紋、黄色い背中の、いかにも"まずそうな"さかなですね（？）。ところが、良い意味で期待を裏切るとてもおいしい魚です！
《食べる》刺身でも、火を通しても、甘み、食感ともに極上です。

ハナフエダイの刺身　　ハナフエダイの煮付け　　ハナフエダイ

1：あまりおいしくない　2：まあまあ　3：おいしい　4：とてもおいしい　5：文句なくおいしい

魚のなかま

アオチビキ （フエダイ科） 地方名：あおまつ, あおまつだい
Aprion virescens Valenciennes, 1830
分布：南日本太平洋側, インド－太平洋の岩礁域やサンゴ礁域, 水深130m以浅　　全長：60cm　　**D 3**

　顔が細長く, 眼の前方, 鼻孔の下方に溝があります。引きが強いので釣り人に人気の魚です。
《**食べる**》体色からするとあまりおいしそうなイメージはありませんが, 結構おいしい白身の魚です。

アオチビキの刺身 　　アオチビキ

アオダイ （フエダイ科） 地方名：ほた, うんぎゃるまつ, おーうんぎゃるまつ
Paracaesio caerulea (Katayama, 1934)
分布：南日本の岩礁域, 水深100m以深　　全長：40cm　　**B 4**

　青いのでアオダイ。しかし, 鹿児島ではほた, 奄美ではうんぎゃるまつ, 沖縄ではしちゅーまちのほうが通りが良いです。
《**食べる**》脂ののったおいしい魚です。鮮魚店にもよくならんでいるのでぜひ食べましょう！

アオダイの刺身 　　アオダイの煮付け 　　アオダイ

シマアオダイ （フエダイ科） 地方名：しろほた, しるうんぎゃる
Paracaesio kusakarii Abe, 1960
分布：奄美諸島以南, 西部太平洋, 水深100m以深　　全長：50cm　　**D 4**

　腹側は銀白色で背側に黄褐色の太い横帯が入っているのが特徴です。本種はアオダイよりも南方性が強く, 主に奄美諸島以南で漁獲されます。とはいえ, 奄美地方でもアオダイよりも水揚げ量は少ないです。ヤンバルシマアオダイ（*P. stonei* Raj and Seeto, 1983）と似ていますが, 横帯が側縁を少し越える程度の長さなら本種で, ヤンバルシマアオダイは腹部まで達します。
《**食べる**》手に入れるのは難しいですが, 味は絶品！　皮と身の間がおいしいので, 湯引きがおすすめです。

シマアオダイ　　シマアオダイの刺身 　　シマアオダイの湯引き 　　シマアオダイのあら煮

A：とても簡単に手に入る　B：簡単に手に入る　C：普通に手に入る　D：地域や季節によっては手に入る　E：なかなか手に入らない　F：ほとんど手に入らない

魚のなかま

ウメイロ （フエダイ科）　地方名：きほた，きーうんぎゃるまつ，きんたかべ
Paracaesio xanthura (Bleeker, 1869)
分布：南日本太平洋側，インド‐西太平洋の岩礁域やサンゴ礁域　　全長：35cm　　D3

　下地は鮮やかな青色で，背中から尾鰭にかけて梅色に染まった，文字通り「アオダイ属ウメイロ」です。タカサゴ科にウメイロモドキ（*Caesio teres* Seale, 1906）がいますが，黄色い部分が線状なのと，背鰭と臀鰭に鱗があることで識別できます。
《食べる》九州ではあまり多く出回らないですが，おいしい魚です。

ウメイロの塩焼き 　　ウメイロ

ナガサキフエダイ （フエダイ科）　地方名：しろまつ
Pristipomoides multidens (Day, 1870)
分布：南日本，インド‐西太平洋の水深100m以深の海域　　全長：70cm　　D3

　名前は「長崎」ですが，私がこの魚に出合ったのは奄美大島でした。ヒメダイの仲間ですが，印象としてはとにかく「大きい！」。吻から眼の下にかけて黄色い縦縞が3本程度見られることと，背鰭と臀鰭の最後の軟条が長いのが特徴です。
《食べる》上品な白身で，刺身のほかバター焼きなどにも向きます。

ナガサキフエダイの刺身 　　醤油バター焼き 　　ナガサキフエダイ

ヒメダイ （フエダイ科）　地方名：いなご，いなごまつ，まるだい
Pristipomoides sieboldii (Bleeker, 1857)
分布：南日本太平洋側，インド‐太平洋の岩礁域，水深100～300m　　全長：35cm　　D4

　本種の特徴は尾鰭が褐色で側線有孔鱗数（側線上の孔のあいた鱗の数）が70～75です。ハマダイ属やアオダイ属の魚とともに九州から沖縄にかけての島嶼域で主に深海一本釣りで漁獲されます。食材として人気のある魚です。
《食べる》上品な白身の高級魚です。

ヒメダイの焼霜造り 　　ヒメダイのインド風コロッケ 　　ヒメダイ

1：あまりおいしくない　2：まあまあ　3：おいしい　4：とてもおいしい　5：文句なくおいしい

魚のなかま

オオヒメ （フエダイ科）　地方名：くろまつ, まつだい
Pristipomoides filamentosus (Valenciennes, 1830)
分布：南日本太平洋側, インド−太平洋の岩礁域, 水深100m以深　　全長：45cm　　**D 4**

　本種はすんでいる場所も見た目もヒメダイに似ています。尾鰭の後縁が赤色で側線有孔鱗数（側線上の孔のあいた鱗の数）が 59〜65 ならオオヒメです。
《食べる》本種もヒメダイと同様においしい魚で, 和洋中どんな料理にもあいます。

オオヒメの刺身 　　オオヒメ

クロサギ （クロサギ科）　地方名：あめ, あめうお, しじゅご, しじゅう
Gerres equulus (Temminck and Schlegel, 1844)
分布：佐渡, 南日本太平洋沿岸, 朝鮮半島南部の沿岸の砂底域　　全長：25cm　　**B 3**

　九州ではあめうおとかしじゅごなどと呼ばれ, 昔から食卓に上るおなじみの魚です。南方には近縁種のミナミクロサギ（*G. oyena* (Forsskål, 1775)）がいますが, 九州本土で漁獲されるのはほとんどが本種です。本種もヒイラギの仲間と同様に口を長く突出させることができます。
《食べる》身がやわらかいので一夜干しがおすすめですが, 塩焼きや煮付けでもどうぞ。

クロサギ

クロサギの煮付け 　クロサギの塩焼き 　クロサギの一夜干し（開き） 　口が長く伸びる

アカタマガシラ （イトヨリダイ科）　地方名：こむぎだい
Parascolopsis eriomma (Jordan and Richardson, 1909)
分布：南日本太平洋側, インド−西太平洋の砂泥底や岩礁域, 水深50〜100m　　全長：25cm　　**D 3**

　体形は次ページのタマガシラと似ていますが, 色彩が異なります。本種は体全体が赤みを帯び, 体側中央が黄色みがかっている金魚のような魚です。
《食べる》煮付けや塩焼きに向く魚ですが, タマガシラよりも大きくなるので刺身で食べることもできます。

アカタマガシラの刺身 　　アカタマガシラ

A:とても簡単に手に入る　**B**:簡単に手に入る　**C**:普通に手に入る　**D**:地域や季節によっては手に入る　**E**:なかなか手に入らない　**F**:ほとんど手に入らない

魚のなかま

タマガシラ （イトヨリダイ科）　地方名：こむぎ, ひめ, めんばち

Parascolopsis inermis (Temminck and Schlegel, 1844)

分布：南日本, 朝鮮半島南部, 台湾, フィリピン, インドネシア, インド東部の砂礫底や岩礁域,
　　　水深50〜130m　　全長：20cm

D 3

　赤褐色の太い横帯が特徴です。鹿児島湾では湾南部の水深150〜180mで操業するとんとこ網で獲られ, こむぎという名前で売られていますが, 産地以外ではあまり見かけません。
《食べる》くせのない白身の魚でおいしいです。

タマガシラの煮付け　　ムニエル カレー風味　　タマガシラ

イトヨリダイ （イトヨリダイ科）　地方名：いとより

Nemipterus virgatus (Houttuyn, 1782)

分布：南日本, 東シナ海, 台湾, 南シナ海, ベトナム, フィリピン, オーストラリア北西部の砂泥底,
　　　水深40〜250m　　全長：30cm

B 3

　いとよりと呼ばれることが多いですが, 標準和名はイトヨリダイです。赤地に黄色い縦線が鮮やかな魚です。
《食べる》秋から冬が旬のおいしい魚。塩焼きが定番ですね。刺身もおいしいですが, やや身がやわらかいです。

イトヨリダイの刺身　　イトヨリダイの塩焼き　　イトヨリダイ

ソコイトヨリ （イトヨリダイ科）　地方名：あかな, きばら

Nemipterus bathybius Snyder, 1911

分布：南日本太平洋側, 南シナ海, フィリピン, インドネシア, アンダマン海, オーストラリア
　　　北部の泥底, 水深150〜250m　　全長：20cm

C 3

　本種はイトヨリダイよりも深い所にすんでいます。体高がやや高く, 腹部に黄色い縦帯があることでイトヨリダイと区別できます。
《食べる》あまり大きくならないので, 刺身よりも煮付けや塩焼きに向きます。

ソコイトヨリの煮付け　　ソコイトヨリの塩焼き　　ソコイトヨリ

1：あまりおいしくない　2：まあまあ　3：おいしい　4：とてもおいしい　5：文句なくおいしい　121

魚のなかま

クマササハナムロ （タカサゴ科）　地方名：あかうるめ
Plerocaesio tile (Cuvier, 1830)
分布：南日本太平洋沿岸，インド－西太平洋の岩礁域やサンゴ礁域　　全長：30cm　　**D 3**

　南九州でよく見かけるタカサゴ科の魚の1種。タカサゴやニセタカサゴとは尾鰭の上下葉に走る黒い線で識別できます。タカサゴの仲間は沖縄の魚というイメージが強いですが，九州本土でも定置網などで漁獲されます。水中では青くみえますが，水揚げされ市場にならぶものは赤っぽくなっています。
《**食べる**》定番の塩焼きがおいしいです。

クマササハナムロの塩焼き 　　クマササハナムロ

タカサゴ （タカサゴ科）　地方名：あかうるめ，かぶくや，ぐるくん
Plerocaesio diagramma (Bleeker, 1865)
分布：南日本，インド－西太平洋の岩礁域やサンゴ礁域　　全長：35cm　　**D 3**

　沖縄県の県魚として有名な魚です。背側に1本，体側のほぼ中央に1本の暗黄色の縦線が走りますが，後者の線と少し離れた上方に側線があります。奄美地方以南では追い込み漁などで盛んに獲られており，市場でよく見かける魚です。
《**食べる**》くせがなく，焼き物，揚げ物などでおいしい魚です。

タカサゴのソテー 　　タカサゴのから揚げ 　　タカサゴ　　側線
側線は下の暗黄色の縦線と離れる

ニセタカサゴ （タカサゴ科）　地方名：あかうるめ，かぶくや，ぐるくん
Plerocaesio marri Schultz, 1953
分布：高知以南の南日本，インド－西太平洋の岩礁域やサンゴ礁域　　全長：35cm　　**D 3**

　暗黄色の2本の縦線があり，尾鰭の上下葉先端が黒いのでタカサゴとそっくりな魚です。ちがいは側線の位置。側線が暗黄色の縦線と重なって走っていればニセタカサゴです。両種は市場でもほとんど区別されずに扱われています。料理の用途も味もちがいは見られません。
《**食べる**》塩焼きはもちろん，奄美大島の名瀬漁業協同組合の方の話では，から揚げにした後に味噌汁の具にするとおいしいとのことです。

ニセタカサゴのから揚げ　　ニセタカサゴ　　側線
側線は暗黄色の縦線と重なる

A：とても簡単に手に入る　B：簡単に手に入る　C：普通に手に入る　D：地域や季節によっては手に入る　E：なかなか手に入らない　F：ほとんど手に入らない

魚のなかま

イサキ（イサキ科）　地方名：いっさき，いさぎ，はんさこ，とうじんご（幼魚），うどご（幼魚）
Parapristipoma trilineatum (Thunberg, 1793)
分布：南日本，東シナ海，黄海，南シナ海の浅海の岩礁域　　全長：20〜40cm　　A 5

　九州を代表する魚の一つで，私のイメージでは"対馬暖流の魚"。成魚は暗褐色ですが，幼魚は背側に縦帯が走っています。周年水揚げされますが，いちばんおいしい時期は初夏です。とくに長崎県小値賀では一本釣りのイサキを「値賀咲（ちかさき）」というブランドで抜群の鮮度で出荷しています。
《食べる》刺身，塩焼き，煮付け，から揚げ…，どのようにして食べてもおいしい私の大好きな魚です。白子（精巣）もおいしいです。

イサキ

イサキ幼魚

イサキの刺身 　　イサキの焼霜造り 　　イサキの潮汁

イサキの白子ポン酢 　　イサキの煮付け 　　イサキの塩焼き 　　イサキ幼魚のから揚げ

コロダイ（イサキ科）　地方名：かわこだい，かわこで，えのみ，ここだい，こで，こでねばり，ころ
Diagramma pictum (Thunberg, 1793)
分布：南日本太平洋側，九州西岸，インド−西太平洋の浅海の岩礁域，サンゴ礁域，砂底　　全長：50cm　　C 3

　全身に黄褐色の小斑点が散らばった，イサキ科ではもっとも大型になる魚です。ただし，幼魚は黒と黄色を基調とした縦縞の魚で，見た目がまったく異なります。定置網などで獲られますが，釣り人にも人気の魚です。小斑点が散らばったコロダイの顔を見ると，私はオーストラリアの先住民アボリジニーの描くアートを思い出します。
《食べる》刺身は見た目がマダイに似ています。適度に脂ののった上品な白身はいろんな料理によくあいます。

コロダイ

コロダイの刺身 　　コロダイの煮付け 　　コロダイのあら汁 　　コロダイのから揚げ

1:あまりおいしくない　2:まあまあ　3:おいしい　4:とてもおいしい　5:文句なくおいしい

魚のなかま

コショウダイ （イサキ科）　地方名：かわこで，かわこだい，ここだい，ふぞくち，こで，しろこで，こしょう，ころ，こうこだい，こて，ころだい

Plectorhinchus cinctus (Temminck and Schlegel, 1844)

分布：南日本，東シナ海，黄海，南シナ海，アラビア海の浅海の岩礁域や砂底　　全長：50cm　　C 3

　地方によっては本種のことをころだいと呼ぶのでややこしいですが，コショウダイは体側に走る2本の暗色斜走帯と，まさにこしょうを振りかけたように散らばる小黒斑が特徴です。
《食べる》おいしい白身の魚です。

コショウダイの刺身　　ソテー スイートチリソース　　コショウダイ

アジアコショウダイ （イサキ科）　地方名：かわこだい，かわこで，こで，くろこで

Plectorhinchus picus (Valenciennes, 1833)

分布：南日本太平洋側，インド－西太平洋の浅海の岩礁域やサンゴ礁域　　全長：45cm　　D 3

　灰青色の地に，腹部を除く全身に暗褐色の小斑が散らばっています。"つぶらな瞳"が印象的な魚です。鮮魚店ではコロダイやコショウダイとあまり区別されず，「かわこだい」としてならんでいることが多いです。
《食べる》見かける機会は少ないですが，本種もおいしい白身の魚です。

アジアコショウダイの刺身　　アジアコショウダイ

ヒゲダイ （イサキ科）

Hapalogenys sennin Iwatsuki and Nakabo, 2005

分布：南日本，朝鮮半島南部　　全長：50cm　　E 3

　とても愛嬌のある顔で，和名の通り下あごの先に太くて短いひげが密生しています。めったに水揚げされないので，手に入れるのに苦労しました。ところで，ヒゲダイにはあごのひげがとても短い近縁種がいます。その名はヒゲソリダイ (*H. nigripinnis* (Schlegel in Temminck and Schlegel, 1843))。命名者のセンスに敬意を表します。
《食べる》上品な白身の魚で，刺身は甘みがあっておいしいです。その他，いろんな料理に向きますので，ぜひ鮮魚店で見つけてください。

ヒゲダイの刺身　　ヒゲダイ　　ヒゲダイのひげ

A：とても簡単に手に入る　B：簡単に手に入る　C：普通に手に入る　D：地域や季節によっては手に入る　E：なかなか手に入らない　F：ほとんど手に入らない

シマセトダイ （イサキ科） 地方名：やばた

Hapalogenys kishinouyei Smith and Pope, 1906
分布：南日本～南シナ海，フィリピン，オーストラリア北西部の砂泥底　　全長：30cm　　F 3

　体側に暗色の縦縞が見られる魚でカゴカキダイと少し似ていますが，縦縞の数が4本と少ないことで区別できます。本種はヒゲダイ属ですが，ひげは痕跡的です。
《食べる》底曳網や刺網で希に漁獲される程度でほとんど市場に出回ることはありませんが，身がもちもちしておいしい魚です。

シマセトダイの刺身 　　シマセトダイの煮付け 　　シマセトダイ

セトダイ （イサキ科）

Hapalogenys mucronatus (Eydoux and Souleyet, 1841)
分布：南日本，東シナ海，朝鮮半島南部，渤海，黄海，台湾，南シナ海の大陸棚の砂泥底　　全長：20cm　　D 3

　本種は体側に暗色の横帯が見られます。背鰭，尾鰭，臀鰭が黄色く，後縁は黒くなっています。また，背鰭第3棘条が長いのも特徴です。和名の通り瀬戸内海に多い魚ですが，写真の個体は長崎産です。
《食べる》やや小型の魚ですが，煮付けや塩焼きなどでおいしくいただけます。

セトダイの煮付け 　　セトダイ

シログチ （ニベ科） 地方名：ぐち，いしもち，しろがり

Pennahia argentata (Houttuyn, 1782)
分布：青森以南，東シナ海，黄海，渤海，インド-太平洋の砂泥底や泥底，水深20～140m　　全長：30cm　　C 3

　体色は銀白色で，個体によっては不明瞭ですが鰓蓋に暗色斑があります。本種を釣り上げ，針をはずそうとするとうきぶくろを振動させてグーグーと"愚痴"をいいます。
《食べる》煮付けなどで食べるとおいしいです。

シログチの煮付け 　　シログチのから揚げ 　　シログチ

魚のなかま

オオニベ（ニベ科）　地方名：にべ, にべだい, くいち

Argyrosomus japonicus (Temminck and Schlegel, 1844)
分布：南日本太平洋側, 東シナ海, 黄海の大陸棚の砂泥底　　全長：50cm〜1m　　D3

　ニベ科のなかでもっとも大型になる魚で, 大きなものは全長が1.5 mを超えます。オオニベはとくに宮崎県で人気のある魚で, 同県では種苗生産や養殖にも成功しています。たしかに, 宮崎県内の鮮魚店やスーパーで見かける機会が多いです。陳列台にならべられたひときわ大きな魚体は, 存在感抜群です。本種は大型で引きが強いため, 釣りの対象としても人気があります。
　《**食べる**》刺身, 煮る, 焼く, 揚げる, 一通り試みましたが, どれも味は合格点でした。私は刺身がいちばんだと思います。旬は冬です。

オオニベ

オオニベの刺身　　オオニベの煮付け　　オオニベの塩焼き　　オオニベのフライ

コイチ（ニベ科）　地方名：きんぐち, あかぐち, ぐち

Nibea albiflora (Richardson, 1846)
分布：高知・山陰以南, 渤海, 東シナ海, 南シナ海の砂泥底や泥底, 水深25〜80m　　全長：30cm　　D3

　本種はとくに腹側が黄色もしくは赤みがかっているので, きんぐちやあかぐちとも呼ばれています。体形が同属のニベ（*N. mitsukurii* (Jordan and Snyder, 1900)）とよく似ていて識別が難しいですが, ニベは小斑点の列が体側を整然と斜めに走るのに対し, コイチは小斑点の列が側線の上方で乱れています。また, これら2種はすんでいる場所にもちがいが見られます。コイチは国内では西日本だけにすんでいて, 内湾の泥底域に多い傾向があります。九州ではとくに有明海に多く, 刺網などで漁獲されています。一方, ニベは仙台湾以南に分布し, どちらかというと外洋に面したところに多くすんでいます。コイチが多く分布する有明海にはニベは分布しません。
　《**食べる**》新鮮なものは味が良く, 刺身でもいただけます。しかし, 時間がたつと味が落ちるのでできるだけ鮮度の良いものを選びましょう。煮付けや塩焼きが定番ですが, ソテーやムニエルなどの油を使った料理もおすすめです。市場には周年出回りますが, 旬は夏から秋です。

コイチ（上下とも）

コイチの煮付け　　コイチのソテー

A：とても簡単に手に入る　B：簡単に手に入る　C：普通に手に入る　D：地域や季節によっては手に入る　E：なかなか手に入らない　F：ほとんど手に入らない

魚のなかま

マダイ（タイ科）　地方名：たい，てーぬゆ，かすご（幼魚）
Pagrus major (Temminck and Schlegel, 1844)
分布：北海道以南，朝鮮半島南部，東シナ海，南シナ海，台湾の岩礁域や砂礫域，水深30～200m
全長：25～80㎝

A 5

　「○○ダイ」という名前の魚はたくさんいますが，本当のタイ，つまりタイ科に属するのはマダイ亜科，ヘダイ亜科，キダイ亜科の魚のみです。「魚の王様は？」と問うと，日本人なら老若男女「マダイ」と答えることでしょう。銀赤色に輝く魚体と淡青色のアイシャドーは美しく，むしろ女王様といったほうが良いかもしれません。マダイは尾鰭にも特徴があり，後縁が黒，下葉の先端が白くなっています。本種は姿が美しいだけではなく味も極上で，とくに「桜だい」と呼ばれる春の産卵期をむかえたマダイは珍重されます。養殖や種苗放流も盛んに行われていますが，養殖物は天然物のマダイとちがって2つの鼻孔がつながって細長い一つの孔になっていることが多いです。
《**食べる**》刺身はもちろん，煮る，焼く，和洋中，何でもOKです。また，真子（卵巣）や白子（精巣）もおいしくいただけます。

マダイ
天然マダイの鼻孔 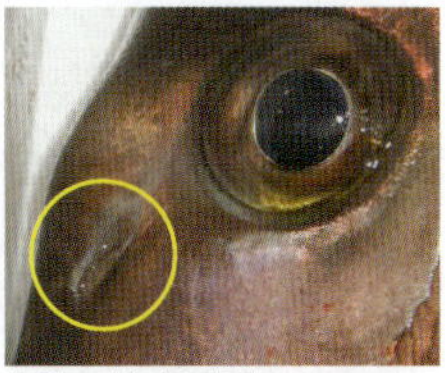　養殖マダイの鼻孔 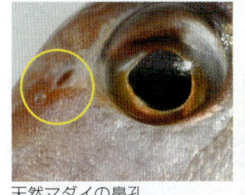
マダイの刺身  　白子ポン酢と真子の煮物 　マダイの煮付け 　マダイの塩焼き 

チダイ（タイ科）　地方名：ちこ，ちこだい，かすご（幼魚）
Evynnis tumifrons (Temminck and Schlegel, 1843)
分布：琉球列島を除く北海道南部以南，東シナ海の岩礁域の浅所～深所　　　全長：30㎝

B 4

　本種も美しい魚でマダイとまちがわれやすいのですが，尾鰭の後縁が黒くないこと，背鰭の第3，第4棘が長いことで区別できます。また，鰓蓋の後縁（鰓膜）が血のように赤いことからチダイという名前が付けられました。
《**食べる**》本種はマダイの旬が終わる夏に旬をむかえます。もちろんおいしい魚です。

チダイの湯引き
カルパッチョ風サラダ  　ポワレ ラタトゥイユ添え 　チダイ 

1：あまりおいしくない　2：まあまあ　3：おいしい　4：とてもおいしい　5：文句なくおいしい

キダイ （タイ科）　地方名：れんこ，れんこだい

Dentex hypselosomus (Bleeker, 1854)
分布：南日本，朝鮮半島南部，東シナ海，台湾の大陸棚縁辺域　　全長：30cm　　**C 3**

　れんこだいとも呼ばれている，赤に黄色を散らしたようなタイです。両眼の間が出っ張っているのが特徴です。一般的に旬は春とされていますが，九州ではほぼ一年中手に入ります。
《食べる》 塩焼きが定番ですが，適度に脂がのっていて刺身でもおいしく食べられます。

キダイの刺身
キダイの煮付け 
キダイの塩焼き 
キダイ 

キビレアカレンコ （タイ科）　地方名：れんこだい，べんこだい

Dentex abei Iwatsuki, Akazaki and Taniguchi, 2007
分布：奄美諸島以南，台湾北東部，フィリピン，水深50〜300m　　全長：30cm　　**D 3**

　いわゆる"南のキダイ"です。以前はキダイの島嶼型とされてきましたが，2007年に別種とされました。キダイとのちがいは鰭（とくに背鰭と胸鰭）が黄色いことです。奄美以南では重要な水産資源として利用されています。水深50〜300mくらいの深い海にすんでいます。
《食べる》 甘みがあっておいしい魚です。

キビレアカレンコのから揚げ
キビレアカレンコ 

ヘダイ （タイ科）　地方名：ちぬ，しろちぬ，せだい，めじろ，かもじん，かもちぬ

Sparus sarba (Forsskål, 1775)
分布：南日本各地　　全長：35cm　　**B 4**

　ヘダイ亜科はいわゆる"黒いタイ"で，本種はその代表種です。顔が丸く，体側に茶褐色の縦縞があります。比較的水揚げ量の多い魚です。
《食べる》 刺身はおいしく見た目もきれいです。そのほか，どんな料理にもあうとてもおいしい魚です。

ヘダイの刺身
ヘダイ 

A：とても簡単に手に入る　B：簡単に手に入る　C：普通に手に入る　D：地域や季節によっては手に入る　E：なかなか手に入らない　F：ほとんど手に入らない

魚のなかま

クロダイ （タイ科）　地方名：ちぬ，くろちぬ，ちん

Acanthopagrus schlegelii (Bleeker, 1854)
分布：北海道以南，琉球列島を除く日本各地，朝鮮半島南部，中国，台湾の沿岸の浅所，河口，汽水域　全長：40cm

C 3

　釣り人にはちぬと呼ばれ，いかに細いハリスで大型魚を釣るかというおもしろさのある魚です。九州には本種のほかにミナミクロダイなどの南方系の種もいます。見分け方は背鰭棘条部中央下側線上方横列鱗数（側線よりも上にある鱗の列数）で，本種は5枚半です。
《食べる》旬は秋。磯の香りの強い魚です。

クロダイの刺身

クロダイ

側線上横列鱗数は 5.5 枚

キチヌ （タイ科）　地方名：ちぬ，きびれ，きちん

Acanthopagrus latus (Houttuyn, 1782)
分布：南日本太平洋沿岸，台湾，東南アジア，オーストラリア，インド洋，紅海，アフリカ東岸の沿岸，とくに内湾や河口，汽水域　全長：35cm

D 3

　本種は南方系の種で，クロダイと同様に釣り人に人気のある魚です。体色が白っぽく，尾鰭下葉の先端や臀鰭中央部分が黄色いのが特徴です。本種の背鰭棘条部中央下側線上方横列鱗数は 3 枚半です。
《食べる》味はクロダイよりもやや上だと思います。

キチヌ，クマエビ，アサリのブイヤベース

キチヌ

側線上横列鱗数は 3.5 枚

ミナミクロダイ （タイ科）　地方名：ちぬ，ちん

Acanthopagrus sivicolus Akazaki, 1962
分布：奄美諸島，沖縄諸島の内湾，汽水域　全長：40cm

D 3

　本種は奄美・沖縄地方に分布しています。奄美諸島にはナンヨウチヌ（*A. pacificus* Iwatsuki, Kume and Yoshino, 2010）もいますが，背鰭棘条部中央下側線上方横列鱗数が4枚半なら本種，3枚半ならナンヨウチヌです。沖縄には腹鰭と臀鰭が白いオキナワチヌ（*A. chinshira* Kume and Yoshino, 2008）もいます。これらは"南のクロダイたち"です。
《食べる》味はややあっさりとしています。

ガーリックソテー

ミナミクロダイ

側線上横列鱗数は 4.5 枚

1：あまりおいしくない　2：まあまあ　3：おいしい　4：とてもおいしい　5：文句なくおいしい

シロダイ（フエフキダイ科）　地方名：しるゆ

Gymnocranius euanus Günther, 1879
分布：鹿児島以南，太平洋西部の砂礫，岩礁域，主に水深100m以浅　　全長：50cm　　**D 4**

　九州の水産資源は本種の属するフエフキダイ科とハマダイなどが属するフエダイ科が多いのが特徴です。本種は背鰭や臀鰭が赤く，縁は白色です。背鰭棘条部中央下側線上方横列鱗数が4枚半です。

《**食べる**》本種やメイチダイなどのメイチダイ属，いわゆるシロダイの仲間はこれ以上白い白身があるのかというくらい真っ白な身で，ほど良く脂がのっています。刺身はもちろん，どんな料理にもあいます。

シロダイの刺身 　　シロダイ

メイチダイ（フエフキダイ科）　地方名：しろだい，しるゆ，おおめだい，めしろ

Gymnocranius griseus (Temminck and Schlegel, 1844)
分布：南日本太平洋沿岸，インド洋東部，太平洋西部の砂礫，岩礁域，主に水深100m以浅　　全長：35cm　　**C 4**

　メイチダイ属の代表種で，釣り人にもおなじみの魚です。尾鰭の先端が尖り，背鰭棘条部中央下側線上方横列鱗数が5枚半なのでシロダイとは容易に識別できます。

《**食べる**》鮮魚店にならぶことが比較的多い魚なので，ぜひご賞味ください。期待を裏切らない味です。

メイチダイの刺身
メイチダイのにぎり寿司 　　メイチダイの煮付け 　　メイチダイ 

ナガメイチ（フエフキダイ科）　地方名：しろだい

Gymnocranius microdon (Bleeker, 1851)
分布：鹿児島以南，太平洋西部の砂礫，岩礁域，主に水深100m以浅　　体長：35cm　　**D 4**

　メイチダイ属の魚は互いによく似ているので識別が難しいのですが，本種もメイチダイそっくりです。体長が体高の2.2倍以下で丸い体形ならメイチダイ，2.3倍以上で細長い体形ならナガメイチです。

《**食べる**》刺身は真っ白で，おいしいです。

ナガメイチの刺身 　　ナガメイチ

魚のなかま

オナガメイチダイ （フエフキダイ科） 地方名：しろだい

Gymnocranius elongates Senta, 1973
分布：鹿児島以南, インド－西太平洋の砂礫, 岩礁域, 主に水深50m以浅　　全長：30cm　　D 4

　和名はオナガメイチダイですが, 尾が長いというよりも眼が大きいという印象の強い魚です。体が細長く眼の大きなメイチダイだなと思ったら, 本種にまちがいないでしょう。あまり大きくなりません。
《食べる》甘み十分。刺身でどうぞ。

オナガメイチダイの刺身 　　オナガメイチダイ

サザナミダイ （フエフキダイ科） 地方名：しろだい

Gymnocranius grandoculis (Valenciennes, 1830)
分布：鹿児島以南, インド－西太平洋の砂礫, 岩礁域, 主に水深50m以深　　全長：50cm　　D 4

　メイチダイ属の中ではひときわ大きな魚で, 大型のものは全長80cmに達します。本種はほおに青色の縦線が波型に数本走ることで他種と区別できます。
《食べる》他のメイチダイ属と同様に甘みがあっておいしい魚です。

サザナミダイの刺身 　　サザナミダイ

ハマフエフキ （フエフキダイ科） 地方名：たばめ, たまん, くちみ, くちみだい, たまめ, くちび

Lethrinus nebulosus (Forsskål, 1775)
分布：南日本太平洋沿岸, インド－西太平洋の沿岸の砂礫, 岩礁, サンゴ礁域　　全長：50cm　　C 4

　本種は本州以北ではあまり知られていませんが, 九州では地魚の代表格の一つです。標準和名よりも「たばめ」や「たまん」のほうが通りが良いでしょう。大きいものは全長1mくらいになり, 引きが強いので釣り人にも人気があります。とくによく釣れるのは夜で, 奄美地方では磯や堤防の水深の浅い場所で, 意外にも数kgもある大物が釣れることがあるようです。
《食べる》甘みのあるとてもおいしい白身の魚で, 和洋中どんな料理にもあいます。

ハマフエフキ

ハマフエフキの刺身 　　ハマフエフキのにぎり寿司 　　ハマフエフキのあら煮 　　ハマフエフキのハーブ焼き

1：あまりおいしくない　2：まあまあ　3：おいしい　4：とてもおいしい　5：文句なくおいしい

魚のなかま

イソフエフキ （フエフキダイ科）　地方名：ふつるき

Lethrinus atkinsoni Seale, 1909

分布：和歌山以南, インド洋東部, 太平洋西部の砂礫, 岩礁, サンゴ礁域, 水深100m以浅　　全長：40cm　　D3

　本種はハマフエフキに次ぐフエフキダイ属の代表種といえるでしょう。唇, 背鰭, 胸鰭, 臀鰭と尾鰭の縁が赤いのが特徴です。
《食べる》とくに奄美以南に多く, 南九州ではおいしい魚としてよく知られています。やはり刺身がいちばんでしょう。

イソフエフキの刺身 　　イソフエフキ

フエフキダイ （フエフキダイ科）　地方名：たばめ, たまん, くちみ, くちみだい, たまめ, くちび, たまみ

Lethrinus haematopterus Temminck and Schlegel, 1844

分布：山陰・和歌山以南, 台湾の岩礁域　　全長：35cm　　E3

　体高がやや高く, 背鰭の縁が赤いのが特徴です。本種は科名・属名と同じ名前の魚なのですが, 残念ながら代表の座をハマフエフキやイソフエフキにうばわれているようです。鮮魚店でもあまり出合うことがありません。
《食べる》淡白な白身の魚です。

フエフキダイの刺身 　　フエフキダイ

イトフエフキ （フエフキダイ科）　地方名：ぐち, ろーぎ

Lethrinus genivittatus Valenciennes, 1830

分布：南日本, インド洋東部, 太平洋西部の藻場, 砂礫底　　全長：25cm　　D3

　細長い体をした小型のフエフキダイで, 背鰭第2棘条が長く, 背側の前方に眼と同じくらいの大きさの暗色斑紋があります。
《食べる》フエフキダイの仲間は刺身で食べられることが多いですが, 本種は小型のため煮付けや焼き物に向きます。

イトフエフキの煮付け 　　イトフエフキのバター焼き 　　イトフエフキ 　　背鰭第2棘条が長い

A：とても簡単に手に入る　B：簡単に手に入る　C：普通に手に入る　D：地域や季節によっては手に入る　E：なかなか手に入らない　F：ほとんど手に入らない

魚のなかま

アマミフエフキ（フエフキダイ科）　地方名：くちみだい，くつなぎ，ふつるき
Lethrinus miniatus (Forster, 1801)
分布：鹿児島以南，オーストラリア北部の砂礫，岩礁域，水深100m以浅　　全長：50cm　　E3

　やや体高が高く，上唇，胸鰭の付け根，尾鰭の赤と各鱗の中心にある黒点が目立ちます。また，背鰭第3棘条が長いのも特徴です。
《食べる》「アマミ」の名が表すように南方系の種で，九州本土以北ではなかなか手に入りません。私が食べた場所も奄美大島でした。くせのない白身でおいしかったです。

から揚げ キノコあんかけ　　アマミフエフキ

ハナフエフキ（フエフキダイ科）　地方名：くちみだい，くつなぎ
Lethrinus ornatus Valenciennes, 1830
分布：奄美諸島以南，インド洋東部，太平洋西部の砂礫，岩礁域　　全長：35cm　　E3

　鰓蓋後縁，背鰭の後半部分，尾鰭が赤く，体側に黄橙色の縦帯が数本見られます。レモンのような形の魚です。くちみだいという名前でホオアカクチビなどと区別されずに売られていますが，本種に出合うのは希です。
《食べる》見た目はカラフルですが，上品な白身の魚です。

ハナフエフキの刺身　　ハナフエフキ

ヨコシマフエフキ（フエフキダイ科）　地方名：くちみだい
Lethrinus amboinensis Bleeker, 1854
分布：高知以南，インド洋東部，太平洋西部の砂礫，岩礁，サンゴ礁域　　全長：40cm　　E3

　尖った吻はいかにも笛を吹いているようで，フエフキダイという名前の由来が理解できます。背鰭と尾鰭は赤みを帯びますが，胸鰭は黄色で上縁と中央部分は淡青色です。
《食べる》刺身，煮付け，塩焼きなどでどうぞ。

ヨコシマフエフキの刺身　　ヨコシマフエフキの煮付け　　ヨコシマフエフキ

1:あまりおいしくない　2:まあまあ　3:おいしい　4:とてもおいしい　5:文句なくおいしい

ホオアカクチビ （フエフキダイ科）　地方名：くちみだい, むりゆ

Lethrinus rubrioperculatus Sato, 1978
分布：和歌山以南の南日本, インド－西太平洋の砂礫, 岩礁, サンゴ礁域　　全長：40cm　　D3

　体形は細長く, その名の通りほお（鰓蓋後縁）に赤色小斑があります。フエフキダイ科のなかでは, 南九州で比較的多く水揚げされる種です。
《食べる》刺身のほか, 煮付け, バター焼きなどでもOKです。おいしい魚です。

ホオアカクチビの刺身 　　ホオアカクチビ

ミンサーフエフキ （フエフキダイ科）　地方名：くちみだい

Lethrinus ravus Carpenter and Randall, 2003
分布：奄美諸島以南, フィリピン, オーストラリア北東部, ニューカレドニア, ロヤルティ諸島のサンゴ礁域　　全長：35cm　　E3

　暗色の網目模様にうっすらとした淡黄色の縦縞が重なったフエフキダイです。以前はアミフエフキ（*L. semicinctus* Valenciennes, 1830）と混同されていましたが, 体側後方の黒斑がないなどのちがいから2003年に新種として記載されました。
《食べる》歯ごたえがしっかりしています。

ミンサーフエフキの刺身 　　ミンサーフエフキ

シロギス （キス科）　地方名：きす, きすご

Sillago japonica Temminck and Schlegel, 1842
分布：北海道南部～九州, 朝鮮半島南部, 黄海, 台湾の沿岸の砂底　　全長：20cm　　C3

　夏の投げ釣りの対象として定番の魚。買うというよりは釣って食べるという印象が強いですが, 刺網などで漁獲されたものが鮮魚店でも売られています。
《食べる》刺身や天ぷら, 塩焼き, 煮付けなどいろんな食べ方ができます。

シロギスの刺身 　　シロギス

シロギスの煮付け 　　シロギスの塩焼き 　　シロギスのから揚げ 　　シロギスの天ぷら

A:とても簡単に手に入る　B:簡単に手に入る　C:普通に手に入る　D:地域や季節によっては手に入る　E:なかなか手に入らない　F:ほとんど手に入らない

魚のなかま

ヒメジ（ヒメジ科）　地方名：がたぎす，べにさし，きんた，きんたろう，ひめいち
Upeneus japonicus (Houttuyn, 1782)
分布：日本各地，インド－西太平洋の沿岸の砂泥底　　全長：15cm　　C 3

　ヒメジの仲間は砂泥中のエサをさがすための"あごひげ"をもっているのが特徴です。本種は尾鰭上葉に紅白の帯が見られます。大分など，瀬戸内海で多く漁獲されます。
《食べる》あっさりとした白身はから揚げに最適で，骨ごと食べられます。

ヒメジの煮付け 　　ヒメジのから揚げ 　　ヒメジ　　ヒメジのひげ

ヨメヒメジ（ヒメジ科）　地方名：がたぎす，あやばね
Upeneus tragula Richardson, 1846
分布：南日本太平洋沿岸，インド－太平洋の浅海の砂地と岩礁の境界域　　全長：20cm　　C 3

　本種はヒメジよりも南方系の種で，やや大型になります。ひげは橙色で，尾鰭の上葉と下葉の両方に暗色の帯が見られます。
《食べる》くせのない味で，身もしっかりしています。

ヨメヒメジの煮付け 　　ヨメヒメジのから揚げ 　　ヨメヒメジ

オジサン（ヒメジ科）　地方名：うみごい，きこい，しーばなかたやす
Parupeneus multifasciatus (Quoy and Gaimard, 1825)
分布：南日本太平洋沿岸，インド－西太平洋のサンゴ礁域　　全長：20cm　　E 3

　ヒメジの仲間は"あごひげ"をもつことから「おじさん」と呼ばれることがありますが，本種が正真正銘のオジサンです！　オジサンらしく（?）ひげが長いです。本種は体色の個体変異が大きいですが，体の後半の2つの黒い帯ははっきりしています。ちなみに，オバサンという名前の魚はいません。
《食べる》名前に反して（?），あっさりとしてくせのない味です。

オジサンの塩焼き 　　オジサン

1：あまりおいしくない　2：まあまあ　3：おいしい　4：とてもおいしい　5：文句なくおいしい

魚のなかま

ホウライヒメジ（ヒメジ科）　地方名：うみごい, きこい, かたやす, おじさん
Parupeneus ciliatus (Lacepède, 1801)
分布：南日本太平洋沿岸, インド−西太平洋の岩礁域　　全長：35cm

B 3

　本種は九州でもっともふつうに見られるヒメジ科の魚です。体は全体的に赤く, 尾柄部の暗色斑が側線の下方まで伸びるのが特徴です。ただし, この斑紋が鮮明でない個体もいます。
《食べる》淡白な白身で, 刺身のほか煮付けなどもおいしいです。

ホウライヒメジの刺身 　　ホウライヒメジの煮付け

ホウライヒメジ

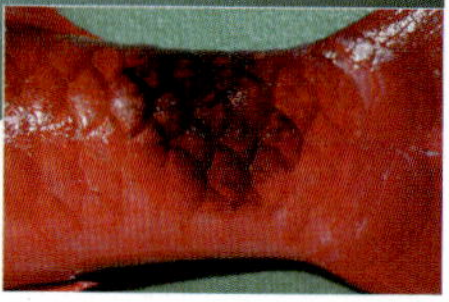

尾柄部の暗色斑は側線の下方まで伸びる

オキナヒメジ（ヒメジ科）　地方名：うみごい, きこい, おじさん
Parupeneus spilurus (Bleeker, 1854)
分布：南日本太平洋沿岸, フィリピンの浅海の岩礁域　　全長：35cm

D 3

　本種はホウライヒメジとそっくりで, 市場でも区別はされていないようです。尾柄部の暗色斑が側線を越えないことで識別できます。
《食べる》本種のような大型のヒメジ科魚類は鱗が大きく, から揚げでおいしくいただけます。

オキナヒメジのムニエル 　　オキナヒメジの鱗のから揚げ

オキナヒメジ

尾柄部の暗色斑は側線を越えない

ウミヒゴイ（ヒメジ科）　地方名：うみごい, きこい, おじさん
Parupeneus chrysopleuron (Temminck and Schlegel, 1844)
分布：南日本, 太平洋西部のやや深い岩礁域　　全長：30cm

E 4

　本種は体色が赤いのでホウライヒメジやオキナヒメジと似ていますが, やや頭でっかちな印象があります。ヒメジ科の中では比較的大型の種でおいしいですが, 九州での水揚げ量はそれほど多くありません。
《食べる》脂ののりを楽しむなら煮付けがおすすめです。

ウミヒゴイの煮付け 　　ウミヒゴイ

A:とても簡単に手に入る　B:簡単に手に入る　C:普通に手に入る　D:地域や季節によっては手に入る　E:なかなか手に入らない　F:ほとんど手に入らない

魚のなかま

アカヒメジ（ヒメジ科）　地方名：かたやす
Mulloidichthys vanicolensis (Valenciennes, 1831)
分布：南日本, インドー太平洋のサンゴ礁域　　全長：25cm　　D 3

　赤い体に1本の黄色い縦帯，黄色い鰭が特徴の南方系の魚です。九州本土ではあまり見かけませんが，奄美地方では普通に手に入ります。
《食べる》丸ごとから揚げにすると食べごたえがあります。

アカヒメジのから揚げ　　アカヒメジ

ミナミハタンポ（ハタンポ科）　地方名：かんきりじゃこ, ひうち
Pempheris schwenkii Bleeker, 1855
分布：南日本, インドー太平洋の浅海の岩礁域　　全長：10cm　　E 4

　岩礁域で大群をつくり，ダイバーに人気の魚ですが，小さいのであまり食用にはされません。定置網に入ることもありますが，ほとんど出荷はされません。ところが，実は脂ののったとてもおいしい魚なのです。もしも鮮魚店で見つけたら，だまされたと思って買って食べてください。
《食べる》から揚げもおいしいですが，やや骨がかたいので塩焼きがおすすめです。

ミナミハタンポの塩焼き　　ミナミハタンポのから揚げ　　ミナミハタンポ

ツボダイ（カワビシャ科）
Pentaceros japonicus Döderlein, 1884
分布：千葉・隠岐以南の南日本, 九州－パラオ海嶺北部, 天皇海山　　全長：30cm　　E 3

　ツボダイはみりん干しにされたものがよく出回っているので名前を聞いたことのある方が多いと思います。しかし，みりん干しの多くは同じカワビシャ科のやや細長いクサカリツボダイ（*Pseudopentaceros wheeleri* Hardy, 1983）です。ツボダイは水深250〜500mの深海にすむ魚で，眼が大きく，頭部は骨板が露出していて鎧のようにもみえます。体は五角形に近い形をしています。
《食べる》脂ののった魚で，みりん干しや煮付けに向きます。

ツボダイの煮付け　　ツボダイ

1：あまりおいしくない　2：まあまあ　3：おいしい　4：とてもおいしい　5：文句なくおいしい　　137

イソゴンベ（ゴンベ科）　地方名：がぶねばり
Cirrhitus pinnulatus (Forster, 1801)
分布：屋久島以南の太平洋西部, ハワイ諸島, 南アフリカのサンゴ礁域　　全長：20cm　　D 2

　一見するとカサゴの仲間のようですが, 本種は暖かい海を好むゴンベ科の魚です。奄美周辺ではおなじみの魚で, 磯でよく釣られます。
《食べる》から揚げが定番ですが, 身はややパサパサしています。

イソゴンベのから揚げ 　　イソゴンベ

ソコアマダイモドキ（アカタチ科）
Owstonia grammodon (Fowler, 1934)
分布：駿河湾, 熊野灘〜土佐湾, 鹿児島湾　　全長：50cm　　E 2

　体形はアマダイの仲間に似ていますが, 本種はアカタチの仲間です。ソコアマダイ（*O. totomiensis* Tanaka, 1908）とそっくりですが, 側線の形状が異なります。また, ほおに鱗があれば本種, なければソコアマダイです。水深150〜200mの比較的深い海にすんでいます。九州ではめずらしく, 写真の個体は鹿児島湾の底はえ縄にかかったものです。
《食べる》身はやや水っぽいですが, 皮の内側が甘いです。

ソコアマダイモドキ 　　ソコアマダイモドキの湯引き 　　ソコアマダイモドキの煮付け 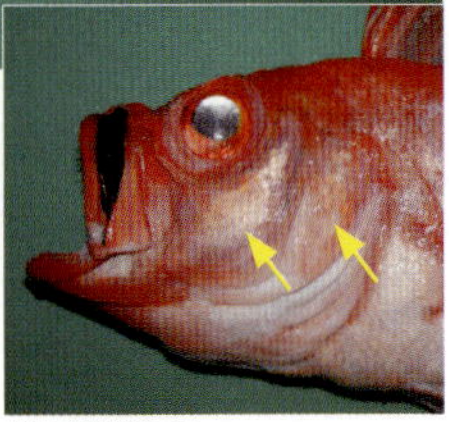　　頬に鱗がある

アカタチ（アカタチ科）　地方名：さけうお, おびいお
Acanthocepola krusensternii (Temminck and Schlegel, 1845)
分布：南日本, 韓国, 東シナ海, 南シナ海の大陸棚砂泥底　　全長：40cm　　D 3

　朱色の帯のような魚で, 背鰭, 臀鰭, 尾鰭がつながっています。体側に黄色い斑紋がならんでいれば本種, 背鰭の前方に黒色斑があればイッテンアカタチ（*A. limbata* (Valenciennes, 1835)）, 上あごの膜に黒色斑があればスミツキアカタチ（*Cepola schlegeli* (Bleeker, 1854)）です。
《食べる》体は細長い形をしていますが, 意外に身はたっぷりあります。煮付けにするとおいしい魚です。

アカタチの煮付け 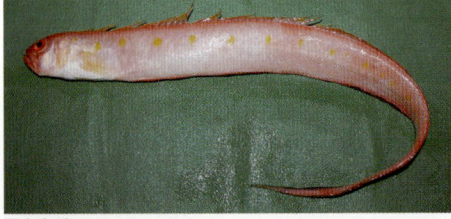　　アカタチ 　　上あごの膜に黒色斑　　スミツキアカタチ

魚のなかま

タカノハダイ （タカノハダイ科） 地方名：ひだりまき, きこり, きっこり, きっころ, きゆり, ねこまたぎ
Goniistius zonatus (Cuvier, 1830)
分布：南日本, 台湾の浅海の岩礁域　　全長：40cm

B 3

　斜めに走る黄褐色の線と尾鰭の白い斑紋が美しい魚です。「磯臭い」という評価が独り歩きしている感があり，本種は全国的にあまり好んで食べられていません。しかし，鮮度の良い個体では磯臭さはなく，ほど良く脂ののったおいしい白身の魚です。九州北部ではきこり，南部ではひだりまきと呼ばれることが多く，鮮魚店にも比較的頻繁に新鮮なものがならびます。

《**食べる**》タカノハダイ科のなかでは本種がもっともおいしいと思います。ぜひ刺身や煮付け，塩焼きなどでどうぞ。

タカノハダイ

タカノハダイの刺身 　　タカノハダイの煮付け 　　タカノハダイの塩焼き

ユウダチタカノハ （タカノハダイ科） 地方名：ひだりまき, きこり, きっこり, きっころ, しろき
Goniistius quadricornis (Günther, 1830)
分布：南日本太平洋沿岸の浅海の岩礁域　　全長：35cm

E 2

　体側の斜めの線や尾鰭の色がタカノハダイと異なり，美しさではやや劣ります。市場ではタカノハダイと区別されずに扱われることが多いようですが，本種を見かける機会は少ないです。

《**食べる**》とにかく鮮度が命の魚です。食べ方はタカノハダイと同じですが，味はやや劣ります。

ユウダチタカノハの刺身 　　ユウダチタカノハ

ミギマキ （タカノハダイ科） 地方名：ひだりまき, きこり, きっこり, きっころ
Goniistius zebra (Döderlein, 1883)
分布：南日本太平洋沿岸の浅海の岩礁域　　全長：35cm

E 2

　タカノハダイ科3種のうちの1種。他の2種とちがい，体は淡い黄色で口唇部が赤いのが特徴です。ひだりまきはタカノハダイの仲間の地方名ですが，本種の標準和名はミギマキです。ミギマキは水揚げ量が少なく，探すのに苦労しました。

《**食べる**》味にややくせがありますが，鮮度の良いものには臭みはありません。

ミギマキの煮付け 　　ミギマキ

1：あまりおいしくない　2：まあまあ　3：おいしい　4：とてもおいしい　5：文句なくおいしい

魚のなかま

ロクセンスズメダイ （スズメダイ科）　地方名：あやびき
Abudefduf sexfasciatus (Lacepède, 1801)
分布：静岡以南の南日本，インド－西太平洋の岩礁域やサンゴ礁域　　　全長：15cm　　D 4

　名前はロクセンスズメダイですが，線は5本で横方向に走ります。また，尾鰭の上下葉にも黒い線が見られます。
《**食べる**》いかにも水族館の水槽を泳いでいそうな魚ですが，味はかなり良いです。とくに奄美地方で人気があり，よく食べられています。

ロクセンスズメダイのソテー 　　ロクセンスズメダイ

オヤビッチャ （スズメダイ科）　地方名：あやびき
Abudefduf vaigiensis (Quoy and Gaimard, 1824)
分布：静岡以南の南日本，インド－西太平洋の岩礁域やサンゴ礁域　　　全長：20cm　　D 4

　奄美地方ではロクセンスズメダイと区別されず，あやびきと呼ばれています。両種とも体側に5本の横帯があってよく似ていますが，背中に黄色斑があり，尾鰭に黒い線がなければオヤビッチャです。
《**食べる**》本種も肉厚で脂ののった魚です。煮ても焼いても揚げてもおいしくいただけます。

オヤビッチャの煮付け 　　オヤビッチャ

スズメダイ （スズメダイ科）　地方名：つばめ，かじきり，あぶってかも，ひき，ぼたっちょ，おせんごろし，やはぎ
Chromis notata notata (Temminck and Schlegel, 1844)
分布：秋田・千葉以南，東シナ海の岩礁域やサンゴ礁域　　　全長：15cm　　D 4

　スズメダイの仲間の多くは奄美地方以南でよく食べられていますが，本種の活躍の舞台は福岡です。八代海などでも獲られ，沿岸の地域の鮮魚店にならぶこともありますが，多くは福岡方面に送られているようです。
《**食べる**》伝統的なあぶってかも料理に使われる魚です。あぶってかもとは鱗がついたまま塩漬けにしてあぶって食べるものですが，脂がのっているので背ごしや煮付けでもおいしくいただけます。小さい魚ですが，福岡以外でも本種を食べる習慣ができれば良いと思います。

スズメダイ

スズメダイの背ごし 　　スズメダイの煮付け 　　スズメダイのあぶってかも

140　A：とても簡単に手に入る　B：簡単に手に入る　C：普通に手に入る　D：地域や季節によっては手に入る　E：なかなか手に入らない　F：ほとんど手に入らない

魚のなかま

キホシスズメダイ （スズメダイ科）　地方名：ひき

Chromis sp.
分布：伊豆半島以南の岩礁域やサンゴ礁域　　　全長：15cm　　　D 4

　スズメダイの仲間は種類が多く，体の色や模様が多彩です。本種は尾鰭が黄色みを帯びているのが特徴です。
《食べる》スズメダイは食用というよりも観賞用というイメージが強いですが，小型ながら肉厚で脂ののりが良く，おいしい種類も少なくありません。本種もその一つで，奄美地方ではふつうに鮮魚店にならびます。

キホシスズメダイのから揚げ 　　　キホシスズメダイ

アマミスズメダイ （スズメダイ科）　地方名：ずずるびき

Chromis chrysura (Bliss, 1883)
分布：南日本から台湾の岩礁域やサンゴ礁域　　全長：15cm　　　D 4

　奄美地方ではスズメダイのことをひきと呼びますが，本種はずずるびきです。「尾鰭の白いスズメダイ」という意味です。その名の通り，まるで尾柄部から後方が脱色されたかのように白い魚です。
《食べる》味は極上。塩だきは絶品です！

アマミスズメダイの塩だき 　　　アマミスズメダイ

カゴカキダイ （カゴカキダイ科）　地方名：しまこぜん，ねったいぎょ，はがどん

Microcanthus strigatus (Cuvier, 1831)
分布：南日本，台湾，ハワイ諸島，オーストラリア　　全長：20cm　　　E 3

　手のひらサイズの平べったい魚で，5本の黒い縦縞がやや斜めに走ります。稚魚は潮溜まりなどで見られ，岩礁域に多い魚ですが，希に底曳網で食用サイズが漁獲されます。
《食べる》本種は体色がカラフルなので観賞用の魚として人気が高いですが，刺身や塩焼きなどでおいしく食べることもできます。

カゴカキダイの塩焼き 　　　カゴカキダイ

1:あまりおいしくない　2:まあまあ　3:おいしい　4:とてもおいしい　5:文句なくおいしい

コトヒキ（シマイサキ科）　地方名：いのこ，すみしろ，こわがら

Terapon jarbua (Forsskål, 1775)
分布：南日本，インド－太平洋の沿岸域から汽水域　　全長：50cm　　C3

　吻は丸く，体側には黒い縦縞が弧を描いています。この模様がイノシシの子どもに似ていることから，九州各地でいのこと呼ばれています。本種やシマイサキはうきぶくろを使ってグーグーと鳴きます。コトヒキは比較的大型になるため，釣りの対象としても人気があります。
《食べる》 本種は味の良い魚です。刺身でどうぞ。

コトヒキの刺身　　コトヒキのあら煮　　コトヒキ

ヒメコトヒキ（シマイサキ科）　地方名：いのこ

Terapon theraps Cuvier, 1829
分布：南日本，インド－西太平洋の沿岸域から汽水域　　全長：25cm　　E3

　体側の縦縞が直線状であることでコトヒキと見分けることができますが，市場では区別されずに扱われています。
《食べる》 本種はコトヒキほど大きくはなりませんが，味はほとんど変わりません。塩焼きにちょうど良いサイズです。本種を含むシマイサキの仲間は皮がかたく身がしっかりしており，料理しやすい魚です。

ヒメコトヒキの塩焼き　　ヒメコトヒキ

シマイサキ（シマイサキ科）　地方名：いのこ，えのけ，ぐうぐういお，ことひき，すみやき

Rhyncopelatus oxyrhynchus (Temminck and Schlegel, 1843)
分布：南日本，台湾，フィリピンの沿岸域から汽水域，中国南シナ海沿岸　　全長：30cm　　E3

　本種は吻が尖っています。体側に黒い縦縞がありますが，その形状や尾鰭の模様は前2種と異なります。本種は希にしか水揚げされず，コトヒキと区別されずに扱われることが多いです。
《食べる》 九州ではあまりなじみがありませんが，夏が旬のおいしい魚です。

シマイサキの煮付け　　シマイサキの塩焼き　　シマイサキ

A:とても簡単に手に入る　**B**:簡単に手に入る　**C**:普通に手に入る　**D**:地域や季節によっては手に入る　**E**:なかなか手に入らない　**F**:ほとんど手に入らない

魚のなかま

イシダイ （イシダイ科）　地方名：ふさ，ひさ，ひしゃ，ちさ，ちしゃ，ちしゃだい

Oplegnathus fasciatus (Temminck and Schlegel, 1844)
分布：日本各地，韓国，台湾の沿岸の岩礁域　　全長：30～50cm　　**C 4**

　言わずと知れた磯の王者です！ ときに全長60cmを超える大物が釣れ，西日本を中心に磯釣りの対象として大人気の魚です。若魚には黒と白の鮮明な横縞模様が見られますが，老成魚になると縞模様は不明瞭になり，口の周りが黒くなります。本種は磯の魚ですが，移動性をもっているのでいつも同じ場所で釣られるとは限りません。幼魚は防波堤などからでも簡単に釣られますが，大物ともなるとそう簡単ではなく，高価なエサを購入し，何度磯に通っても未だに釣ることができないという釣り人も多いはずです。本種ほど釣り人の心を魅了する魚はいないかもしれません。しかし，自分で釣らなければ食べることができない魚かというと，そういうわけではありません。沿岸の定置網や刺網などでも漁獲され，産卵前の春には比較的たくさん獲られます。

《**食べる**》歯ごたえのある白身は，刺身のほかいろんな料理にあいます。鮮魚店にならぶこともありますので，ぜひご賞味ください。

イシダイ若魚
イシダイの刺身
イシダイ

イシガキダイ （イシダイ科）　地方名：ごまふさ，ごまひさ，てんてんちしゃ，いしだい

Oplegnathus punctatus (Temminck and Schlegel, 1844)
分布：本州中部以南，南シナ海，グアムの沿岸の岩礁域　　全長：30～80cm　　**C 4**

　イシダイとならぶ磯の王者。イシダイよりもやや南方系で大型になり，九州ではとくに人気の高い魚です。体は白地に黒い斑紋が見られますが，老成魚になると口の周りが白くなり，釣り人の間では「くちじろ」と呼ばれています。「誰よりも大きなイシガキダイを釣ること」は磯釣り師の目標の一つでもあり，本種は釣り人の競争心をあおる魅力的な魚です。

《**食べる**》味は抜群でイシダイよりも上とされていますが，近年シガテラ毒の報告が見られますので注意したほうがよさそうです。

イシガキダイの刺身
イシガキダイのあら煮 
イシガキダイ若魚 
イシガキダイ 

1：あまりおいしくない　2：まあまあ　3：おいしい　4：とてもおいしい　5：文句なくおいしい

イスズミ （イスズミ科）　地方名：あまん, あまんだい, しつお, しち, ひちくれ, しちくれ, ひっつ

Kyphosus vaigiensis (Quoy and Gaimard, 1825)
分布：本州中部以南, インド－西太平洋の沿岸の岩礁域　　全長：40cm　　C 3

　体側にオリーブ色の細い縦線が走ります。海藻を主食とするイスズミの仲間は磯臭さがあり, 全国的にはあまり好まれせんが, 九州ではとくに冬の鮮度の良いものは脂がのって人気があります。
《食べる》いろんな食べ方ができる魚ですが, 私は焼霜造りが最高だと思います。

イスズミの焼霜造り　　イスズミ

テンジクイサキ （イスズミ科）　地方名：あまん, あまんだい

Kyphosus cinerascens (Forsskål, 1775)
分布：本州中部以南, インド－西太平洋の沿岸の岩礁域　　全長：40cm　　E 3

　体色は黒っぽく, かすかに縦縞が見られます。本種は背鰭と臀鰭の後半部分が上下に広がっているので, ほかのイスズミ類と容易に区別できます。
《食べる》脂がよくのる冬は刺身や湯引きに最適です。照り焼きはまるでウナギのように脂こってりです。

テンジクイサキの湯引き　　テンジクイサキの照り焼き　　テンジクイサキ

ノトイスズミ （イスズミ科）　地方名：あまん, あまんだい

Kyphosus bigibbus Lacepède, 1802
分布：本州中部以南, インド－太平洋の沿岸の岩礁域　　全長：40cm　　C 3

　体は濃褐色でイスズミよりも地味です。和名の由来は能登半島近海で発見されたためですが, 九州近海でも漁獲されます。近縁のミナミイスズミ（*K. pacificus* Sakai and Nakabo, 2004）と似ていますが, 吻が丸いのと臀鰭が短いことで識別できます。
《食べる》本種も鮮度の良いものはおいしいので, ぜひ食べていただきたい魚です。

ノトイスズミの湯引き　　オイスターソース炒め　　ノトイスズミ

A：とても簡単に手に入る　B：簡単に手に入る　C：普通に手に入る　D：地域や季節によっては手に入る　E：なかなか手に入らない　F：ほとんど手に入らない

魚のなかま

メジナ （メジナ科）　地方名：くろ，くろだい，くろいお，くれ，くれいお，くれうお，じぐろ，くろべ

Girella punctata Gray, 1835
分布：新潟・千葉以南，朝鮮半島南岸，済州島，台湾，香港の沿岸の岩礁域　　全長：35cm　　B4

　磯釣りの対象魚の代表格です。冬が旬の魚ですが，九州ではほぼ一年中釣りの対象となるばかりか，鮮魚店でも簡単に手に入ります。九州でくろだいといえば"本家"のクロダイではなくメジナを指します。
《**食べる**》甑島などでは皮つきのまま炙った焼霜造りを味噌で食べるのが人気です。生食のみならず，脂がのっているので味噌漬けや煮付け，ムニエルなどでもおいしくいただけます。

メジナ

鰓蓋の後縁の色は周囲と変わらない

メジナの刺身
メジナの焼霜造り 
メジナの煮付け 
メジナの味噌漬け 
メジナの塩焼き 
メジナのバター焼き 

クロメジナ （メジナ科）　地方名：わかな，くろだい，くろ，くれいお，おなが

Girella leonine (Richardson, 1846)
分布：千葉以南の太平洋沿岸，対馬，男女群島，済州島，台湾，香港の沿岸の岩礁域　　全長：40cm　　D3

　市場ではメジナとあまり区別されていませんが，釣り人にとっては全くの別種。「おなが」と呼ばれ，その引きの強さに魅了される人も多いと思います。クロメジナといいながら体色はメジナよりも淡い個体が多いです。メジナは各鱗に暗色点があるのに対し本種はないこと，鰓蓋の後縁が黒いこと，尾の部分が長いことでメジナと区別できます。
《**食べる**》味はメジナのほうが上といわれていますが，本種も十分おいしいです。

クロメジナ

鰓蓋の後縁が黒い

クロメジナの刺身
クロメジナのにぎり寿司 

1：あまりおいしくない　2：まあまあ　3：おいしい　4：とてもおいしい　5：文句なくおいしい　　145

魚のなかま

メダイ（イボダイ科）　地方名：たるめ，だるま，めぶと，くろむつ，くろまつ
Hyperoglyphe japonica (Döderlein, 1885)
分布：北海道以南の水深100〜300mの底層　　全長：70cm　　　　C 3

　本種は上品な白身の魚で，九州各地，奄美地方でも水揚げされています。
《**食べる**》大型のものが多いので切り身で売られていることが多いですが，鮮度の良いものは刺身でもおいしいです。いろんな料理を作ってみましたが，おいしさの順番は酒蒸し，刺身，塩焼き，煮付けでした。

メダイの刺身 　　メダイ

メダイのにぎり寿司 　　メダイの煮付け 　　メダイの塩焼き 　　メダイの酒蒸し

イボダイ（イボダイ科）　地方名：えぼだい，もちうお，しず，しす，あめた，あめんた
Psenopsis anomala (Temminck and Schlegel, 1844)
分布：秋田・宮城以南，東シナ海の大陸棚の底層　　全長：20cm　　　　D 3

　よく聞く名前の魚ですが，意外に市場に出回る量は多くありません。開きなどの加工品で売られている場合はマナガツオ科のアメリカンバターフィッシュ（*Peprilus triacanthus* (Peck, 1804)）などの外国産の種が使われていることがあります。とはいってもイボダイは底曳網で一度にたくさん獲られることもあるので，西日本や九州では近海物に出合える機会が多いと思います。ちなみに，バターフィッシュには腹鰭がないので鮮魚の状態なら見分けることができます。
《**食べる**》イボダイは身がやわらかいので一夜干しや開きに向きますが，鮮度の良いものは刺身も良いでしょう。煮付けは一度素焼きにしてから煮ると身がしまります。

イボダイ

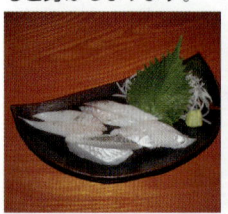

イボダイの刺身 　　イボダイの煮付け 　　イボダイの塩焼き（開き）　　顔は何に似ている？

魚のなかま

マナガツオ（マナガツオ科）　地方名：まな
Pampus punctatissimus (Temminck and Schlegel, 1845)
分布：南日本, 黄海, 東シナ海の大陸棚砂泥底域　　全長：40cm　　E3

　本種も名前はよく知られていますが，イボダイ以上に出合う機会の少ない魚です。近縁種には尾鰭の下葉が上葉よりもやや長いコウライマナガツオ（*P. echinogaster* (Basilewsky, 1855)）がいます。
《食べる》マナガツオの仲間は淡白な白身の魚で，味噌漬け，西京漬けなどが良いと思います。

マナガツオの煮付け 　　マナガツオの味噌漬け 　　マナガツオ

ボウズコンニャク（エボシダイ科）　地方名：けのず
Cubiceps squamiceps (Lloyd, 1909)
分布：相模湾以南の南日本〜インド−西太平洋, アラビア海の水深100m以深の底層　　全長：20cm　　F3

　変わった名前の魚ナンバーワン候補ではないでしょうか？　まとまって獲られないのでほとんど水揚げされることはありませんが，鹿児島湾のとんとこ網ではかなりたくさん網に入ります。
《食べる》メダイやイボダイのようにやや身がやわらかいですが，適度に脂がのり，刺身や煮付け，塩焼きなどでおいしくいただけます。ほぼ未利用資源ですが，消費者の食卓にのぼることを期待したい魚の一つです。

ボウズコンニャクの刺身 　　ボウズコンニャクの煮付け 　　ボウズコンニャクの塩焼き 　　ボウズコンニャクのから揚げ　　ボウズコンニャク

ツバメコノシロ（ツバメコノシロ科）　地方名：あごなし
Polydactylus plebeius (Broussonet, 1782)
分布：南日本〜インド−西太平洋の内湾の砂泥底域　　全長：30cm　　E3

　ニシン科のコノシロとはまったく別の魚です。あごなしという地方名にはうなずける気がしますね。あごひげのように見えるのは胸鰭の一部（遊離軟条）で，5本あります。
《食べる》あまりなじみのない魚ですが，くせのない味です。

から揚げ カレー風味 　　ツバメコノシロ

1:あまりおいしくない　2:まあまあ　3:おいしい　4:とてもおいしい　5:文句なくおいしい

イラ（ベラ科）　地方名：はんた, もはみ, どん, ぼんさん, いぬのは, よめ, なべ, なべた, よめさんなべ, はと

Choerodon azurio (Jordan and Snyder, 1901)
分布：南日本, 朝鮮半島南部, 東シナ海, 南シナ海の岩礁域　　全長：35cm　　**C 3**

　九州各地でいろんな地方名で呼ばれている魚で, ベラ科の仲間では大型の種です。体側前方に斜めに走る黒い帯が特徴ですが, 水揚げ後は薄くなる場合があります。全国的には漁獲量は少ないですが, 九州では比較的簡単に入手できます。
《食べる》やわらかい白身の魚です。

イラの刺身 　　イラのムニエル 　　イラ

シロクラベラ（ベラ科）　地方名：まくぶ

Choerodon shoenleinii (Valenciennes, 1839)
分布：奄美以南のサンゴ礁の砂礫域　　全長：70cm　　**D 4**

　奄美地方でまくぶと呼ばれているのは本種で, 全長が1mを超える個体もいます。ベラ科の仲間でもっともおいしい魚ではないでしょうか。ただし産地が限られ, 漁獲量もそれほど多くない高級魚です。
《食べる》刺身のほかいろんな料理で食べることができますので, ぜひ奄美や沖縄でシロクラベラをご賞味ください！

シロクラベラの刺身 　　シロクラベラ

コブダイ（ベラ科）　地方名：かんだい, のもす, のぼす, もはみ, くじろ

Semicossyphus reticulatus (Valenciennes, 1839)
分布：下北半島, 南日本, 朝鮮半島, 南シナ海の岩礁域　　全長：70cm　　**E 3**

　引きの強さから釣り人にも人気の魚で, 雄は大型になると頭にこぶができます。全長1m以上にもなる大きな魚ですが, 瀬戸内海などの内湾域にもすんでいます。
《食べる》他の大型のベラ類と同様に, おいしい魚です。

コブダイの刺身 　　コブダイのみりん焼き 　　コブダイ（上下とも）

A：とても簡単に手に入る　B：簡単に手に入る　C：普通に手に入る　D：地域や季節によっては手に入る　E：なかなか手に入らない　F：ほとんど手に入らない

魚のなかま

ホシササノハベラ（ベラ科）　地方名：くさび，べら，ほり，ぎざめ，ひこじ，ひこぜ

Pseudolabrus sieboldi Mabuchi and Nakabo, 1997
分布：南日本，韓国済州島の岩礁域　　全長：20cm（雄），15cm（雌）　　D2

　本種はアカササノハベラ（*P. eoethinus* (Richardson, 1846)）と区別されずにササノハベラという和名が付けられていましたが，1997年に新種とされました。雄は眼の下に虫食い状の斑紋があり，雌は腹部に鮮明な白点の列が2～3本あれば本種です。アカササノハベラは外海に多く，本種は内湾にすんでいます。手軽に釣れる魚です。
《食べる》身はベラ類特有のもちもち感があります。味はまあまあです。

ホシササノハベラの煮付け 　　ホシササノハベラ雄（上），雌（下）

キュウセン（ベラ科）　地方名：べら，なたくさび，ぎざめ，ひこじ，ひこぜ，あおべら（雄），あおぎざめ（雄），あかべら（雌），おばさんぎざめ（雌），はまひこぜ（雌）

Halichoeres poecilopterus (Temminck and Schlegel, 1845)
分布：佐渡・北海道函館～九州，朝鮮半島，中国福建省・広東省の砂底や礫底
全長：20cm（雄），15cm（雌）　　D3

　砂に潜って冬眠することで有名なベラです。本種の多くは雌から雄に性転換して体色を変えますが，希に中間的な色彩のものがいます。小物釣りではおなじみの魚で，とくに瀬戸内海沿岸でよく食べられています。
《食べる》煮付けの際は，鱗が付いたままでもやわらかいので食べるときに鱗が気になりません。

キュウセンの煮付け 　　キュウセンの塩焼き　　キュウセン雄（上），雌（下）

テンス（ベラ科）　地方名：もはみ，ひめたろう，ねこいよ，がぶくさび

Xyrichtys dea Temminck and Schlegel, 1845
分布：南日本の砂底域　　全長：30cm　　E3

　信じられないくらい平べったい魚で，口の後方には裂けたように見える溝があります。横から見ても正面から見ても愛嬌のある顔で，食べるのが申しわけなく思えます。
《食べる》実際に食べてみると，食感も良くおいしいです。

テンスの煮付け 　　テンス　　正面から見たテンスの顔

1：あまりおいしくない　2：まあまあ　3：おいしい　4：とてもおいしい　5：文句なくおいしい

魚のなかま

タキベラ （ベラ科）　地方名：もはみ, はーで
Bodianus perdition (Quoy and gaimard, 1834)
分布：南日本太平洋沿岸, インドー西太平洋の岩礁域やサンゴ礁域　　全長：45cm　　E 4

　体側中央の淡黄色の横帯が"流れ落ちる滝のよう"なのでこの和名がつけられたらしいですが, この帯は成長にともなって小さくなります。
《食べる》本種は一般的に味の評価が低いようですが, 刺身は甘みがあり, 私はとてもおいしいと思います。

タキベラの刺身 　　タキベラ

キツネベラ （ベラ科）　地方名：もはみ, はーで, おきくさび
Bodianus bilunulatus (Lacepède, 1802)
分布：南日本太平洋沿岸, インドー太平洋の岩礁域やサンゴ礁域　　全長：40cm　　E 2

　体全体が赤く, 下あご付近が淡黄色で体の後方背側に黒い斑紋があるやや大型のベラです。大きくなると黒い斑紋は不明瞭になります。
《食べる》刺身はあっさりとして, やや甘みに欠けます。私は刺身しか食べたことがありませんが, バター焼きやムニエルなど, 油を使った料理にあうのかもしれません。

キツネベラの刺身 　　キツネベラ

ブダイ （ブダイ科）　地方名：もはみ, えらぶち, いぬのは, おおがん, いがめ, いらげ
Calotomus japonicus (Valenciennes, 1840)
分布：隠岐諸島, 南日本太平洋沿岸の藻場や礫域　　全長：40cm　　B 3

　ブダイの仲間は九州本土ではもはみ, 奄美ではえらぶち, 沖縄ではいらぶちゃーと呼ばれています。その代表種がブダイ。雌雄で色彩が異なり個体変異も激しいですが, 雌は赤っぽく, 雄はよりカラフルです。英名は「オウムのような魚」という意味のパロット・フィッシュですが, この口を見ると理解できるような気がします。また, ブダイは自分で作った透明の寝袋の中で寝ることが知られていますね。
《食べる》九州では白身の魚としていろんな料理に使われます。ムニエルは表面をカリッと焼くのがコツです。

ムニエル スイートチリソース 　　ブダイ雄(上), 雌(下)

A：とても簡単に手に入る　B：簡単に手に入る　C：普通に手に入る　D：地域や季節によっては手に入る　E：なかなか手に入らない　F：ほとんど手に入らない

ナンヨウブダイ （ブダイ科）　地方名：えらぶち，ぐんかん

Chlorurus microrhinos (Bleeker, 1854)
分布：高知，奄美以南～インド－太平洋の岩礁域やサンゴ礁域　　全長：60cm　　D 3

　九州本土ではあまり見かけませんが，奄美以南では定番のブダイです。体が緑色や青色なのでアオブダイと思われがちですが，別種です。尾鰭の形で区別できます。口の後方にある淡青色のぐにゃぐにゃしたラインが特徴的です。
《食べる》 本種の刺身は甘みがあり絶品です。

ナンヨウブダイの刺身　　ナンヨウブダイ

ナガブダイ （ブダイ科）　地方名：えらぶち

Scarus rubroviolaceus Bleeker, 1847
分布：和歌山，高知，奄美以南～インド－太平洋の岩礁域やサンゴ礁域　　全長：50cm　　E 3

　主に奄美以南の浅海域で獲られるブダイの仲間ですが，量的には多くありません。雄は青色もしくは緑色を帯びた体をしていますが，雌は写真のように赤っぽい体色をしています。
《食べる》 くせのない白身は，刺身でも，火を通して食べてもおいしいです。イギリス風にフィッシュアンドチップスで楽しんでみました。

フィッシュアンドチップス　　ナガブダイ雌

ヒブダイ （ブダイ科）　地方名：もはみ，おーがん（雄），きーがん（雌）

Scarus ghobban Forsskål, 1775
分布：南日本太平洋沿岸～インド－太平洋の岩礁域やサンゴ礁域　　全長：60cm　　D 3

　おいしい魚で，鹿児島ではブダイ科の中でもっともよく見かける種の一つです。ベラやブダイの仲間は雌雄で色彩の異なる種が多いですが，本種も雄は青緑色，雌は黄橙色を基調とした色彩をしていて，それぞれちがう地方名で呼ばれています。市場に出回るのは，比較的大型のものが多いです。
《食べる》 雌のほうが味は良いとされていますが，雄も味は上々です。奄美地方のシロクラベラ，九州本土のヒブダイはブダイ科の味の両雄でしょう。

ヒブダイの刺身　　ヒブダイ雄（上），雌（下）

1：あまりおいしくない　　2：まあまあ　　3：おいしい　　4：とてもおいしい　　5：文句なくおいしい

ブチブダイ （ブダイ科）　地方名：えらぶち

Scarus niger Forsskål, 1775
分布：南日本〜インドー太平洋のサンゴ礁域　　全長：40cm　　D3

　雄には眼の後方，鰓蓋の上方に緑色の斑紋があります。写真では分かりにくいですが，生きているときはこの斑紋はよく目立ちます。奄美ではブダイの仲間は種を区別せず「えらぶち」として売られていますが，本種もそのうちの一つです。
《**食べる**》歯ごたえと甘みがあるおいしい魚です。

ブチブダイの刺身 　　　　ブチブダイ

　他にはイチモンジブダイ（*S. forsteni* Bleeker, 1861）, オビブダイ（*S. schlegeli* Bleeker, 1864）, カメレオンブダイ（*S. chameleon* Choat and Randall, 1986）, キビレブダイ（*S. hypselopterus* Bleeker, 1853）, スジブダイ（*S. rivulatus* Valenciennes, 1840）, キツネブダイ（*Hipposcarus longiceps* Valenciennes, 1840）, イロブダイ（*Cetoscarus bicolor* Rüppell, 1829）, タイワンブダイ（*Calotomus carolinus* Valenciennes, 1840）, ハゲブダイ（*Chlorurus sordidus* Forsskål, 1775）などがいます。

イチモンジブダイ　　　オビブダイ雄　　　オビブダイ雌

カメレオンブダイ　　　キビレブダイ雄　　　キビレブダイ雌

スジブダイ雄　　　キツネブダイ　　　イロブダイ

タイワンブダイ雄　　　タイワンブダイ雌　　　ハゲブダイ

A：とても簡単に手に入る　B：簡単に手に入る　C：普通に手に入る　D：地域や季節によっては手に入る　E：なかなか手に入らない　F：ほとんど手に入らない

魚のなかま

トラギス （トラギス科）　地方名：とらはぜ
Parapercis pulchella (Temminck and Schlegel, 1843)
分布：南日本，朝鮮半島，インド−西太平洋の浅海の砂礫底　　全長：15cm　　E 3

　まるでマンドリル（サル）かと思うほど派手な顔をした魚で，シロギス釣りの外道としてよく釣られます。名前は似ていますが，キス科のシロギスとは別の仲間です。
《食べる》食材としてはあまり知られていませんが，秋から冬が旬で煮付けや天ぷらなどに向いています。おいしい白身の魚です。

トラギスの煮付け
トラギス 
トラギスの顔

クラカケトラギス （トラギス科）　地方名：とらはぜ，とらぎす
Parapercis sexfasciata (Temminck and Schlegel, 1843)
分布：青森以南，朝鮮半島南部，台湾，ジャワ島南部の浅海から大陸棚の砂泥底　　全長：20cm　　E 3

　体側に5つのYの字がならんだトラギスです。本種もシロギス狙いの投げ釣りでときどき釣られますが，底曳網でも混獲されます。
《食べる》丸々とした肉付きの良い魚で煮付け，塩焼き，味噌汁などでおいしくいただけます。

味噌汁
クラカケトラギスの塩焼き 
クラカケトラギス 
クラカケトラギスの顔

オキトラギス （トラギス科）
Parapercis multifasciata Döderlein, 1884
分布：南日本，朝鮮半島，台湾の水深100m前後の大陸棚の砂泥底　　全長：15cm　　F 3

　淡い赤橙色の体に，背側から腹側にかけて暗色から黄色に変わる横縞が走っています。トラギスやクラカケトラギスよりもやや深い所にすんでいます。
《食べる》身はしっかりとしてくせがなく，煮付けや天ぷらなどでおいしく食べられます。

オキトラギスの煮付け
オキトラギスの天ぷら 
オキトラギス 
オキトラギスの顔

1：あまりおいしくない　2：まあまあ　3：おいしい　4：とてもおいしい　5：文句なくおいしい

魚のなかま

ミシマオコゼ（ミシマオコゼ科）　地方名：のんぼいぐ，あんこうだい，めしま，あんこう，みしまぶく

Uranoscopus japonicus Houttuyn, 1782
分布：琉球列島を除く日本各地沿岸～南シナ海，水深35～260m　　全長：25cm　　F3

　とても個性的な顔の魚ですね。近縁種にキビレミシマ（*U. chinensis* Guichenot, 1882）がいますが，口と鰓蓋の間の下方（前鰓蓋骨下縁）の棘が3本なら本種，4本以上ならキビレミシマです。
《**食べる**》本種は九州ではあまり食用にされませんが，全国的には地域によって，文献によって，食材としての評価は「まずい」から「おいしい」まで様々です。実際に食べてみたところ，刺身はフグを思わせるおいしさでした。

棘が3本
ミシマオコゼ
棘が4本以上
ミシマオコゼの刺身　　キビレミシマ　　ミシマオコゼの顔

アオミシマ（ミシマオコゼ科）　地方名：のんぼいぐ，あんこうだい

Xenocephalus elongates (Temminck and Schlegel, 1843)
分布：日本各地，東シナ海，黄海，渤海，水深35～440m　　全長：35cm　　F2

　背鰭が1基で胸鰭上方の棘（擬鎖骨棘）が短く，口が大きいミシマオコゼです。ミシマオコゼの仲間は鹿児島湾のとんとこ網で混獲されますが，いちばん多いのは本種です。
《**食べる**》ミシマオコゼに比べると味は劣りますが，白身魚として十分食材となります。

短い
アオミシマのプロバンス風 　　アオミシマの顔 　　アオミシマ側面（上），背面（下）

クロホシマンジュウダイ（クロホシマンジュウダイ科）

Scatophagus argus (Linnaeus, 1766)
分布：和歌山以南，インド−太平洋の浅海，汽水域　　全長：30cm　　E2

　まんじゅうのような丸い体に丸い黒斑が多数散らばった，顔の小さい魚です。東南アジアでは高級魚ですが，日本で水揚げされるのは希です。河口付近でときどき釣られることもあります。背鰭の棘に毒があるので気をつけましょう。
《**食べる**》やや土臭い印象があります。

クロホシマンジュウダイの塩焼き 　　クロホシマンジュウダイ

魚のなかま

ムツゴロウ（ハゼ科）
Boleophthalmus pectinirostris (Linnaeus, 1758)
分布：有明海，八代海，朝鮮半島，中国，台湾の内湾の泥干潟　　全長：15cm　　D3

　有明海の泥干潟で干潮時に動き回っている様子は何時間見ていても飽きません。愛嬌のある魚ですが，本種は有明海沿岸地方で食用とされています。有明海ならではの潮の干満を利用した「竹羽瀬」，竹を筒状にした「たかっぽ」，「ガタスキー」に乗ってムツゴロウをひっかけて釣る「むつかけ」などの伝統的な漁は絶やさないでほしいですね。
《食べる》本種は生きたまま売られています。蒲焼きは風味があっておいしいです。

ムツゴロウ
ムツゴロウの甘露煮
ムツゴロウの蒲焼き
愛嬌たっぷりの顔

ワラスボ（ハゼ科）
Odontamblyopus rubicundus (Hamilton, 1822)
分布：有明海，八代海，朝鮮半島，中国，インドの内湾の泥の中　　全長：30cm　　D2

　本種とムツゴロウ，ハゼクチは"有明海はぜトリオ"です！　ムツゴロウは"人気ナンバーワン"，ハゼクチは"正統派"，ワラスボは…？　泥に潜っているワラスボは「すぼかき」などで獲られます。
《食べる》煮付けや味噌汁が定番。干物を焼いて，あるいは揚げて食べても良いです。

ワラスボ
ワラスボの味噌汁
ワラスボの煮付け
ワラスボの干物の素揚げ
どうですか？　この顔

ハゼクチ（ハゼ科）　地方名：はぜ，はしくい
Acanthogobius hasta (Temminck and Schlegel, 1845)
分布：有明海，八代海，朝鮮半島，渤海，黄海，東シナ海，台湾の内湾の砂泥底　　全長：30cm　　D2

　国内では有明海と八代海に分布します。細長いハゼで，大きいものは全長40cmを超えます。夏の小型のものは「はぜご」，秋は「はぜ」，冬の繁殖を終えたものは「ながれはぜ」と呼ばれます。
《食べる》九州ではハゼの仲間はあまり食べられませんが，本種は有明海の秋から冬の味覚として食べられています。

ハゼクチの煮付け
ハゼクチ

1：あまりおいしくない　2：まあまあ　3：おいしい　4：とてもおいしい　5：文句なくおいしい

魚のなかま

シロウオ（ハゼ科）

Leucopsarion petersii Hilgendorf, 1880
分布：北海道南部〜九州，朝鮮半島の沿岸，河川下流域　　全長：4cm　　E3

　漢字で書くと「素魚」。シラウオではなくハゼの仲間です。春先に産卵のために沿岸域から河川の下流域に上ってくるところを漁獲します。
《食べる》早春の味覚で踊り食いが有名。ほんのりとした甘さとのどごしを楽しんでみましょう。

シロウオの踊り食い　　シロウオとヒトエグサの吸い物　　シロウオ側面（上），背面（下）

アイゴ（アイゴ科）

地方名：やの，やのうお，えのは，やじろ，やのばり，ばり，あい，えいばり，あいのばり，あいはち，えーのばり，えんのばり，えんばり

Siganus fuscescens (Houttuyn, 1782)
分布：下北半島以南，台湾，フィリピン，西オーストラリアの岩礁域やサンゴ礁域，藻場　　全長：30cm　　C3

　臭みのある魚とされますが，鮮度の良いものは大丈夫です。自分でさばくときは鰭の棘に毒腺があるので気をつけましょう。
《食べる》焼霜造りがおいしいです。煮付けはメバルの風味にカワハギの歯ごたえといった感じ。ミノカサゴと同じように，まずは料理バサミで鰭を切り取ってから料理しましょう。

アイゴの焼霜造り　　アイゴの煮付け　　アイゴ

ニザダイ（ニザダイ科）

地方名：さんのじ，こめじろ，うしごべ，くろごべ，くさはげ，くろはげ

Prionurus scalprum Valenciennes, 1835
分布：南日本，台湾の岩礁域　　全長：40cm　　B3

　尾柄部に3〜4個の黒色斑と鋭い棘があります。本種も臭みのある魚として一般的には敬遠され，釣っても食べない釣り人がいますが，実は鮮度の良いものはおいしいのです。
《食べる》刺身は見た目もきれいです。九州ではよく売られていますので，ぜひご賞味ください。ただし，自分でさばくときはカワハギのように皮をはいでから。簡単です（12ページ）。

ニザダイの刺身　　ニザダイ

A：とても簡単に手に入る　B：簡単に手に入る　C：普通に手に入る　D：地域や季節によっては手に入る　E：なかなか手に入らない　F：ほとんど手に入らない

魚のなかま

バショウカジキ（マカジキ科）　地方名：あきたろう，あったろう，ばれん，かじき
Istiophorus platypterus (Shaw and Nodder, 1792)
分布：北海道南部以南，インド－太平洋の温帯～熱帯海域の表層　　全長：2m　　B3

　鹿児島では「秋太郎」。バショウ（バナナ）の葉のように大きな背鰭をもったカジキです。他の地域ではあまり食べられていませんが，九州では秋に接岸したものが流し刺網や定置網で獲られ，季節限定で新鮮なものが生食用として出回ります。大人が数人でやっと持てるくらいの大きなバショウカジキが市場に大量にならぶ光景は鹿児島の秋の風物詩です。
《食べる》筋が多いのが難点ですが，ほんのりと旨みのある赤身の刺身はおいしい秋の味覚です。

市場にならぶバショウカジキ　　バショウカジキ 　　バショウカジキの刺身 　　バショウカジキのトロの煮付け

クロカジキ（マカジキ科）　地方名：くろかわかじき，かじき，はいお，げんば
Makaira mazara (Jordan and Snyder, 1901)
分布：南日本，インド－太平洋の温帯～熱帯海域の表層　　全長：3m　　C3

　和名は水揚げ時の体色に由来しますが，英名は生きているときの体色からブルー・マーリンとされています。ちなみに英名ブラック・マーリンは和名シロカジキ（*M. indica* (Cuvier, 1831)）です。ややこしいですね。雌は全長4mを超えることもあり，トローリングでとても人気のある魚です。
《食べる》九州では近海物が水揚げされ，鮮魚店にもならびます。ぜひ，新鮮な近海物の淡い赤色の身を刺身でどうぞ。

クロカジキの刺身 　　クロカジキ

メカジキ（メカジキ科）　地方名：すず，めか，すずのいお，すみのうお，つん，げんべ
Xiphias gladius Linnaeus, 1758
分布：世界中の温帯～熱帯海域の表層～中層　　全長：2.5m　　C4

　眼が大きい灰褐色のカジキです。メカジキ科は本種1種のみで，腹鰭がない，鱗がないなどの特徴があります。
《食べる》脂がのったやわらかい身は照り焼きやステーキに最適です。焼き過ぎないのがコツです。

メカジキのムニエル 　　メカジキ

1：あまりおいしくない　2：まあまあ　3：おいしい　4：とてもおいしい　5：文句なくおいしい

魚のなかま

アカカマス（カマス科）　地方名：かます
Sphyraena pinguis Günther, 1874
分布：琉球列島を除く南日本, 東シナ海, 南シナ海の沿岸の浅所　　全長：30cm　　A 4

　カマスの仲間は, 鰭や縦帯の位置が種を見分ける際の大きなポイントとなります。本種は腹鰭が第1背鰭よりも前にあり, 暗色の縦帯が胸鰭よりも背側を走るのが特徴です。九州では初夏にもっともよく見かけるカマスです。
《食べる》一般的にカマス類は身がやわらかいので一夜干しが定番ですが, 本種は刺身も絶品です。

アカカマス
アカカマスの刺身　　アカカマスの煮付け　　アカカマスの塩焼き　　アカカマスの天ぷら

ヤマトカマス（カマス科）　地方名：かます, しろかます, くろかます, みずがます
Sphyraena japonica Cuvier, 1829
分布：南日本～南シナ海の沿岸の浅所　　全長：35cm　　A 3

　腹鰭起部が第1背鰭起部よりもわずかに後方にあります。秋によく出回る印象が強いです。
《食べる》本種のように身のやわらかい魚は, 開きにしてラップをかけずに冷蔵庫に一晩おいてから焼くと身がしまります。

ヤマトカマスのバター焼き　　一夜干し（開き）　　ヤマトカマス

オオメカマス（カマス科）　地方名：かます, おきがます
Sphyraena forsteri Cuvier, 1829
分布：南日本, インド－西太平洋の沿岸の浅所, サンゴ礁域　　全長：40cm　　D 3

　腹鰭は第1背鰭よりも少し前にあり, 縦帯などの目立った模様はありません。胸鰭は黄色く, 胸鰭と重なる位置に小さな暗色斑があります。
《食べる》水揚げされるのは希ですが, 脂ののった肉厚のカマスで刺身に向きます。

オオメカマスの刺身　　オオメカマス

魚のなかま

イブリカマス （カマス科）　地方名：かます，おきがます，いわかます
Sphyraena iburiensis Doiuchi and Nakabo, 2005
分布：相模湾以南　　全長：30cm　　　　　　　　　　　　　　　　　　　C 2

　イブリカマスはタイワンカマスと混同されてきましたが，2005年に新種として記載されました。腹鰭は第1背鰭よりも前にあり，暗色の縦帯が2本走ります。下方の帯は胸鰭を通り，尾柄部では側線の下を走ります。アカカマスやヤマトカマスは背側が青灰色ですが本種は緑がかっています。
《食べる》カマスの仲間としては，味はやや劣ります。

イブリカマス

イブリカマスの煮付け　　イブリカマスの塩焼き　　イブリカマスのから揚げ　　暗色の帯は側線の下方を走る

タイワンカマス （カマス科）　地方名：かます，いわかます，はーかます
Sphyraena flavicauda Rüppell, 1838
分布：南日本太平洋側，インド－西太平洋の沿岸の浅所，サンゴ礁域　　全長：30cm　　D 2

　腹鰭は第1背鰭よりも前にあり，暗色の縦帯が2本走ります。下方の帯は胸鰭を通り，尾柄部では側線と交わります。混同されていただけあってイブリカマスとよく似ていますが，本種は鱗がはがれやすく，イブリカマスは鱗がしっかりしています。
《食べる》塩焼きなどでどうぞ。

タイワンカマスの塩焼き　　タイワンカマス

オニカマス （カマス科）　地方名：かます
Sphyraena barracuda (Walbaum, 1792)
分布：南日本太平洋側，インド－太平洋，大西洋の熱帯域の内湾，サンゴ礁域　　全長：1m　　D 2

　体側の背側に暗色斜走帯がならんでいます。本種は他のカマス類とは比べものにならないくらい大きく，全長2mを超す個体もいます。釣り人の間では学名通りバラクーダと呼ばれています。切り身の状態で売られていることが多いです。
《食べる》カマスの仲間ですが，大きいので食材としての用途はサワラに近いです。

オニカマスの煮付け　　オニカマス

1:あまりおいしくない　2:まあまあ　3:おいしい　4:とてもおいしい　5:文句なくおいしい

魚のなかま

カゴカマス（クロタチカマス科）
Rexea prometheoides (Bleeker, 1856)
分布：南日本太平洋沿岸，東シナ海，インド－西太平洋の温帯・熱帯域　　全長：25cm　　F3

　本種はクロタチカマス科の魚で，カマスの仲間ではありません。鹿児島湾のとんとこ網など，水深200m前後の底曳網で混獲されます。
《食べる》見るからにおいしくなさそうな魚で，いろんな文献に「水っぽくて小骨が多い」と書かれていますが，から揚げなどの油を使った料理で食べると小骨も気にならず，それなりにおいしいです。歯が鋭いので注意しましょう。

カゴカマスのから揚げ
カゴカマス

タチウオ（タチウオ科）　地方名：たち，いぎや
Trichiurus japonicus Temminck and Schlegel, 1844
分布：北海道以南の沿岸域，大陸棚　　全長：80cm　　A4

　まるで銀箔をぬられたように輝く魚で，まさに太刀のようです。これはグアニン層でおおわれているためです。一本釣りやはえ縄で獲られたタチウオは美しいですが，網で獲られたタチウオは揚網の際に他の個体と接触するなどして"銀箔"がはがれ落ち，見た目がきれいでないことがあります。味に変わりはないのですが。
《食べる》身がやわらかい魚で，ムニエルや塩焼きが定番です。刺身もおいしいです。くれぐれも鋭い歯には気をつけましょう。

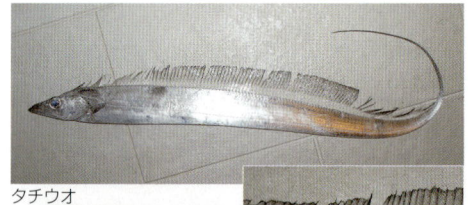

タチウオ
タチウオの刺身
タチウオのムニエル
背鰭は白色で縁が暗色

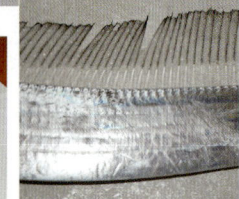

テンジクタチ（タチウオ科）　地方名：たちうお，きびれ，きびれたち
Trichiurus sp. 2
分布：和歌山，高知，九州以南の沿岸域，大陸棚　　全長：70cm　　E4

　背鰭が黄色みを帯びたタチウオです。タチウオに比べると，全長に対して体高がやや高い印象があります。
《食べる》本種は希にしか水揚げされませんが，南九州，とくに宮崎地方ではタチウオよりもおいしいとされています。

テンジクタチの塩焼き
テンジクタチ
背鰭は黄色みを帯びる

A：とても簡単に手に入る　B：簡単に手に入る　C：普通に手に入る　D：地域や季節によっては手に入る　E：なかなか手に入らない　F：ほとんど手に入らない

魚のなかま

マサバ （サバ科）　地方名：ひらさば，さば，ほんさば
Scomber japonicus Houttuyn, 1782
分布：日本近海，東シナ海，台湾，フィリピン，ハワイ，カリフォルニアの沿岸の表層　　全長：40cm　　**A 5**

　日本人にとってもっともポピュラーな魚の一つ。体の背側に独特の虫くい模様が見られます。体がやや側扁している（断面が上下に細長い）ので，ひらさばとも呼ばれます。大分県佐賀関の「関さば」は本種で，「関あじ」（マアジ）とともに有名なブランドです。サバの仲間には脳の活性化やアルツハイマー病の予防に効果のあるDHA（ドコサヘキサエン酸），動脈硬化や血栓の予防に効果のあるEPA（エイコサペンタエン酸）といった高度不飽和脂肪酸が豊富に含まれています。
《食べる》本種の旬は冬で，脂ののった刺身や味噌煮は最高です。ただし，生食の際は寄生虫（アニサキス類）に注意しましょう。腹痛や嘔吐など，ひどい目にあうことがあります。アニサキスは内臓部分に寄生しますが，鮮度が落ちると筋肉部分に移ってきます。刺身やしめさばを作る際には鮮度の良いものを使いましょう。

マサバ
マサバの背側の虫くい模様
マサバのしめさば 
マサバの味噌煮 
マサバの一夜干し（開き） 

ゴマサバ （サバ科）　地方名：まるさば，さば，さばぬゆ
Scomber australasicus Cuvier, 1831
分布：北海道南部以南，東シナ海，台湾，フィリピン，ニューギニア，オーストラリア，ハワイ，メキシコ太平洋沿岸，アラビア半島の沿岸の表層　　全長：40cm　　**A 4**

　本種は体側中央に暗色斑がならんでいるのが特徴です。さらに，腹側にゴマのような斑点がある個体もいます。マサバとは背鰭の棘の数が異なり，第1背鰭の棘が10本以下ならマサバ，11本以上なら本種です。ゴマサバは体の断面に丸みがあるのでまるさばとも呼ばれます。マサバよりも南方性，沖合性が強い魚です。
《食べる》一般的に本種よりもマサバのほうが脂の量が多くおいしいとされますが，マサバに比べてゴマサバは一年中それほど味が変わらないため，夏にはむしろマサバよりもおいしくなります。寒い季節はマサバ，暖かい季節はゴマサバを選べば良いでしょう。鮮度抜群，鹿児島県屋久島の「首折れさば」は本種です。

ゴマサバ
ゴマサバの刺身 
ゴマサバの酢豚風 
ゴマサバのフィッシュカレー 

1：あまりおいしくない　2：まあまあ　3：おいしい　4：とてもおいしい　5：文句なくおいしい

魚のなかま

ニジョウサバ（サバ科）
Grammatorcynus bilineatus (Rüppell, 1836)
分布：インド-西太平洋の熱帯・亜熱帯域の沿岸の表層　　全長：50cm　　E 3

　本種のもっとも大きな特徴は側線の形状で，第1背鰭の下で2分岐し，背側と腹側を走り，尾柄部で再び結合します。日本では沖縄以南に分布するとされてきましたが，最近は鹿児島県甑島の定置網でも獲られています。
《食べる》身がやわらかい魚なので，塩をふって一晩おいてから焼くと良いです。煮付けは身がややぱさぱさしていますが，脂はのっています。鮮度が命の魚です。

ニジョウサバ
ニジョウサバの塩焼き
側線が2分岐するのがニジョウサバの特徴

ハガツオ（サバ科）　地方名：きつね，かつお
Sarda orientalis (Temminck and Schlegel, 1844)
分布：南日本〜インド-太平洋の沿岸の表層　　全長：60cm　　C 4

　体が細長く，背側に暗色の縦縞が見られます。"本家の"カツオに比べると知名度は低いですが，ハガツオはおいしいのでおすすめの魚です！
《食べる》身が少しやわらかいですが脂ののりが良く，本種の刺身は産地でしか味わえない逸品です。ただし，鮮度が命です。

ハガツオの刺身
ハガツオ 

イソマグロ（サバ科）　地方名：せびび
Gymnosarda unicolor (Rüppell, 1838)
分布：南日本太平洋沿岸，インド洋，太平洋の温帯・熱帯域の沿岸の表層　　全長：1m　　E 4

　クロマグロやキハダなどのいわゆるマグロ類（マグロ属）とは異なり，本種はイソマグロ属の魚です。やや体が細長く，側線が波うっていることで区別できます。大きくなると2mを超え，引きが強いので釣りの対象魚として人気があります。
《食べる》刺身はもちもちしておいしいですが，皮の内側の脂にややくせがあるので表面をあぶってたたきにすると香ばしくなります。既往の文献にはおいしくないと書かれていることが多いですが，新鮮なものは絶品です！

イソマグロのたたき
イソマグロ 

A：とても簡単に手に入る　B：簡単に手に入る　C：普通に手に入る　D：地域や季節によっては手に入る　E：なかなか手に入らない　F：ほとんど手に入らない

魚のなかま

ヒラソウダ（サバ科）　地方名：まんぱ, めじか, しぶた
Auxis thazard thazard (Lacepède, 1800)
分布：南日本, 世界中の温帯・熱帯域の沿岸の表層　　全長：50cm　　**C 4**

　一般的に「そうだがつお」と呼ばれている魚には, 本種とマルソウダ（*A. rochei rochei*（Risso, 1810））の2種が含まれます。ヒラソウダは体側の鱗のある部分が第1背鰭と第2背鰭の間で急に狭くなっていますが, マルソウダは第2背鰭後方まで長く伸びています。ヒラソウダはとくに寒い時期には脂がのっていて刺身がおいしいですが, マルソウダは脂ののりが良くないので主にそうだぶしなどの加工品の原料にされます。
《食べる》サバ科の魚は生食でおいしくいただける反面, 鮮度の悪いものを食べるとヒスタミン中毒を起こすことがあります。九州では近海で獲られた新鮮なヒラソウダが鮮魚店にならびますので, 刺身やたたきなどでお楽しみください。

ヒラソウダ

ヒラソウダの刺身　　ヒラソウダのたたき　　マルソウダ

スマ（サバ科）　地方名：ほしがつお, やいと, うぶすかつ, おぼそ
Euthynnus affinis (Cantor, 1849)
分布：南日本太平洋沿岸〜インドー太平洋の温帯・熱帯域の沿岸の表層　　全長：50cm　　**D 5**

　本種は胸鰭と腹鰭の間に数個の黒点があることから,「ほしがつお」とか「やいと」と呼ばれています。とくに寒い季節はとても脂がのっていて, 刺身の味は極上です。テレビの全国放送で「幻のカツオ」として紹介されたこともある"知る人ぞ知る"味の良い魚ですが, カツオに比べると水揚げ量は格段に少ないです。とはいっても, 九州ではそれほどめずらしい魚ではなく, 比較的安価で手に入れることができるので, 決して「幻の…」というわけではありません。絶対におすすめの魚です！　ただし, 鮮度の良いものに限ります。
《食べる》サバ属やマグロ属の魚の味の良さは知られていますが, それ以外のサバ科魚類の刺身ベスト3はスマ, ハガツオ, ヒラソウダだと思います。これらは産地ならではの味です。

スマ

スマの刺身　　"やいと"のような黒点がスマの特徴

1：あまりおいしくない　2：まあまあ　3：おいしい　4：とてもおいしい　5：文句なくおいしい　163

魚のなかま

カツオ（サバ科）　地方名：ほんがつお, かつ, まがつお, まか, しまがつお

Katsuwonus pelamis (Linnaeus, 1758)
分布：日本近海, 世界中の温帯〜熱帯海域の沿岸の表層　　全長：60cm　　**A4**

　九州の南を北上する「上りがつお」と南下する「下りがつお」。季節を変えて2つの味が楽しめる魚です。「目には青葉　山ほととぎす　初がつお」で知られる上りがつおは九州では青葉の季節よりも早い2〜3月です。鹿児島県の枕崎市や指宿市山川ではかつおぶしが生産されています。加工工程のちがいでなまり節, 荒節, 裸節, 本枯れ節などの種類にわかれます（30ページ参照）。
《食べる》上りがつおは脂が少なく, たたきなどに最適です。一方, 秋の下りがつおは脂がのっているので刺身に最適です。カツオはいろんなかたちで私たちの食卓を賑わしてくれる魚です。

カツオ
カツオの刺身 　　カツオのたたき 　　カツオのカルパッチョ 
カツオの心臓の味噌煮 　　カツオの腹皮の生姜焼き 　　カツオの腹皮の天ぷら 　　かつおぶし入りもちもち米粉ロール 

キハダ（サバ科）　地方名：きはだまぐろ, きめじ（20〜30kg）, こめじ（10〜20kg）, しび（10kg未満の幼魚）

Thunnus albacores (Bonnaterre, 1788)
分布：日本近海（主に太平洋側）, 世界中の温帯〜熱帯の海域の表層　　全長：40cm〜1m　　**A4**

　日本近海で獲られるマグロの仲間（サバ科マグロ属）5種のうち, もっとも簡単に手に入るマグロです。いろんな大きさの個体が獲られますが, 九州近海では春から秋にかけてしびと呼ばれる10kg未満の幼魚がたくさん漁獲されます。盛期は初夏で, 鮮魚店には刺身になったものだけではなく, 丸のままの鮮魚も多数ならびます。キハダは背鰭や臀鰭が黄色く, 胸鰭は長く第2背鰭までとどきます。幼魚は腹部に白色横帯が斜めに走っています。
《食べる》あっさりとした赤身の, 定番のマグロです。幼魚は赤身の色が淡いです。

キハダの刺身 　　キハダ幼魚の刺身 　　キハダ（上）, キハダ幼魚（しび）（下）　　キハダ幼魚の腹部

164　A：とても簡単に手に入る　B：簡単に手に入る　C：普通に手に入る　D：地域や季節によっては手に入る　E：なかなか手に入らない　F：ほとんど手に入らない

クロマグロ（サバ科）　地方名：まぐろ、ほんまぐろ（大型魚）、めじ（中型魚）、こぐろ（10kg以上の小型魚）、よこわ（10kg未満の幼魚）

Thunnus orientalis (Temminck and Schlegel, 1844)
分布：日本近海、北半球の太平洋、大西洋の暖海域の表層　　全長：50cm〜1.5m　　**C 4**

　何といっても本種は回遊魚の王様です。黒潮や対馬暖流に乗って、日本列島の沖合を回遊しています。津軽海峡で釣られるクロマグロはたびたびマスコミにもとりあげられていますね。本種はほんまぐろとも呼ばれ、日本人のもっとも好きな魚の一つです。冷凍の輸入物（タイセイヨウクロマグロ（*T. thynnus* (Linnaeus, 1758)）を含む）もかなり高い値段で売られています。生の近海物はさらに値段の高い最高級魚で、なかなか私たちの口には入りません。ところが、九州ではよこわと呼ばれる本種の幼魚を安価で手に入れることができます。漁獲の盛期は晩秋〜早春で、しび（キハダ）とは逆の季節です。本種の特徴は、他のマグロ類に比べて胸鰭が短いこと。また、幼魚の腹部には白色横帯と白斑が見られます。
《食べる》よこわの刺身は色、味ともに大型魚とはちがいますが、幼魚でありながら結構脂がのっていておいしいです。新鮮な近海マグロが手に入る九州で、夏はしび、冬はよこわの味を楽しんでみませんか？

クロマグロ幼魚（よこわ）
クロマグロ幼魚の腹部
クロマグロ幼魚の刺身

メバチ（サバ科）　地方名：めばちまぐろ、ばちまぐろ、だるま（20〜30kg）、こだるま（10〜20kg）、こだるましび（10kg未満の幼魚）

Thunnus obesus (Lowe, 1839)
分布：日本近海（主に太平洋側）、世界中の温帯〜熱帯の海域の表層　　全長：50cm〜1.5m　　**D 4**

　赤身がおいしいマグロで、料理屋さんなどで出される鮮やかな赤身の刺身の多くは本種が使われています。ただし、それは冷凍の輸入物も含め、大型のメバチです。九州近海では、キハダ（しび）に比べると数は少ないですが、初夏を中心に生のまま市場に出回る幼魚（だるま）が漁獲されます。本種はずんぐりとした体形で眼が大きいのが特徴ですが、幼魚のうちはキハダとよく似ています。見分け方は、胸鰭がキハダよりも長く第2背鰭を越えることと、腹部の白色横帯がキハダほど整然としておらず、上方ではまっすぐに近く、下方で斜めに傾いていることです。
《食べる》幼魚の刺身は大型魚のような鮮やかな赤身ではなく、しびやよこわと似ています。鮮魚店で売られる場合も、しびと区別されないことがあります。味もややあっさりとしていて、しびと似ています。

メバチ幼魚（だるま）
メバチの刺身
メバチ幼魚の腹部
メバチ幼魚の刺身
メバチ幼魚の漬け丼

1：あまりおいしくない　2：まあまあ　3：おいしい　4：とてもおいしい　5：文句なくおいしい

魚のなかま

ビンナガ（サバ科）　地方名：とんぼ，びんちょう
Thunnus alalunga (Bonnaterre, 1788)
分布：日本近海（主に太平洋側），世界中の温帯〜亜熱帯の海域の表層　　全長：90cm　　**C 4**

　本種の和名は長い胸鰭に由来し，とんぼと呼んでいる地域もあります。胸鰭はメバチよりもさらに長く，第2背鰭をはるかに越えます。また，尾鰭が黒く，後縁だけが白くなっているのも特徴です。幼魚では胸鰭はそれほど長くないですが，本種の場合，水揚げされるのは大型魚が主体なので他のマグロ類とは容易に区別できます。切り身にすればさらに一目瞭然で，赤みの強い他のマグロ類とちがってビンナガの身は大型魚でも淡いピンク色をしています。「マグロ＝刺身」というイメージが強いですが，ビンナガやキハダなどは油漬けや水煮の缶詰（ツナ缶）の原料にもされています。市販のツナ缶はキハダを使ったものも多いですが，色や風味が鶏肉に近いビンナガのツナ缶は上級品です。サラダやサンドイッチなどの具材として，欧米諸国でも好んで食べられています。
《食べる》本種の刺身は赤みが強くないので見た目はマグロっぽくないですが，味は決して悪くありません。とくに「びんトロ」と呼ばれるトロの部分は脂ののりが良く，とてもおいしいです。本種は身がやわらかく，ステーキや照り焼きなど，加熱した料理にも向きます。

ビンナガ
ビンナガの刺身
尾鰭は後縁が白い
カルパッチョ風サラダ
ビンナガの照り焼き

コシナガ（サバ科）　地方名：ひれなが
Thunnus tonggol (Bleeker, 1851)
分布：南日本太平洋沿岸，太平洋西部，インド洋，紅海の表層　　全長：60cm　　**E 3**

　大きくなっても全長1m程度の小型のマグロです。南方性が強く日本での水揚げは少ないとされていますが，九州近海では近年，決して多量ではないですが漁獲されています。腹部には白斑が散らばり，大きさの上でもクロマグロの幼魚（よこわ）と区別するのが難しく，市場では混同されていることがあります。しかし，胸鰭はよこわよりも長く，第2背鰭付近まで達するので見分けることができます。また，コシナガという名前の通り体の後半部分がほっそりした印象を受けます。マグロ類の中ではめずらしい種で，私も手に入れるのに苦労しました。
《食べる》刺身の色はよこわに似ています。味はまあまあですが，残念ながらよこわにはかないません。

コシナガ
コシナガの腹部
コシナガの刺身

魚のなかま

サワラ（サバ科）　地方名：やなぎ，さごし（若魚）
Scomberomorus niphonius (Cuvier, 1831)
分布：北海道南部〜九州，東シナ海，黄海，南シナ海の沿岸の表層　　全長：60cm　　**C3**

体側の背側に暗色斑がならんだスマートな体形の大型魚で，大きいものは全長1mくらいに達します。第1背鰭は後方に向かって低くなります。漢字で書くと「鰆」。春を告げる魚の一つです。本種の和名は細長い体形に由来し，「狭い腹」から「狭腹（さわら）」になったといわれています。小型魚はさごしと呼ばれますが，こちらは「狭い腰」から「狭腰（さごし）」です。サワラといえば瀬戸内海が有名な産地で，春に豊後水道や紀伊水道を通って外海から入ってきたものが刺網やまき網などで獲られますが，九州沿岸の外海でも定置網などで漁獲されます。水温の低い冬は深場にいますが，暖かい時期は表層を回遊するので，ルアー釣りの対象としても人気があります。

《食べる》青物にしてはくせのない味で，「サバはだめ」という方でも大丈夫です。塩焼きや西京漬けなどの焼き物が最適です。小型のさごしはやや脂が少なめですが，比較的安価なため人気があります。旬の菜の花といっしょに"春いっぱい"の料理はいかがですか？

第1背鰭は後方に向かって低くなる
サワラ
吻はあまり尖らず，やや丸みを帯びた顔
サワラと菜の花のピリ辛煮 　　サワラのソテー トマトソース 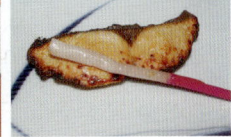　　サワラの西京焼き 

カマスサワラ（サバ科）　地方名：そーら，いぬさわら，おきがます
Acanthocybium solandri (Cuvier, 1831)
分布：南日本，世界中の温帯・熱帯域のやや外洋の表層　　全長：1m　　**D3**

本種はサワラよりも大型になり，全長2mを超える個体もいます。いかにも大海原を疾走していそうな青い背の細長い体，尖った吻，体側の横縞が特徴です。また，サワラとちがって第1背鰭の高さは前方から後方にかけて低くなりません。鹿児島などで「サワラ」として切り身や刺身で売られているのは本種の場合が多いです。

《食べる》刺身はやや上品さに欠けますが，甘みはあります。

第1背鰭は後方に向かって低くならない
カマスサワラ
カマスサワラの刺身 　　カマスサワラのステーキ　　吻が尖った細長い顔

1：あまりおいしくない　2：まあまあ　3：おいしい　4：とてもおいしい　5：文句なくおいしい

ヒラメ （ヒラメ科）　地方名：かれい, おおくち, おおくちがれい, かるわ

Paralichthys olivaceus (Temminck and Schlegel, 1846)
分布：千島列島以南, 東シナ海, 南シナ海の砂底, 水深100～200m　　全長：60cm

C 4

「左ひらめ右かれい」という言葉の通り, ヒラメは体の左側に眼があります。写真のように眼を左上にして置いたときに上にくる鰭が背鰭, 下にくる大きな鰭が臀鰭です。つまり, ヒラメはマダイなどと同じように横方向に押された平たい形（側扁形）をしています。眼がある茶色っぽい側（有眼側）は体の左面ということになります。ヒラメはアンコウと似た体形にもみえますが, アンコウは縦方向に平たくなった形（縦扁形）で, 眼がある側は背面です。
《食べる》ヒラメは冬が旬で, 天然物の薄造りをポン酢で食べるのは最高ですね。

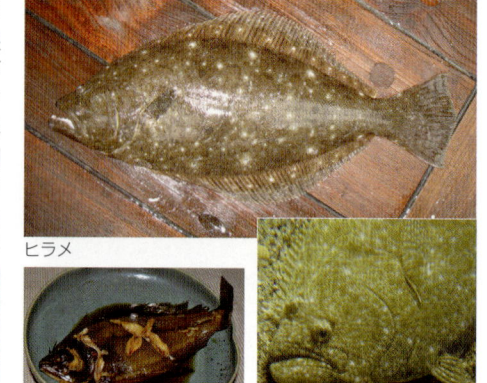

ヒラメの刺身　　ヒラメの煮付け　　ヒラメの顔

ヘラガンゾウビラメ （ヒラメ科）　地方名：かれい, べた, うすみがれい, がんぞう

Pseudorhombus oculocirris Amaoka, 1969
分布：高知, 九州沿岸　全長：20cm

E 3

　本種は, 有眼側に眼と同じくらいの大きさの黒斑が散在しています。また, 背鰭の前方の軟条が長く, 先端が糸状になっているのも特徴です。
《食べる》体が薄く身が少ないですが, から揚げなどで食べられます。

ヘラガンゾウビラメのムニエル　　ヘラガンゾウビラメのから揚げ　　ヘラガンゾウビラメ

ナンヨウガレイ （ヒラメ科）　地方名：かれい, べた, うすみがれい, がんぞう

Pseudorhombus oligodon (Bleeker, 1854)
分布：南日本～東シナ海の砂泥底, 水深30m以浅　　全長：30cm

D 3

　ナンヨウガレイという名前ですが, ヒラメ科ガンゾウビラメ属の魚です。本種の特徴は背鰭の前方の軟条が糸状に長くなっておらず, 胸鰭下方の鰓孔に沿ったところに小黒点が2個あることです。
《食べる》から揚げ向きですが, 刺身でも食べられます。

ナンヨウガレイのから揚げ　　ナンヨウガレイ

A：とても簡単に手に入る　B：簡単に手に入る　C：普通に手に入る　D：地域や季節によっては手に入る　E：なかなか手に入らない　F：ほとんど手に入らない

魚のなかま

テンジクガレイ （ヒラメ科） 地方名：かれい、べた、うすみがれい、がんぞう
Pseudorhombus arsius (Hamilton, 1822)
分布：愛知～奄美諸島、アフリカ東岸、オーストラリア東岸、水深30m以浅　　全長：30cm　　C 3

　本種もガンゾウビラメの仲間です。有眼側の胸鰭後方と体の後半部分に1個ずつ、計2個の目立つ黒斑があるのが特徴です。九州では刺身用として比較的多く売られています。
《食べる》刺身はヒラメにそっくりです。味はヒラメのほうが上です。

テンジクガレイの刺身 　　テンジクガレイ

モンダルマガレイ （ダルマガレイ科）
Bothus mancus (Broussonet, 1782)
分布：南日本、太平洋、インド洋の熱帯・亜熱帯のサンゴ礁域の浅海　　全長：40cm　　F 2

　小型種の多いダルマガレイ科の中で、本種は比較的大型になる魚です。有眼側に独特の形をした淡青色の斑紋がちらばり、両眼が離れています。市場に出るのは極希です。
《食べる》煮付けはもちもちとした食感です。

モンダルマガレイの煮付け 　　両目はこんなに離れている 　　モンダルマガレイ

ヤリガレイ （ダルマガレイ科）
Laeops kitaharae (Smith and Pope, 1906)
分布：相模湾・秋田以南～南シナ海、水深70～300m　　全長：16cm　　F 4

　体の後半部分が細長くなったダルマガレイです。ヒナダルマガレイ（*Japonolaeops dentatus* Amaoka, 1969）に似ていますが、両あごの歯が片側（無眼側）にしかなければ本種です。鹿児島湾ではかなり幅広い水深帯にすんでおり、とんとこ網でも混獲されますが、現時点では出荷されていません。
《食べる》骨ごと食べられる本種のから揚げは甘み十分であることがわかりました。海上投棄を止め、ぜひ食材化したい種です！

ヤリガレイのから揚げ　　ヤリガレイ　　無眼側にのみ歯がならんでいる

1：あまりおいしくない　2：まあまあ　3：おいしい　4：とてもおいしい　5：文句なくおいしい

トサダルマガレイ（ダルマガレイ科）

Psettina tosana Amaoka, 1963
分布：南日本の砂泥底，水深100前後　　全長：12cm　　F2

　小型のダルマガレイで，有眼側の上下の縁にリング状の斑紋がならびます。ソコダルマガレイ（*P. gigantea* Amaoka, 1963）に似ていますが，口元が黒くないことで区別できます。
《食べる》から揚げ向きの魚です。

トサダルマガレイのから揚げ
トサダルマガレイ 

メイタガレイ（カレイ科）　地方名：ほんめいた，めいた，めだか，めだかがれい，かれい，さんかくべた

Pleuronichthys cornutus (Temminck and Schlegel, 1846)
分布：北海道南部〜九州，渤海，黄海，東シナ海北部の砂泥底，水深230m以浅　　全長：20cm　　C4

　カレイ科は温帯から寒帯に分布する種が多く，九州ではあまり多く水揚げされませんが，本種は南九州でもなじみのあるカレイです。近縁種にナガレメイタガレイ（*P. japonicus* Suzuki, Kawashima and Nakabo, 2009）（地方名ばけめいた）があり，いくつかのちがいがありますが，もっともわかりやすいのは有眼側の斑紋が大小不定形なのが本種，丸い小斑が散らばるのがナガレメイタガレイです。内湾には本種が，外海にはナガレメイタガレイが多いようです。
《食べる》煮付けやから揚げでとてもおいしくいただけます。

メイタガレイの煮付け
メイタガレイ 
ナガレメイタガレイ 

ムシガレイ（カレイ科）　地方名：みずがれい

Eopsetta grigorjewi (Herzenstein, 1890)
分布：日本海，東シナ海，内浦湾〜高知，黄海，渤海の砂泥底，水深200m以浅　　全長：35cm　　D4

　有眼側に虫食い状の斑紋があり，そのうち6個が目立ちます。日本海に多いカレイで，九州では玄界灘で多く漁獲されます。
《食べる》みずがれいと呼ばれる通りやや水っぽいですが味はとても良く，一夜干しや塩焼きは最高です。

ムシガレイの塩焼き
ムシガレイのから揚げ 
ムシガレイ 

170　A：とても簡単に手に入る　B：簡単に手に入る　C：普通に手に入る　D：地域や季節によっては手に入る　E：なかなか手に入らない　F：ほとんど手に入らない

魚のなかま

ソウハチ（カレイ科）　地方名：そうはちかれい, きつねがれい
Hippoglossoides pinetorum (Jordan and Starks, 1904)
分布：福島以北, オホーツク海～日本海, 東シナ海, 黄海, 渤海の砂泥底, 水深100～200m　　　全長：40cm　　D 3

　日本海の対馬近海が分布の南限の魚で, 顔が尖っているのできつねがれいとも呼ばれます。上の眼が背縁にあるのも特徴です。九州近海で獲られる貴重な寒海性の魚です。
《食べる》とくに煮付けがおいしいです。

ソウハチの煮付け　　ソウハチの塩焼き　　上眼は頭部背縁にある　　ソウハチ

クロウシノシタ（ウシノシタ科）　地方名：くろくちぞこ, くつぞこ, くっぞこ, くろべた, くろべんちょ
Paraplagusia japonica (Temminck and Schlegel, 1846)
分布：北海道～九州, 黄海～南シナ海の浅海の砂泥底, 水深65m以浅　　　全長：30cm　　D 2

　本種の大きな特徴は無眼側の背鰭と臀鰭が黒いことと, 有眼側の側線が3本あることです。小型個体のみならずかなり大型の個体でも, 波打ち際の浅い所にいることがあります。
《食べる》味はまあまあですが, 有明海に多産するイヌノシタ属に比べるとやや劣ります。

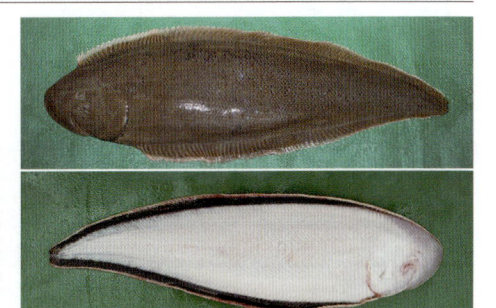

クロウシノシタの煮付け　　クロウシノシタ有眼側（上）, 無眼側（下）

オキゲンコ（ウシノシタ科）
Cynoglossus ochiaii Yokogawa, Endo and Sakaji, 2008
分布：北海道以南の各地, 黄海, 東シナ海, 南シナ海　　　全長：20cm　　F 2

　本種は最近まで近縁種のゲンコ（*C. interruptus* Günther, 1880）と混同されていました。有眼側の側線が2本ならゲンコ, 3本ならオキゲンコで, 前者は水深50m以浅, 後者は50m以深に多くすんでいます。本種は小型で, 一般的にはほとんど食用にされません。鹿児島湾内には比較的高密度に分布しており, とんとこ網で一年中漁獲されますが, 水揚げはされていません。
《食べる》から揚げなどで食べられますので今後の有効利用を期待したい魚種の一つです。

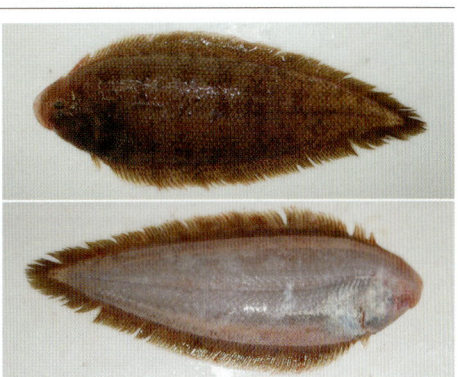

オキゲンコのから揚げ　　オキゲンコ有眼側（上）, 無眼側（下）

1：あまりおいしくない　2：まあまあ　3：おいしい　4：とてもおいしい　5：文句なくおいしい

魚のなかま

オオシタビラメ （ウシノシタ科）　地方名：したびらめ, あかした
Arelia bilineata (Lacepède, 1802)
分布：愛知以南, インド-西太平洋の砂泥底, 水深50～120m　　全長：40cm　　D3

　鰓蓋部分が黒いのが特徴のウシノシタです。本種は和名の通り大型になります。
《食べる》大きいので刺身にしやすいです。焼き物にするときは切り身にします。肉量が多いので食べごたえがあります。

オオシタビラメの洗い
オオシタビラメの塩焼き 
オオシタビラメのバター焼き 
オオシタビラ有眼側（上）, 無眼側（下） 

イヌノシタ （ウシノシタ科）　地方名：あかしたでんべー, あかしたびらめ, くちぞこ, くっぞこ, あかした, あかべた, あかべんちょ
Cynoglossus robustus Günther, 1873
分布：南日本, 黄海～南シナ海, 水深20～115m　　全：35cm　　C4

　顔がやや長い印象があります。有眼側には側線が2本, 両側線間の鱗の数は10～11です。九州では有明海に多く, とくに春においしいといわれています。それほど大きくはなりません。
《食べる》ウシノシタ科のイヌノシタを"ヒトノシタ"で味わうことになります。とてもおいしい魚で, 身がやわらかく煮付けは最高です。

イヌノシタの煮付け
イヌノシタ有眼側（上）, 無眼側（下） 

コウライアカシタビラメ （ウシノシタ科）　地方名：くっぞこ, くちぞこ, いしわり
Cynoglossus abbreviates (Gray, 1835)
分布：静岡以南, 南シナ海, 水深20～85m　　全長：40cm　　C4

　無眼側の背鰭と臀鰭の各後半部分が淡黄色と黒褐色のまだら, 尾鰭が黒褐色なのが特徴の, 比較的大型になるウシノシタです。また, 有眼側には側線が3本見られ, 無眼側には側線はありません。
《食べる》本種も有明海に多く, 春の産卵直後の時期以外の, 夏から冬にかけておいしくなる魚です。

コウライアカシタビラメのから揚げ
コウライアカシタビラメ有眼側（上）, 無眼側（下）

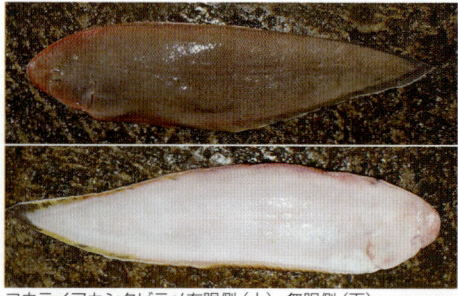

デンベエシタビラメ （ウシノシタ科）　地方名：でんべえ, くろでんべえ

Cynoglossus lighti Norman, 1925
分布：有明海, 八代海北部, 黄海～南シナ海の砂泥底や泥底, 水深20～70m　　全長：25cm　　**C 4**

　小型のウシノシタで, 無眼側が赤みを帯びていることが多いです。近縁種のアカシタビラメ(*C. joyneri* Günther, 1878) とよく似ていますが, 本種は国内では有明海と八代海北部にしか分布せず, アカシタビラメは有明海にはいませんので産地で区別できます。
《**食べる**》産卵期は6～9月で, その前の春から梅雨にかけてが旬。小型ですが味は最高です。

デンベエシタビラメの煮付け　　デンベエシタビラメのムニエル　　デンベエシタビラメ（上）, 無眼側（下）

シマウシノシタ （ササウシノシタ科）　地方名：しまくちぞこ

Zebrias zebrinus (Temminck and Schlegel, 1846)
分布：北海道南部以南の砂泥底, 水深100m以浅　　全長：25cm　　**D 3**

　縞模様と尾鰭の黄色い模様が特徴のカラフルな魚です。九州では有明海沿岸地方でよく食べられています。
《**食べる**》定番のムニエルは決してまずくはないですが, ややぱさぱさした食感で, ウシノシタ科の魚には劣ります。

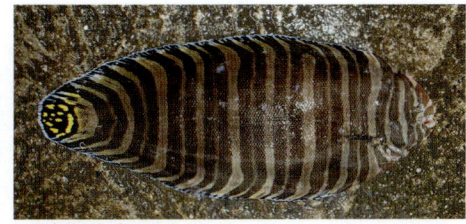

シマウシノシタのムニエル　　シマウシノシタ

ウスバハギ （カワハギ科）　地方名：うまづらはぎ, うまづら, やちゃ, ながむき, めんぼう, うちわはぎ, おきはせげ

Aluterus monoceros (Linnaeus, 1758)
分布：世界中の温帯・熱帯の沿岸域　　全長：60cm　　**B 3**

　その昔,「うまづらはぎ」といえば大量に獲れるウマヅラハギのことでした。しかし, 各地で"本家"の漁獲量は激減しました。九州でもっとも多く出回るカワハギ科の魚はウスバハギで,「うまづらはぎ」として売られている魚の多くは本種です。群れをなして泳ぐので, ときに外洋に面した沿岸の定置網などで大型個体が大量に漁獲されます。
《**食べる**》カワハギにはかないませんが, 味は結構良いです。

ウスバハギの刺身　　ウスバハギ

1：あまりおいしくない　2：まあまあ　3：おいしい　4：とてもおいしい　5：文句なくおいしい

魚のなかま

ウマヅラハギ （カワハギ科）　地方名：うまづら, うまづらはげ, うまはげ, しびたいはげ, ながはげ, べとこん, げこべ, あおはぎ, めんぼう

Thamnaconus modestus (Günther, 1877)
分布：北海道以南, 東シナ海, 南シナ海, 南アフリカの沿岸域　　全長：25cm　　**D 3**

　以前は各地でたくさん獲られていましたが, やや希少な水産資源になってきました。本種は活魚で出荷され, 高値で取り引きされることもあります。雌雄で見た目が異なり, 雄のほうが細長い体をしています。各鰭は青っぽく, つの（第1背鰭棘）が眼よりも後ろにあるのが特徴です。噛まれると痛いので注意しましょう。
《食べる》淡白でおいしい白身の魚です。

ウマヅラハギの煮付け 　　から揚げ ネギソース 　　ウマヅラハギ雄（上）, 雌（下）

キビレカワハギ （カワハギ科）　地方名：うまづらはぎ

Thamnaconus modestoides (Barnard, 1927)
分布：鹿児島以南, インド−太平洋の水深200m以浅　　全長：30cm　　**E 3**

　本種はウマヅラハギと区別されずに売られていますが, 鰭が黄色っぽいことと, つの（第1背鰭棘）が眼の真上にあることで区別できます。分布域は琉球列島以南とされてきましたが, 少なくとも鹿児島近海では漁獲されています。量的には少ないです。
《食べる》味はウマヅラハギに似ています。

キビレカワハギの煮付け 　　キビレカワハギ

カワハギ （カワハギ科）　地方名：つのこ, ほんこべ, ごべ, ごべさん, ろっぽう, こうもく, むき, はげ, まるはげ

Stephanolepis cirrhifer (Temminck and Schlegel, 1850)
分布：北海道以南, 東シナ海の水深100m以浅の砂地　　全長：20cm　　**C 4**

　愛嬌のある顔をした, 釣り人にも人気のある魚です。雄は背鰭第2軟条が糸状に長く伸びます。
《食べる》歯ごたえのある白身は刺身でも加熱した料理でも極上の味わいが楽しめます。本種をはじめカワハギの仲間は肝も絶品ですが, 生食は鮮度の良いものに限ります。自分で釣って食べるときにはまず皮をむかなければなりませんが, 簡単ですので心配はありません（12ページ参照）。

カワハギの刺身 　　カワハギ

A:とても簡単に手に入る　B:簡単に手に入る　C:普通に手に入る　D:地域や季節によっては手に入る　E:なかなか手に入らない　F:ほとんど手に入らない

魚のなかま

クロサバフグ　（フグ科）　地方名：ぎんふぐ, くろかなと, かなとふぐ

Lagocephalus gloveri Abe and Tabeta, 1983
分布：北海道南部以南, 東シナ海〜インド洋　　全長：25cm　　**C 3**

　背面は黒っぽく, 側面は銀色に輝いています。尾鰭は二重湾入形で黒く, 両端は白くなっています。
《食べる》安価なフグで, 秋から冬がおいしい時期です。頭を落とせば簡単に皮がむけます。日本近海で獲られたものは毒がないとされますが, 南シナ海産には毒があります。

クロサバフグの刺身 　　　クロサバフグ

シロサバフグ　（フグ科）　地方名：きんふぐ, しろかなと, かなと, かなとふぐ

Lagocephalus spadiceus (Richardson, 1845)
分布：北海道〜鹿児島, 東シナ海, 台湾, 中国の沿岸　　全長：25cm　　**C 3**

　本種はクロサバフグとよく似ていますが, 背面が黒くないことと尾鰭が湾入形であることで識別できます。またやっかいなことに, 有毒なドクサバフグ（*L. lunaris* (Bloch and Schneider, 1801)）にも似ているので要注意です。背面前方にある小棘域が胸鰭先端付近までなら本種, 背鰭起部付近まで達していたらドクサバフグです。
《食べる》淡白な白身です。本種はクロサバフグよりもおいしいとされています。

シロサバフグの煮付け　　シロサバフグ　　背鰭　胸鰭
小棘域は胸鰭先端付近まで

ハリセンボン　（ハリセンボン科）　地方名：あばす, いちげんふぐ, あがらぶり, いがぶく, けんぶく

Diodon holocanthus Linnaeus, 1758
分布：青森東岸〜房総半島を除く日本各地の沿岸, 世界中の温帯〜熱帯海域の浅海の岩礁域やサンゴ礁域　　全長：15〜30cm　　**D 3**

　愛嬌のある形をした人気者の魚です。しかし, 操業中の網に本種が大量に入ってふくれるととてもやっかいで, 漁業者には嫌がられています。ところで, ハリセンボンの"ハリ"は千本あるのでしょうか？　本種は, 400本弱です。
《食べる》本種はおいしい魚で, 味噌汁や鍋が定番です。ただし, 自分で料理するときは料理バサミで厚い皮をはいでからです（12ページ参照）。

ハリセンボンのあばす汁 　　ハリセンボン

1：あまりおいしくない　2：まあまあ　3：おいしい　4：とてもおいしい　5：文句なくおいしい　　175

魚のなかま

ハコフグ （ハコフグ科）　地方名：かとっぽ，よっかどふぐ，こうごう，かくろっぽ

Ostracion immaculatus Temminck and Schlegel, 1850

分布：本州以南，台湾，東シナ海　　全長：25cm

E 4

　体が硬い甲板におおわれ，正面からみると四角形をした，文字通り箱形の魚です。
《食べる》本種はあまり市場には出回りませんが，長崎県五島列島ではかとっぽと呼ばれ，味噌焼きは伝統的な料理です。味噌とみりん，あるいは酒と砂糖をまぜ，体の中につめて焼く料理です。筋肉部分の刺身も甘みと歯ごたえがあります。本種は体表の粘液にパフトキシンという毒をもちますが，これが原因で人間が中毒をおこした例はないようです。いわゆるフグ毒（テトロドトキシン）はもっていませんが，ごく希にアオブダイと同様の毒の報告があります。肝臓はおいしいともいわれますが，安全のためおすすめはできません。

ハコフグ

ハコフグの刺身

角度が変わると顔つきが変わる

シロザメ （ドチザメ科）　地方名：のさ，けめ

Mustelus griseus Pietschmann, 1908

分布：北海道以南，東シナ海，朝鮮半島東岸，黄海，渤海，南シナ海の沿岸の浅海　　全長：80cm

C 3

　おいしいサメです！　一般的にサメの肉はアンモニア臭がするとされますが，それは体内に蓄積された尿素が鮮度の低下とともに分解されて生じる臭いで，新鮮な個体ではそのような心配はありません。
《食べる》南九州でよく売られている「ゆでぶか」「ふかゆがき」の多くは本種かホシザメです。アンモニア臭はないのでどうぞご賞味ください。

シロザメのゆでぶか

シロザメ側面（上），背面（下）

ホシザメ （ドチザメ科）　地方名：のさ，のそ，のさば，けめ

Mustelus manazo Bleeker, 1854

分布：北海道以南，東シナ海，朝鮮半島東岸，黄海，渤海，南シナ海の沿岸の砂泥底　　全長：1m

C 3

　本種もおいしいサメで，シロザメとのちがいは体に白い斑点があることです。敷石状の歯をもつおとなしいサメで，人に危害を与えることはありません。
《食べる》シロザメと同様に，新鮮なものは刺身で食べてもおいしいです。少しくせがありますが，歯ごたえ十分です。

ホシザメの刺身

ホシザメ側面（上），背面（下）

A：とても簡単に手に入る　B：簡単に手に入る　C：普通に手に入る　D：地域や季節によっては手に入る　E：なかなか手に入らない　F：ほとんど手に入らない

魚のなかま

アカシュモクザメ（シュモクザメ科）　地方名：ふか，あかかせ
Sphyrna lewini (Griffith and Smith, 1834)
分布：南日本太平洋側，世界中の熱帯〜温帯海域の沿岸域，内湾　　全長：1.5m　　C 3

　鹿児島には「ゆでぶか」のほかに「ふか皮」があります。シロザメなどよりも大型のサメの筋肉部分はさつま揚げなどの練り製品の優良な材料にされますが，残った皮の部分を茹でたものがふか皮です。本種やシロシュモクザメ（*S. zygaena* (Linnaeus, 1758)）などが使われます。本種は吻の前縁中央に凹みがあり，シロシュモクザメにはありません。
《食べる》ふか皮は独特の食感でおいしいです。臭みはありません。

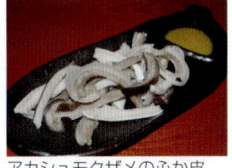

アカシュモクザメ
アカシュモクザメのふか皮
シロシュモクザメ

カマストガリザメ（メジロザメ科）　地方名：ふか
Carcharhinus limbatus (Müller and Henle, 1839)
分布：世界中の熱帯〜温帯海域　　全長：1.2m　　C 3

　サメの肉は上質のさつま揚げになります。地元産の魚にこだわったさつま揚げを製造する有水屋（鹿児島市）の有水港さんによると，本種がもっとも多いとのことです。背鰭，胸鰭，尾鰭下葉の各先端が黒いのが特徴です。
《食べる》味，食感ともに優れたさつま揚げをどうぞ。

カマストガリザメ入りさつま揚げ
カマストガリザメ

サカタザメ（サカタザメ科）
Rhinobatos schlegelii Müller and Henle, 1841
分布：南日本，中国沿岸　　全長：60cm　　E 3

　和名からするとサメのように思われますが，本種はエイの仲間です。サメとエイのちがいは名前や体の形ではなく，鰓孔の位置です。鰓孔が体の側面にあればサメ，腹面にあればエイ。わかりやすく言えば，背側から魚体を見たときに鰓孔が見えればサメ，見えなければエイです。本種は鰓孔が腹面にあるのでエイ目に分類されます。残念ながら，鮮魚店にならぶことは少ないです。
《食べる》刺身は歯ごたえがあり，かなりおいしいです。

サカタザメの刺身
サカタザメ背面（上），腹面（下）

1：あまりおいしくない　2：まあまあ　3：おいしい　4：とてもおいしい　5：文句なくおいしい

アカエイ（アカエイ科）　地方名：えい，えいたん，えいがんちょ
Dasyatis akajei (Müller and Henle, 1841)
分布：南日本, 渤海, 黄海, 東シナ海, 南シナ海の浅所の砂底　　体盤幅：50cm　　D3

　尾部は鞭状で，体盤腹面の縁辺が黄橙色をしたエイです。本種は食用とされるエイで，とくに有明海沿岸地方の鮮魚店によくならんでいます。
《食べる》ぶつ切りにして煮付けるのが定番ですが，味噌煮がおいしいです。尾柄に毒棘をもっているので調理の際は気をつけましょう。

アカエイの味噌煮 　　アカエイの棘 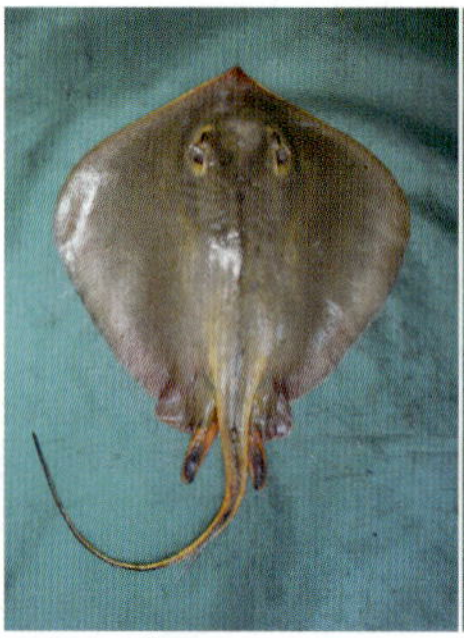　　アカエイ背面 　　腹面

ヒラタエイ（ヒラタエイ科）
Urolophus aurantiacus Müller and Henle, 1841
分布：南日本, 東シナ海の浅所の砂底　　体盤幅：25cm　　F2

　小型のエイです。本種は背面から見るとアカエイに似ていますが，尾部が短く，先端には尾鰭があります。
《食べる》アカエイとちがって，市場に出回ることはほとんどありません。ぶつ切りにしてから揚げで食べてみましたが，身がやわらかく甘みがありました。

ヒラタエイのから揚げ 　　ヒラタエイ背面 　　腹面

ヌタウナギ（ヌタウナギ科）　地方名：ほすなぎ，どろぼう
Eptatretus burger (Girard, 1845)
分布：本州中部以南, 朝鮮半島南部, 東シナ海, 黄海　　全長：50cm　　F3

　本種は名前に「ウナギ」がつきますが，まったく別の魚です。普通の魚とちがってあごがなく，エサを食べるときはよく発達した舌の筋肉で口を開閉します。眼は退化して皮下に埋もれています。体の側面には粘液腺という穴がならんでいて，敵から逃れるために大量の粘液を出します。
《食べる》「えっ，こんな魚食べられるの？」と言いたくなるかもしれませんが，意外においしいのです！　照り焼きは歯ごたえが良く，地鶏のような味です。おすすめは鹿児島大学水産学部の村下徳盛さんの得意料理,皮のにこごり(55ページ)。"ウニの味"がします。韓国では，身は食用にされ，皮は皮革製品になります。

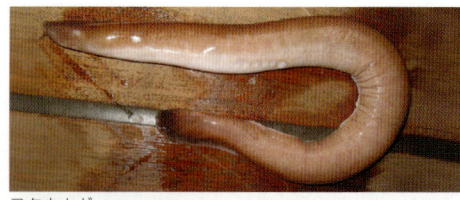

ヌタウナギ 　　ヌタウナギの皮のにこごり 　　ヌタウナギの照り焼き

エビ・カニのなかま

ナミクダヒゲエビ（クダヒゲエビ科） 地方名：あかえび，だつまえび

Solenocera melantho De Man, 1907
分布：神奈川以南，東シナ海，インド－西太平洋の大陸棚縁辺〜陸棚斜面，水深130〜400m
体長：12〜15cm

E 5

　"鹿児島湾深海底の主役"です！　長い第1触角を束ねると中が空洞の"管"になるのが和名の由来です。海底の泥の中に潜った際に"管"の先端を出して酸素に富んだ海水を取り込み，呼吸します。つまり"生まれながらにしてシュノーケルをもったエビ"なのです。本種はインドネシア近海で発見され，九州では鹿児島湾のとんとこ網で獲られますが，本種を主対象とした漁業があるのは世界中で鹿児島湾だけです。湾内では水深130m以深の場所に幅広く分布し，とくに桜島の南側，湾中央部の深い所に多くいます。生後1年で親となり，産卵期は6〜12月，盛期は秋です。寿命は約3年です。

《**食べる**》ナミクダヒゲエビは頭でっかちで可食部分が少ないと思われがちですが，実はその"頭"（頭胸部）がおいしいのです！　本種は刺身を楽しむだけではなく，ぜひ焼いて殻ごと食べましょう。筋肉部分だけを上品に食べるのはおいしさ半分。いちばんおいしい食べ方は，パリパリで香ばしい歩脚を噛んだあとに甘い身をいただくことです。そのほかにも料理方法はたくさんあります。水揚げされてから少し時間がたったものは旨みが増しておいしいですが，美しいのは獲れたてのものです。ただし，本種は"とても小さな資源"なので"幻のエビ"という位置づけで鹿児島湾から発信したいエビです。このエビは私の研究生活の"伴侶"です。とてもここでは書きつくせないので，ぜひ拙著「かごしま海の研究室だより」（南日本新聞社刊）をお読みください。

ナミクダヒゲエビ
"管"を出して海底に潜る 
"管"の出口
第1触角の付け根腹面
にぎり寿司 
刺身
生春巻き 
甘辛煮 
青豆蝦仁（チントウシャーレン） 
チリソース炒め 
串焼き 
マヨネーズ焼き  
チンゲン菜の中華炒め 
ソフトシェルの甘酢揚げ 
フライ 
えび丸ごとコロッケ 

1：あまりおいしくない　2：まあまあ　3：おいしい　4：とてもおいしい　5：文句なくおいしい

エビ・カニのなかま

ヒメクダヒゲエビ （クダヒゲエビ科）

Hymenopenaeus aequalis (Bate, 1881)
分布：駿河湾以南の太平洋側, 台湾, フィリピン, インドネシア, インド洋の深海　　体長：7cm　　F3

小型で真っ赤なエビです。陸棚斜面のかなり深い所にすんでいると思われますが, 生態に関してはほとんど知見がありません。鹿児島湾の水深200m以上の最深部にもいます。
《食べる》から揚げにすると甘くておいしいです。

ヒメクダヒゲエビのから揚げ 　　ヒメクダヒゲエビ

ヒゲナガエビ （クダヒゲエビ科）　地方名：たかえび, あかすえび, あまえび

Haliporoides sibogae (De Man, 1907)
分布：駿河湾以南, インドネシア, 南シナ海, ニュージーランド沖の大陸棚縁辺～陸棚斜面,
水深200～600m　体長：14cm　　D5

つの（額角）が「へ」の字型に曲がっているのが特徴のエビで, 体中に短毛が密生しているので肌触りがざらざらしています。本種はクダヒゲエビ科でありながら, 第1触角が"管"になりません。深海性のエビですが漁獲量は比較的多く, 九州の主な漁場は薩南海域, 日向灘, 長崎県沖などの陸棚斜面です。
《食べる》甘いエビなのでシンプルな料理に向きます。刺身, 塩焼きは定番。塩茹でやから揚げもおいしいです。本種も九州から全国に発信したい食材の一つです。

ヒゲナガエビ
ヒゲナガエビの刺身 　　ヒゲナガエビの塩茹で 　　ヒゲナガエビの塩焼き 

ツノナガチヒロエビ （チヒロエビ科）　地方名：べにえび

Aristaeomorpha foliacea (Risso, 1827)
分布：東京湾以南の太平洋側, 東シナ海, 九州・パラオ海嶺の海山上, 水深60～700m　　体長：12cm　　E3

深紅の体色をした深海性のエビです。
《食べる》市場に出回る量は少なく産地で食用とされている程度ですが, 味噌汁に入れるとかなり濃厚な味わいです。色に抵抗があるかもしれませんが, 刺身も甘くておいしいです。

ツノナガチヒロエビの刺身 　　ツノナガチヒロエビの味噌汁 　　ツノナガチヒロエビ

A：とても簡単に手に入る　B：簡単に手に入る　C：普通に手に入る　D：地域や季節によっては手に入る　E：なかなか手に入らない　F：ほとんど手に入らない

エビ・カニのなかま

クルマエビ （クルマエビ科）　地方名：せいまき，くるこえび

Marsupenaeus japonicus (Bate, 1888)
分布：北海道以南の沿岸域，インド−西太平洋，地中海東部　　体長：15〜20cm

E 5

　言わずと知れた高級エビ。体には光沢があり，縞模様が特徴的です。本種は日本各地，とくに西日本の浅海域で底曳網や刺網で漁獲されています。市場に比較的多く出回るのは産卵期でもある4〜9月。親エビは沖合で産卵しますが，孵化した子どもはプランクトン生活を送りながら沿岸の干潟に移動します。稚エビ期を干潟で過ごした後，成長にともなって自分が生まれた沖合へと移動し，親となります。クルマエビは回遊性をもつので，漁場となる沖合だけではなく，稚エビの成育の場となる砂干潟を守ることも不可欠です。干潟を埋め立てると，その分だけ資源の量が減ってしまいます。今では天然のクルマエビが激減してしまったため，養殖がさかんに行われています。
《食べる》焼いて良し，刺身で良し。実は，私たちが口にするクルマエビのほとんどは養殖物です。天然のクルマエビをもっともっと食べたいものです。

クルマエビ
砂に潜ったクルマエビ（頭胸部）
クルマエビの刺身 
クルマエビの塩焼き 

クマエビ （クルマエビ科）　地方名：あしあか，あしあかえび，あかあし

Penaeus semisulcatus De Haan, 1844
分布：石川・千葉以南，韓国，東南アジア，オーストラリア，インド−西太平洋，地中海東部
体長：20cm

D 4

　歩くための脚（歩脚）や泳ぐための脚（遊泳肢）が赤いので，あしあかと呼ばれています。本種は稚エビ期を浅海の藻場で過ごし，成長して親エビになると深場の泥底を好むようになります。西風の強い11〜3月に八代海で行われるけた打瀬網漁は帆を張って風の力で網を曳く伝統的な漁業ですが，主対象は本種です。
《食べる》クルマエビに比べると少しだけ味が劣りますが，刺身，塩焼き，天ぷらなど何でもOKです。クマエビの「焼きえび」は伝統的な手作りの加工品で，南九州では正月に食べる雑煮の最高級具材として使われます。

クマエビ
クマエビと松茸のどびん蒸し 
クマエビ焼きえびの雑煮 
クマエビの刺身 
クマエビの湯引き
クマエビのかぶと焼き
クマエビの塩焼き 

1：あまりおいしくない　2：まあまあ　3：おいしい　4：とてもおいしい　5：文句なくおいしい

エビ・カニのなかま

フトミゾエビ （クルマエビ科）　地方名：かわかた, くるこえび, たいしょうえび

Melicertus latisulcatus (Kishinouye, 1896)
分布：千葉・石川以南, インド-西太平洋　　体長：10〜15cm　　　　　　　　E 3

　本種は体に光沢があり, 全体的に淡黄色で各腹節の下方にある細長い暗褐色の斑紋が目立ちます。クルマエビに比べるとやや体がずんぐりとした感があります。標準和名は, 頭胸部の背面にある溝が幅広いことに由来します。
《食べる》おいしいエビですが, あまり大きくはなりません。

フトミゾエビの塩焼き　　フトミゾエビ

ヨシエビ （クルマエビ科）　地方名：すえび, かわがたえび, しらさ, しらさえび, おぞえび

Metapenaeus ensis (De Haan, 1844)
分布：東京湾・富山〜鹿児島, マラッカ海峡東部, シンガポール, インドネシア, インド　　体長：15cm　　D 3

　浅海性のクルマエビ科としては中型で, 全身が細毛でおおわれているので肌触りはざらざらしています。体色は淡褐色か黄褐色で, 暗色の微細な点が散らばっています。
《食べる》一般的に秋から冬が旬で, 天ぷら, 煮付け, 塩焼きなどでおいしくいただけます。もちろん洋食や中華料理もOKです。

ヨシエビの天ぷら　　ヨシエビ

シバエビ （クルマエビ科）　地方名：まえび, しらえび

Metapenaeus joyneri (Miers, 1880)
分布：千葉・新潟以南の内湾, 中国沿岸の砂泥底, 水深10〜30m　　体長：12cm　　D 3

　体色は淡黄色で, 暗青色の斑点が散らばっています。浅海性のエビで九州では有明海に多く, まえびやしらえびと呼ばれています。
《食べる》煮付けやかき揚げなどで食べるとおいしいエビです。

シバエビの煮付け　　シバエビのかき揚げ　　シバエビ

A：とても簡単に手に入る　B：簡単に手に入る　C：普通に手に入る　D：地域や季節によっては手に入る　E：なかなか手に入らない　F：ほとんど手に入らない

エビ・カニのなかま

アカエビ （クルマエビ科）　地方名：きえび，いしえび，ぶとえび

Metapenaeopsis barbata (De Haan, 1844)
分布：相模湾以南，韓国，台湾，東南アジアの内湾の砂泥底，水深5～30m　　体長：8cm　　D 4

　クルマエビ科アカエビ属の特徴は，全身が短毛でおおわれ，雄の第1遊泳肢にある雄性生殖器が左右不相称であることです。福岡県糸島のブランド「伊都の花えび」は本属を中心とした小型クルマエビ類です。本種は体中に紫赤色の斑紋が散らばっています。頭胸甲の左右後縁には18～25の隆起がならぶ発音器があります。
《**食べる**》塩茹でやから揚げでおいしくいただけます。私はこのエビの塩茹でを食べ始めると止まりません。

アカエビの塩茹で

アカエビ

アカエビの発音器

トラエビ （クルマエビ科）

Metapenaeopsis acclivis (Rathbun, 1902)
分布：本州中部～九州，台湾の浅海　　体長：8cm　　D 4

　本種はアカエビと似ていますが，より赤みが強く，体にはまだら模様が見られます。発音器の隆起の数は13～18です。浅海性の強いエビであるはずなのですが，鹿児島湾では水深が200mを超える湾中央の最深部にもすんでいる不思議なエビです。
《**食べる**》アカエビと同様に甘みのあるおいしいエビです。

トラエビのから揚げ

トラエビ

シロエビ （クルマエビ科）　地方名：ふいたか，ふしたか，しらさえび，しばえび

Metapenaeopsis lata Kubo, 1949
分布：紀伊半島以南，東シナ海，水深100～350m　　体長：8cm　　D 3

　アカエビ属のなかで，発音器がなく細身の体でやや深い所にすんでいるのがシロエビ種群です。形のよく似たものが多く，生殖器の形などで見分けますが，雄では本種とミナミシロエビを区別するのは難しいです。
《**食べる**》ピラフやチャーハンにちょうど良いサイズです。ぜひ刺身でもどうぞ。

シロエビの刺身　　シロエビのピラフ

シロエビ

雄性生殖器　　雌性生殖器

1：あまりおいしくない　2：まあまあ　3：おいしい　4：とてもおいしい　5：文句なくおいしい

エビ・カニのなかま

ミナミシロエビ（クルマエビ科）　地方名：ふいたか, ふしたか, しらさえび, しばえび

Metapenaeopsis provocatoria longirostris Crosnier, 1987
分布：紀伊半島以南, 東シナ海, 台湾, 水深50〜300m　　体長：8cm　　**D 3**

　本書に掲載したシロエビ種群3種は鹿児島湾の水深150m前後の場所でたくさん獲られます。以前は海上投棄されていましたが, 最近になって出荷されるようになりました。
《**食べる**》塩茹でしてマヨネーズをつけるとおいしいです。

ミナミシロエビの塩茹で 　　ミナミシロエビの素揚げ　　ミナミシロエビ　　雄性生殖器　　雌性生殖器

トントコシロエビ（新称）（クルマエビ科）　地方名：ふいたか, ふしたか, しらさえび, しばえび

Metapenaeopsis sibogae De Man, 1907
分布：鹿児島湾, インドネシア, フィリピン, 水深80〜407m　　体長：8cm　　**D 3**

　本種は私たちが鹿児島湾で発見し, 2004年に日本初記録種として発表したエビです。それまではインドネシアとフィリピンの海域のみに分布するとされていました。額角が長い印象があります。発見のあと本種はどんどん増え続け, 今では鹿児島湾における優占種の一つになりました。繁殖メカニズムなどについては目下研究中です。
《**食べる**》香ばしいから揚げをどうぞ。

トントコシロエビのから揚げ　　トントコシロエビ　　雄性生殖器　　雌性生殖器

ベニガラエビ（クルマエビ科）　地方名：しまえび

Penaeopsis eduardoi Pérez Farfante, 1977
分布：駿河湾以南の太平洋側, 東南アジア, フィジー, トンガ沖の砂泥底, 水深200〜400m　　体長：10cm　　**E 3**

　本種は各腹節の後縁の赤みが強く, 縞模様のように見えます。少量ですが, ヒゲナガエビを狙った深海底曳網などで混獲されます。
《**食べる**》おいしいですが, 深海性のエビにしてはやや甘みに欠けます。

ベニガラエビの刺身 　　ベニガラエビの塩茹でで　　ベニガラエビ

A：とても簡単に手に入る　B：簡単に手に入る　C：普通に手に入る　D：地域や季節によっては手に入る　E：なかなか手に入らない　F：ほとんど手に入らない

エビ・カニのなかま

トゲサケエビ （クルマエビ科）　地方名：ぴかえび，しらさえび

Parapenaeus lanceolatus Kubo, 1949
分布：駿河湾以南，東シナ海，フィリピン，インドネシア，オーストラリア西岸の大陸棚〜陸棚斜面，水深130〜407m　体長：10cm　　　　　　　　　　　　　　　　　E4

　額角が長く，体には光沢があります。サケエビの仲間は縦走縫合線と呼ばれる針でひっかいたような細い線が眼の後方からまっすぐ走っており，"裂け目"があるようにみえます。本種は鹿児島湾に比較的たくさんいます。ツルギサケエビとそっくりですが，雌雄ともに生殖器の形で識別できます。
《食べる》深海性のエビ特有の甘さとクルマエビ科のしっかりとした歯ごたえをあわせもっています。刺身がおすすめのエビです。

トゲサケエビの刺身　　トゲサケエビ　　雄性生殖器　雌性生殖器

ツルギサケエビ （クルマエビ科）　地方名：ぴかえび，しらさえび

Parapenaeus fissuroides fissuroides Crosnier, 1985
分布：本州南部以南，東シナ海，韓国，香港，フィリピン，インドネシアの大陸棚〜陸棚斜面，水深80〜795m　体長：10cm　　　　　　　　　　　　　　　　　E4

　本種とトゲサケエビは生殖器の形のほかに，鹿児島湾ではすんでいる水深帯にもちがいが見られ，本種のほうが浅い場所に多い傾向があります。
《食べる》味はトゲサケエビと変わりません。

ツルギサケエビの塩茹で　ツルギサケエビの中華風炒め　ツルギサケエビ　雄性生殖器　雌性生殖器

サルエビ （クルマエビ科）　地方名：ひげなが，しばえび，よりえび

Trachysalambria curvirostris (Stimpson, 1860)
分布：北海道西岸・仙台湾以南，インド－西太平洋，地中海東部の沿岸内湾の砂泥底　体長：7〜10cm　D3

　本種は水深50m以浅に多い浅海性種とされていますが，鹿児島湾では水深が200m以上もある中央部にも分布していることがわかりました。
《食べる》鹿児島湾では生きエビとしてマダイ釣りのエサにされていますが，食べてもおいしいエビです。

サルエビのから揚げ　サルエビ

1：あまりおいしくない　2：まあまあ　3：おいしい　4：とてもおいしい　5：文句なくおいしい

エビ・カニのなかま

アキアミ （サクラエビ科）　地方名：あみ，まあみ
Acetes japonicus Kishinouye, 1905
分布：秋田・静岡以南，中国〜インドの内湾域　　体長2.5cm　　D 3

　アミの仲間はエビではなくアミ目に属しますが，アキアミはこう見えてもアミではなくエビの仲間です。九州では主に有明海で獲られています。
《食べる》市販もされている塩漬けが定番ですが，甘辛い佃煮にしてもおいしいです。

アキアミの塩漬け

アキアミ

シラエビ （オキエビ科）　地方名：しろえび
Pasiphaea japonica Omori, 1976
分布：富山湾，新潟沖，駿河湾，相模湾，遠州灘，鹿児島湾，東シナ海，インド洋西部，インドネシア
全長：6cm　　F 4

　生きているときはガラスのように透明なエビですが，水揚げ後は白地に赤い色素が部分的に散らばり，遠目には淡いピンク色にみえます。本種は「富山湾のしろえび」として有名な深海性のエビですが，鹿児島湾のとんとこ網にも入ります。ただし，出荷されることはありません。
《食べる》手に入れる機会があれば，ぜひ生食やかき揚げ，から揚げなどで食べたいエビです。富山では，昔は本種を干して食紅で染め，サクラエビ（*Sergia lucens* (Hansen, 1922)）の代用として関東地方に送っていました。ところが，凍結させたあとむき身にし，刺身や昆布じめで食べられるようになってからは高級エビとなり，今ではブリ，ホタルイカとならんで「富山県のさかな」の一つになりました。まさに水産版サクセスストーリーです。さすがは"魚食の民の国"富山ですね。

シラエビ

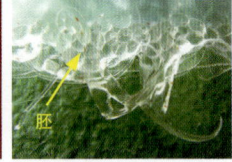

シラエビのから揚げ

抱卵雌（胚も透明）

シラタエビ （テナガエビ科）　地方名：しらえび，さざれ
Exopalaemon orientis Holthuis, 1950
分布：北海道函館〜九州，韓国，台湾，中国の河口の汽水域〜干潟　　体長：7cm　　D 3

　汽水域にいる小さなエビで，額角の根元の上側，ちょうど眼の上あたりがニワトリのとさかのように盛り上がっているのが特徴です。
《食べる》素揚げやかき揚げが定番で，有明海沿岸地方でよく食べられています。

シラタエビの素揚げ

シラタエビ

A:とても簡単に手に入る　B:簡単に手に入る　C:普通に手に入る　D:地域や季節によっては手に入る　E:なかなか手に入らない　F:ほとんど手に入らない

エビ・カニのなかま

ミナミテナガエビ （テナガエビ科）　地方名：だっまえび, たなが
Macrobrachium formosense Bate, 1868
分布：神奈川以南, 台湾の河川, 中流域〜河口　　体長：7cm　　D 3

　九州の河川でもっともふつうに見られるテナガエビ科のエビで, 頭胸部の側面に3本の暗色の横縞があるのが特徴です。カニのハサミは第1脚ですが, テナガエビ類の"手"は第2歩脚で, 雄は長くなります。親エビは夏に川を下り, 河口付近で繁殖します。生まれた幼生はしばらく海で過ごしたのちに川を遡上します。このような生活史をもつ種を両側回遊種といいます。
《**食べる**》本種は素揚げが定番です。

ミナミテナガエビの素揚げ 　　ミナミテナガエビ雄（上），雌（下）

コンジンテナガエビ （テナガエビ科）　地方名：たなが
Macrobrachium lar (Fabricius, 1798)
分布：鹿児島以南, インド-西太平洋の河川, 上流域〜河口　　体長：12cm　　E 3

　日本に分布するテナガエビのなかではもっとも大きくなる種で, 鹿児島県（とくに島嶼域）と沖縄県にしかいない南方系の種です。雄の第2歩脚はとても長く, ハサミに1〜2個の歯があります。本種も両側回遊種です。
《**食べる**》素揚げも良いですが, 大きいので塩茹でも食べごたえがあります。

コンジンテナガエビの塩茹で 　　コンジンテナガエビ雄（上），雌（下）

ボタンエビ （タラバエビ科）　地方名：ほたるえび
Pandalus nipponensis Yokoya, 1933
分布：鹿島灘〜鹿児島, 水深19〜583m　　体長：15cm　　F 4

　ボタンエビと聞けば北海道や北陸に多い「ぼたんえび」を想像してしまいますが, それは標準和名トヤマエビ（*P. hypsinotus* Brandt, 1851）で, こちらがボタンエビです。トヤマエビと同じタラバエビ属で, 南九州の沖にもいます。雄から雌に性転換します。
《**食べる**》タラバエビ科らしく, 刺身の味は極上です。

ボタンエビの刺身 　　ボタンエビ

1：あまりおいしくない　2：まあまあ　3：おいしい　4：とてもおいしい　5：文句なくおいしい

エビ・カニのなかま

ヒメアマエビ （タラバエビ科）　地方名：しばえび, したえび

Plesionika semilaevis Bate, 1888

分布：駿河湾, 土佐湾, 鹿児島湾, 東シナ海, フィリピン, インドネシア, 南シナ海, オーストラリア, 太平洋東部の大陸棚縁辺〜陸棚斜面, 水深130〜800m　　体長：7cm

C 5

　額角が針のように長く尖った美しいピンク色のエビです。本種はずっと"名無しのエビ"でした。本種が属するタラバエビ科ジンケンエビ属は分類が混乱していたため, このような形のエビはすべてジンケンエビ（*P. orientalis* Chace, 1985, 以前は *P. martia* (A. Milne Edwards, 1881)）として扱われてきましたが, 私たちの研究で鹿児島湾産のものはジンケンエビと形態が異なることがわかり, 和名のない別種としたためです。その後, 2009年にヒメアマエビという和名をつけました。鹿児島湾のとんとこ網で比較的たくさん獲られていますが, 以前はナミクダヒゲエビの混獲物にすぎず, 商品価値は高くありませんでした。いつも研究のために同乗させていただいていた漁船の船頭の濱島秀文さんたちといっしょに有効利用策について語り合っていた日々を思い出します。ようやく努力が実を結び始め, 本種はだんだん有名になってきました。

《**食べる**》「無頭えび」で売られていることが多いのでから揚げやかき揚げが定番ですが, いちばんおいしいのは獲れたその日に食べる刺身やにぎり寿司（軍艦巻き）です。甘さは九州一です!? 尖った額角に気をつけながら頭胸部を取り, 腹部前半の殻を取り除いたあと, 後半部分の殻をつまんで身を抜き取れば刺身のでき上がりです。私には, 鹿児島湾を舞台, 本種を主人公とした, 富山湾のシラエビのようなサクセスストーリーのシナリオがあります。実現するためには, 漁業者が獲り続けるのはもちろんのこと, "消費者改革"すなわち, 農畜産物嗜好の強い消費者が海への関心を高め, 水産物嗜好に近づくことも絶対不可欠です。これまでの歴史のなかで築かれてきた食文化を変えるわけですから, 一朝一夕には結果は出ません。次世代を見据えたしたたかな取り組みが必要なのです。

ヒメアマエビ

抱卵雌（胚は青い）　胚

にぎり寿司（軍艦）　刺身

炊き込みご飯　ガーリック焼き

ヒメアマエビとニラの炒め物　ピラフ

素揚げ　かき揚げ　さつま揚げ　サモサ

A：とても簡単に手に入る　B：簡単に手に入る　C：普通に手に入る　D：地域や季節によっては手に入る　E：なかなか手に入らない　F：ほとんど手に入らない

エビ・カニのなかま

イズミエビ （タラバエビ科）　地方名：こしあか，ぐんえび，かごえび，ぐらまん
Plesionika izumiae Omori, 1971
分布：本州北部以南，東シナ海，南シナ海北部，フィリピン，水深14～300m　　体長：5cm　　F 3

　本種はヒメアマエビと同じ暖海性のタラバエビ科のエビです。額角前半が上向きで，第3腹節背面の紅白の斑紋が目立ちます。幅広い水深帯に分布しており，ダイバーに目撃されることもあれば鹿児島湾のとんとこ網などの深海底曳網でも漁獲されます。
《**食べる**》小型のため九州ではほとんど水揚げされませんが，身は甘く，おいしいエビです。塩茹では見た目もきれいです。ぜひ食材開発したいエビです。

イズミエビの塩茹で
イズミエビ
海の中では白い模様が目立つ

ミノエビ （タラバエビ科）　地方名：あまえび，がらえび
Heterocarpus hayashii Crosnier, 1988
分布：相模湾以南の太平洋側，東シナ海，インド西太平洋，オーストラリア，水深247～700m　　F 4
体長：10cm

　暖海深海性のタラバエビ科のエビです。和名の通り，蓑をかぶったような形をしていますね。鹿児島県枕崎沖，水深300～400mで操業されるヒゲナガエビを狙った底曳網でときどき混獲される程度の希少なエビです。
《**食べる**》甘みのある身は刺身がおいしいです。

ミノエビの刺身
ミノエビの塩茹で
ミノエビ

アカモンミノエビ （タラバエビ科）
Heterocarpus sibogae De Man, 1917
分布：駿河湾，土佐湾，鹿児島沖，東シナ海，インド太平洋，西オーストラリア，水深220～700m　　F 4
体長：10cm

　本種はミノエビと同様に深海の底曳網で混獲されるエビです。第3腹節側面に赤色の斑紋があることで識別できます。本種もミノエビも，卵はとても鮮やかな青色です。もちろん天然の色です。
《**食べる**》本種も刺身がおいしいです。

アカモンミノエビの刺身
アカモンミノエビ

1：あまりおいしくない　2：まあまあ　3：おいしい　4：とてもおいしい　5：文句なくおいしい

エビ・カニのなかま

イセエビ （イセエビ科）　地方名：まいせえび

Panulirus japonicus (Von Siebold, 1824)
分布：千葉・長崎以南, 台湾の外洋に面した沿岸の岩礁域　　体長：30cm　　**C 4**

　本種の子どもはフィロソーマ幼生と呼ばれ, 透明で平たいクモのような体をしています。フィロソーマは約1年もの間, 黒潮や対馬暖流の流域やその周辺をただよったのち, 接岸してプエルルス幼生と呼ばれる小さくて透明なエビに姿を変え, 岩場の海底で生活を始めます。せっかく沿岸にたどり着いても, そこが砂浜や泥の海底だとイセエビは生きていけません。このような試練を乗り越えたものたちだけが私たちの食卓に上るのです。種子島・屋久島以北で獲られています。
《**食べる**》極上の味を刺身, 味噌汁, 焼きえびなどでどうぞ。

イセエビ
イセエビの刺身 　　イセエビの味噌汁 　　イセエビの焼きえび 

ゴシキエビ （イセエビ科）

Panulirus versicolor (Latreille, 1804)
分布：相模湾以南, インド－西太平洋の熱帯海域の浅海の岩礁域やサンゴ礁域　　体長：30cm　　**D 3**

　第2触角基部のピンク色と腹節の暗緑色が特徴的な美しい南方系のイセエビです。
《**食べる**》「味はあまり良くなく観賞用にされる」といわれていますが, 奄美大島でいただいた本種の刺身はおいしかったです。

ゴシキエビの刺身 　　ゴシキエビ

シマイセエビ （イセエビ科）　地方名：あおえび

Panulirus penicillatus (Olivier, 1791)
分布：千葉以南, インド－太平洋の熱帯海域の浅海の岩礁域やサンゴ礁域　　体長：30cm　　**D 4**

　本種も主に奄美地方で水揚げされる南方系のイセエビです。体色が全体的に暗緑色なのであおえびと呼ばれています。奄美大島の漁業者の話によると, 暖かい時期に比較的浅い場所で多く獲られるようです。
《**食べる**》歯ごたえのしっかりした身は甘みがあり, とてもおいしいです。

シマイセエビの味噌汁　　シマイセエビのフライ 　　シマイセエビ

A: とても簡単に手に入る　B: 簡単に手に入る　C: 普通に手に入る　D: 地域や季節によっては手に入る　E: なかなか手に入らない　F: ほとんど手に入らない

エビ・カニのなかま

カノコイセエビ （イセエビ科）　地方名：あかえび
Panulirus longipes bispinosus Borradaile, 1899
分布：本州中部以南の太平洋側、インド‐西太平洋の熱帯海域の浅海の岩礁域やサンゴ礁域　体長：30cm　D 4

かつて日本産のカノコイセエビは，第1触角鞭状部の色彩のちがいにより3つのタイプに分けられていました。茶褐色のアカエビ型，茶褐色と白の縞模様のシラヒゲエビ型，白い触角のシロヌケ型です。アカエビ型は2005年にアカイセエビ（*P. brunneiflagellum* Sekiguchi and George, 2005）として新種記載されました。シロヌケ型は希少種で，2008年に産地にちなんだ和名アマミイセエビ（*P. femoristriga* (Von Martens, 1872)）が提唱されました。そしてシラヒゲエビ型（右の写真）が従来通りの和名カノコイセエビとなりました。奄美地方に多いのは本種で，漁法は主に素潜り漁。夜行性なので，つわものの漁業者たちは夜間に海に潜ります。深い所は水深が20mくらいもあります。
《食べる》イセエビの仲間はどれも高価ですが，味の良さと漁業者の苦労を思えば納得ですね。

カノコイセビ
カノコイセビのグラタン 
カノコイセビのうに焼き 

ウチワエビ （セミエビ科）　地方名：ぱっちん，ぱっちんえび，あかぱっちん，ばたえび，ばちえび，ひらがに
Ibacus ciliates Von Siebold, 1824
分布：山形・千葉以南，東シナ海～オーストラリア東岸沖の砂泥底や泥底，水深48～314m　体長：12cm　D 4

かなり扁平な体をしたエビです。近縁種にオオバウチワエビがいますが，頭胸部の左右の深い切れ込みの後方の歯の数で識別できます。本種は11～12です。
《食べる》身づまりが良く，肉質も極上です。鹿児島地方では郷土料理に使われます。

ウチワエビの酢の物
ウチワエビ 

オオバウチワエビ （セミエビ科）　地方名：ぱっちん，ぱっちんえび，しろぱっちん，ばたえび，ばちえび，ひらがに
Ibacus novemdentatus Gibbes, 1850
分布：能登半島・駿河湾以南，韓国，ベトナム，フィリピン，オーストラリア西岸，西部インド洋，アフリカ東岸の砂泥底や泥底，水深37～400m　体長：12cm　D 4

本種は頭胸部の左右の切れ込みの後方の歯の数が7～8と少なく，歯が大きいのでオオバウチワエビと命名されたのでしょう。
《食べる》ウチワエビと同様においしいです。

オオバウチワエビの刺身
オオバウチワエビの塩茹で 
オオバウチワエビ 

1:あまりおいしくない　2:まあまあ　3:おいしい　4:とてもおいしい　5:文句なくおいしい

エビ・カニのなかま

セミエビ （セミエビ科）　地方名：くつえび，あかてごさ，かぶとえび
Scyllarides squamosus (H. Milne Edwards, 1837)
分布：房総半島以南の太平洋側，インド－太平洋の熱帯・亜熱帯海域の外洋に面した岩礁域やサンゴ礁域，水深10～60m　　体長：25cm　　**D 5**

　エビにはひげのように細長い第2触角があるのがふつうですが，セミエビ科のエビの第2触角は扁平です。希に，殻の凹凸がより顕著なコブセミエビ（*S. haani* (De Haan, 1841)）も水揚げされます。
《食べる》 本種はイセエビ類よりも希少で，味も良い超高級エビです。身の量も多いのでぜひ刺身でご賞味ください。プリプリ感とコリコリ感をあわせた食感です。

セミエビの刺身　　セミエビ　　コブセミエビ

ゾウリエビ （セミエビ科）　地方名：てごさ，てごしゃ
Parribacus japonicus Holthuis, 1960
分布：房総半島以南の太平洋側，台湾の浅海の岩礁域，水深10～30m　　体長：15cm　　**D 4**

　本種はセミエビに似ていますが，体が扁平であまり大きくなりません。同属のミナミゾウリエビとは歩脚の色彩で区別でき，本種は黄橙色と暗青色の縞模様がはっきりしています。
《食べる》 刺身はとてもおいしいのですが，身の量が少ないのが残念です。味噌汁も磯の風味豊かでとてもおいしいです。

ゾウリエビの味噌汁　　ゾウリエビ上面　　下面

ミナミゾウリエビ （セミエビ科）　地方名：てごさ，てごしゃ
Parribacus antarcticus (Lund, 1793)
分布：紀伊半島以南の太平洋側，インド－西太平洋の熱帯海域，カリブ海の浅海の岩礁域やサンゴ礁域　　体長：20cm　**D 5**

　ゾウリエビ属が2種に分かれたのは1960年のことです。従来の学名はミナミゾウリエビにあてられ，新たな種が和名ゾウリエビとなりました。奄美地方以南の海域ではミナミゾウリエビのほうが多く水揚げされます。本種は歩脚に明確な縞模様が見られません。
《食べる》 本種はゾウリエビよりも大きいので身の量が多く，文句なく刺身でいただけます。

ミナミゾウリエビの刺身　　ミナミゾウリエビ上面　　下面

A：とても簡単に手に入る　B：簡単に手に入る　C：普通に手に入る　D：地域や季節によっては手に入る　E：なかなか手に入らない　F：ほとんど手に入らない

エビ・カニのなかま

サガミアカザエビ（アカザエビ科）　地方名：あかさ
Metanephrops sagamiensis (Parisi, 1917)
分布：相模湾，土佐湾，九州，沖縄舟状海盆，水深300〜400m　　体長：15㎝　　E 4

イタリア料理店で「スカンピ」と呼ばれるアカザエビの仲間です。腹部背面の彫刻が特徴的で，とくに第4,5節は「小」の字にみえます。第1脚（ハサミ）の掌節の両端などが白いのも特徴です。
《食べる》身は甘みが強く，歯ごたえもあります。九州産のスカンピでイタリア料理はいかがですか。

サガミアカザエビの刺身 　　ペペロンチーノ 　　サガミアカザエビ上面 　　側面

アナジャコ（アナジャコ科）　地方名：まじゃく
Upogebia major (De Haan, 1841)
分布：北海道〜九州，台湾，朝鮮半島，黄海の内湾の泥中　　体長：12㎝　　D 3

本種はエビではなくシャコでもなく，異尾下目，すなわちヤドカリの仲間です。有明海では，本種の習性を利用したあなじゃこ釣りというユニークな方法で獲られています（234ページ参照）。
《食べる》丸ごとから揚げにするのが定番。これほど濃厚な味の甲殻類はいないのではないかと思います。

アナジャコのから揚げ 　　アナジャコ上面 　　側面

アサヒガニ（アサヒガニ科）　地方名：かぶとがに
Ranina ranina (Linnaeus, 1758)
分布：相模湾以南，ハワイ，南太平洋，オーストラリア，インド洋の浅海の砂底，水深50m以浅　　甲長：15㎝　　E 4

縦長の甲と折りたたまれていない腹部。形がへんてこなら動きもユニークで，ふつうのカニのように横方向には歩かず，後ずさりします。九州では種子島・屋久島や宮崎地方などで漁獲されます。
《食べる》鮮やかな橙赤色の体には良質の身がぎっしりとつまっています。

アサヒガニの塩茹で 　　アサヒガニの味噌汁 　　アサヒガニ上面 　　下面

1：あまりおいしくない　2：まあまあ　3：おいしい　4：とてもおいしい　5：文句なくおいしい

ガザミ （ワタリガニ科）　地方名：かに，まがね，わたりがに，たけざきがに，たいらがに，がんじょ

Portunus (*Portunus*) *trituberculatus* (Miers, 1876)
分布：北海道南部以南，台湾の内湾の砂底や砂泥底，水深30m以浅　　甲幅：15cm　　**D5**

カニの仲間はハサミの脚を鉗脚，それ以外の脚を前から第1～第4歩脚と呼びます。ワタリガニ科のカニのほとんどは第4歩脚が泳ぎ（ワタリ）やすいように扁平になっています。ガザミの甲には額に3本，両眼の内側に左右1本ずつの棘があります。額の中央の棘は尖らず，大型の個体では消滅している場合もあります。また，鉗脚の長節（二の腕部分）の前縁に4本の棘がならんでいます。本種は内湾の砂底や砂泥底にすんでいる，日本人にはなじみのあるカニで，九州では有明海，佐賀県太良町の「竹崎かに」が有名です。

《**食べる**》周年おいしく食べられますが，冬に成熟した卵巣（内子）をもっている雌を食べるのがいちばんです。

ガザミ 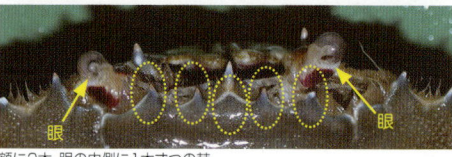
ガザミの塩茹で
額に3本，眼の内側に1本ずつの棘

タイワンガザミ （ワタリガニ科）　地方名：かに，わたりがに

Portunus (*Portunus*) *pelagicus* (Linnaeus, 1758)
分布：南日本，インド－西太平洋，紅海，地中海東部の沿岸の砂底や砂泥底，水深30m以浅　　甲幅：15cm　**C4**

本種は雌雄で見た目が異なります。雄は甲に淡色の虫くい模様があり，歩脚は青みを帯びています。雌は体色が緑っぽく，甲の色はむしろガザミに似ています。本種の甲には額に4本（中央の2本は小さい），両眼の内側に1本ずつの棘があります。また，鉗脚の長節の前縁には3本の棘がならんでいます。ガザミとタイワンガザミはこれらの棘の数で区別することができます。

《**食べる**》「わたりがに」として売られているカニは本種であることが多く，ガザミと同様においしいカニです。茹でる，蒸す，味噌汁，から揚げなどでどうぞ。

タイワンガザミの味噌汁
タイワンガザミ雄下面 　　雌下面  
タイワンガザミ雄上面（上），雌上面（下）
額に4本，眼の内側に1本ずつの棘

A：とても簡単に手に入る　B：簡単に手に入る　C：普通に手に入る　D：地域や季節によっては手に入る　E：なかなか手に入らない　F：ほとんど手に入らない

エビ・カニのなかま

ジャノメガザミ （ワタリガニ科） 地方名：わたりがに, みつほしがざみ
Portunus (*Portunus*) *sanguinolentus* (Herbst, 1783)
分布：南日本, インド－西太平洋の沿岸の砂底や砂泥底, 水深30m以浅　　甲幅：10cm　　D3

甲の後方に和名の由来でもある3つの斑紋（蛇の目模様）があるのが特徴のワタリガニです。
《食べる》ガザミやタイワンガザミに比べると小型で甘みに欠けるので日本では商品価値がやや低いですが, 東南アジアではよく食べられているようです。

ジャノメガザミ入り鍋焼きうどん 　　ジャノメガザミ

アカテノコギリガザミ （ワタリガニ科） 地方名：やがに, どいくずしがね, がさみ
Scylla olivacea (Herbst, 1796)
分布：利根川以南の太平洋側, 東南アジア, オーストラリアの河口域やマングローブ域　　甲幅：15cm　　E4

日本にはノコギリガザミの仲間が3種います。熱帯のカニというイメージが強いですが, 3種とも九州本土にもいます。アカテノコギリガザミはトゲノコギリガザミ（*S. paramamosain* Estampador, 1949）に似ています。トゲノコギリガザミは下面が赤みを帯び, 額の棘が尖っていますが, 本種は下面が白っぽく, 額の棘が低くて先端が丸いので区別できます。
《食べる》味は濃厚です。頑丈なハサミの中にあるおいしい身を食べるためには, かなづちを用意しましょう！

アカテノコギリガザミの塩茹で 　　アカテノコギリガザミ 　　下面は白っぽい

アミメノコギリガザミ （ワタリガニ科） 地方名：やがに, どいくずしがね, がさみ
Scylla serrata (Forskål, 1775)
分布：利根川以南の太平洋側, 東南アジア, オーストラリアの河口域やマングローブ域　　甲幅：15cm　　E4

本種は鉗脚とすべての歩脚に網目模様があり, 下面が赤くない点で他の2種と区別できます。九州本土よりも奄美地方に多いようです。
《食べる》奄美大島で入手した脱皮直後のソフトシェルクラブ（軟殻個体）をから揚げにしてみました。濃厚な味でとてもおいしかったです。

味噌汁 　　ソフトシェルのから揚げ 　　アミメノコギリガザミ

1：あまりおいしくない　2：まあまあ　3：おいしい　4：とてもおいしい　5：文句なくおいしい

エビ・カニのなかま

シマイシガニ（ワタリガニ科）　地方名：とらがに，いときりがに
Charybdis (*Charybdis*) *feriata* (Linnaeus, 1758)
分布：相模湾以南，黄海，東シナ海，南シナ海，オーストラリア，インド洋，アフリカ大陸東海岸，南アフリカの浅海の砂底や砂泥底，水深50m以浅　　甲幅：12cm　　　　　　　　　　　D4

　独特の縞模様から，とらがにと呼ばれているワタリガニです。希少なカニですが，九州南部の宮崎や鹿児島では比較的多く獲られています。
《食べる》とてもおいしいカニで，強靭なハサミには身がぎっしり詰まっています。

シマイシガニの雑炊
シマイシガニの味噌汁
シマイシガニの焼きがに
シマイシガニ

ヒラツメガニ（ワタリガニ科）　地方名：えっちがに
Ovalipes punctatus (De Haan, 1833)
分布：北海道以南，中国，黄海，アフリカ東南岸，オーストラリア沖の沿岸〜沖合の砂泥底，波打ち際から水深350m　　甲幅：10cm　　　　　　　　　　　　　　　　　　　　　　E3

　甲の中央にあるHの字が目立つので，えっちがにとも呼ばれています。本種は東日本では食用とされていますが，九州ではあまり食べられていません。
《食べる》塩茹でや味噌汁などでおいしくいただけます。

ヒラツメガニの味噌汁
ヒラツメガニ

フタホシイシガニ（ワタリガニ科）
Charybdis bimaculata (Miers, 1886)
分布：青森西岸・仙台湾〜九州，韓国，中国，台湾，インド，インドネシア，オーストラリア，南アフリカの沿岸域，水深0〜440m　　甲幅：3cm　　　　　　　　　　　　　　　　　　　　E3

　茶色い小型のワタリガニで，甲に2個の暗色斑点があります。漁場の水深を問わず，各地の底曳網で漁獲されます。一部の産地でお菓子の原料などにされているほかは海上投棄されています。
《食べる》から揚げにすると香ばしいので，有効利用したい種です。

フタホシイシガニのから揚げ
フタホシイシガニ

A：とても簡単に手に入る　B：簡単に手に入る　C：普通に手に入る　D：地域や季節によっては手に入る　E：なかなか手に入らない　F：ほとんど手に入らない

エビ・カニのなかま

イシガニ（ワタリガニ科）
Charybdis (*Charybdis*) *japonica* (A. Milne Edwards, 1861)
分布：北海道南部～九州, 韓国, 中国の沿岸の浅海域　　甲幅：8cm　　D 3

　海岸の石の隙間や砂泥底, 防波堤など, いろんなところで見かけるカニです。食材として売られることは意外に少なく, むしろたこ壺やたこ釣りのエサとして使われることのほうが多いかもしれません。
《食べる》やや小型ですが, 味は濃厚でおいしいカニです。

イシガニの塩茹で　　イシガニ

アカイシガニ（ワタリガニ科）　地方名：さくらがに
Charybdis (*Charybdis*) *miles* De Haan, 1835
分布：東京湾以南, 南シナ海, オーストラリア, インドの砂底や砂泥底, 水深20～100m　　甲幅：7cm　　F 3

　火を通す前からすでに赤いカニ。甲の表面は軟毛でおおわれ, 1対の白斑があります。
《食べる》まとまって獲られることがなく体も小さいので食用として市場に出回ることはほとんどありませんが, 実は甘みがあっておいしいカニです。縦に半分に割って味噌汁に入れると良いだしが出ます。

アカイシガニの味噌汁　　アカイシガニ

モクズガニ（イワガニ科）　地方名：やまたろうがに, つがに
Eriocheir japonicus De Haan, 1835
分布：日本各地, ロシア・ウラジオストック, サハリン, 朝鮮半島東岸, 台湾, 香港　　甲幅：6cm　　D 3

　本種は鉗脚に軟毛が密に生えたやや大型のカニで, 夏に河川の淡水域でよく見られます。秋になると親ガニは川を下り, 河口付近の汽水域で交尾・産卵を行います。孵化したゾエア幼生はメガロパ幼生まで海で育ったのちに川を遡上します。川の流れはすべてが上流から下流への一方通行ではなく, このような小さな命が"故郷"の上流を目指して逆行しているのです。
《食べる》市場に大量に出回ることはありませんが, 産地では昔からよく食べられています。味噌汁が定番ですが, 宮崎地方などでは殻ごとすりつぶして濾して作る「かにまき汁」にもされます。肺臓ジストマ（肺吸虫）という寄生虫がいる恐れがあるので, 食べる際はよく火を通しましょう。

モクズガニ

モクズガニの塩茹で　　モクズガニの味噌汁

1：あまりおいしくない　2：まあまあ　3：おいしい　4：とてもおいしい　5：文句なくおいしい

エビ・カニのなかま

アカモンガニ （アカモンガニ科）　地方名：もんがに

Carpilius maculates (Linnaeus, 1758)

分布：奄美諸島以南, ハワイ諸島, インド－西太平洋の熱帯～亜熱帯海域の岩礁域やサンゴ礁域　　甲幅：12cm　　**D 3**

　本種は甲の厚い大型のカニで, 左右対称にならぶ赤褐色の斑紋が美しく, 観賞用の乾燥標本にされることが多いようです。
《食べる》身は甘くておいしいので食用にもなり, 奄美地方では味噌汁などで食べられています。くれぐれも強力なハサミには気をつけましょう。

アカモンガニの味噌汁 　　アカモンガニ

エンコウガニ （エンコウガニ科）

Carcinoplax longimana (De Haan, 1833)

分布：北海道南部以南, 朝鮮半島, 東シナ海, 南シナ海, 南アフリカの沿岸の砂泥底,
　　　水深30～230m　　甲幅：7cm　　**F 2**

　真っ赤なカニで, 雄は大きくなると鉗脚が長くなります。底曳網で混獲されますが, 一般的には水揚げはされません。
《食べる》唯一食べられるのは雄の鉗脚で, 味は悪くないのですが身が少ないのが残念です。

エンコウガニの塩茹で 　　エンコウガニ雌 　　エンコウガニ雄

サワガニ （サワガニ科）

Geothelphusa dehaani (White, 1847)

分布：青森～鹿児島（トカラ列島中之島）　　甲幅：3cm　　**E 2**

　本種は日本の淡水域にしかいない固有種です。日本人にとっては里山の生き物の代表選手ですね。茶褐色のものや赤みの強いもの, 青白いものなど, 地域によって体色の異なる個体が分布しています。母ガニが抱く卵（胚）は大きく, 孵化した子どもはすでにカニの形をしていてプランクトン生活を送りません。清流域にすむカニが海まで流されてしまっては大変ですからね。
《食べる》サワガニが食べられることをご存知でしたか？　素揚げが定番です。まるでおもちゃのようで, 味わうというよりは楽しむといった感じです。本種も肺吸虫がいる恐れがあるのでよく火を通しましょう。

サワガニ 　　サワガニの素揚げ 　　これもサワガニ

A：とても簡単に手に入る　B：簡単に手に入る　C：普通に手に入る　D：地域や季節によっては手に入る　E：なかなか手に入らない　F：ほとんど手に入らない

エビ・カニのなかま

シャコ（シャコ科）　地方名：しゃっぱ
Oratosquilla oratoria (De Haan, 1844)
分布：北海道〜九州, 台湾, 韓国, 中国の沿岸の内湾の泥底　　体長：12cm　　C 4

シャコは一見エビの仲間のようですが，脚の形や鰓の位置など，体のつくりがかなり異なります。とくに，長くて鋭い歯をもつ第2胸脚は捕脚と呼ばれ，エサのエビや小魚などを捕まえるときに使います。捕脚の"エルボースマッシュ"は強烈で，アサリの殻ですら割ってしまいます。英名をマンティス・シュリンプ（カマキリエビの意味）というのもうなずけますね。シャコは海底にU字型の巣穴を作ってすんでいます。大食漢で，巣穴のなかでたくさんエサを食べますが，食べ残した残骸は必ず巣穴の外まで捨てに行くほどのきれい好きでもあります。全国的には東京湾，伊勢湾，瀬戸内海などでたくさん漁獲されていますが，九州では博多湾や有明海，八代海などに多くすんでいます。

《食べる》シャコの塩茹では，食べ始めると止まらないおいしさです。茹でたあと，頭胸部，腹部の縁，尾節を料理バサミで切り落とし，身と殻にわけます。ここまで加工され，寿司ダネの形で売られている地域もあります。

シャコ上面 　　下面

シャコの塩茹で 　　カマキリのようなシャコの捕脚

　九州近海にすんでいるシャコの仲間には，本種，トゲシャコ（次ページ），ヨツトゲシャコ（次ページ）のほかにスジオシャコ（*Anchisquilla fasciata* (De Haan, 1844)），ミカドシャコ（*Kempina mikado* (Kemp and Chopra, 1921)），ムツトゲシャコ（*Lenisquilla lata* (Brooks, 1886)），ハヤマシャコ（*Quollastria gonypetes* (Kemp, 1911)）などがいます。

スジオシャコ 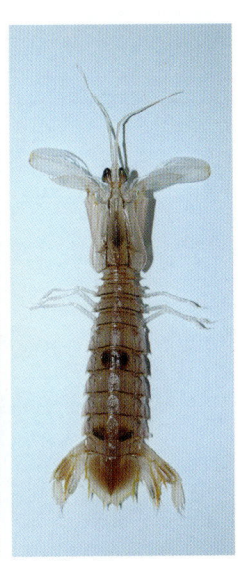　　ミカドシャコ 　　ムツトゲシャコ 　　ハヤマシャコ

1：あまりおいしくない　2：まあまあ　3：おいしい　4：とてもおいしい　5：文句なくおいしい　　199

エビ・カニのなかま

トゲシャコ（シャコ科）　地方名：しゃこ
Harpiosquilla harpax (De Haan, 1844)
分布：相模湾以南，台湾，インド－西太平洋の浅海の砂泥底や泥底　　体長：15cm　　C 2

　本種はやや細身なイメージですが，シャコよりも大きくなります。尾節の青い隆起線と1対の黒点が目立ちます。
《食べる》トゲシャコはもちろん食用になりますが，シャコに比べると水っぽく，旨みに欠けます。

トゲシャコの塩茹で
尾節の青と黒が特徴的 
トゲシャコ 

ヨツトゲシャコ（シャコ科）　地方名：しゃこ
Squilloides leptosquilla (Brooks, 1886)
分布：本州中部以南，台湾，インド－西太平洋の砂泥底や泥底，水深60～760m．　全長：10cm　　F 2

　本種はシャコの仲間ではめずらしく，深海性です。体は黄褐色でつやがあります。雌雄で尾節の形が異なり，雄は成長にともなって尾節の左右がふくらみます。本種は鹿児島湾のとんとこ網で獲られますが，小型なので出荷されることはありません。
《食べる》やや小さいので寿司ダネには向きませんが，丸のままから揚げにすると殻も気にならず，香ばしさを楽しむことができます。

ヨツトゲシャコのから揚げ
ヨツトゲシャコ 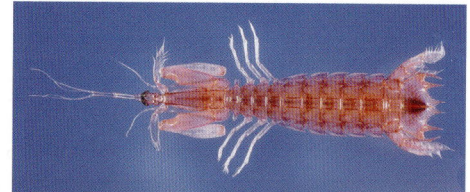
雌雄の尾節の形態のちがい（左が雄で右が雌） 

カメノテ（ミョウガガイ科）　地方名：かめんて，しい，たかのつめ，せー，せい，せいがい
Pollicipes mitella (Linnaeus, 1758)
分布：北海道南西部からマレー半島の波打ち際の岩の割れ目　　全長：4cm　　C 3

　こう見えて，貝の仲間ではなくエビやカニと同じ甲殻類に属しています。九州では夏を中心に，比較的頻繁に市場に出回ります。
《食べる》塩茹でや味噌汁が定番で，柄部の身を食べます。見た目と同様に食感は貝に近く，磯の香りがただよいます。

カメノテの塩茹で
岩の割れ目にいるカメノテ 
カメノテ 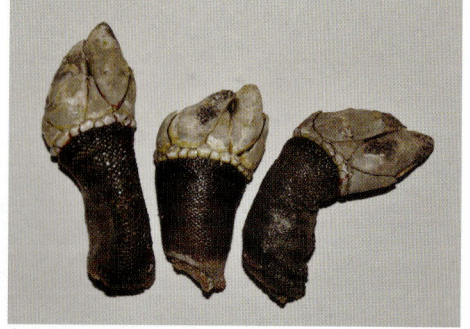

A：とても簡単に手に入る　B：簡単に手に入る　C：普通に手に入る　D：地域や季節によっては手に入る　E：なかなか手に入らない　F：ほとんど手に入らない

ヒザラガイ （クサズリガイ科）

Acanthopleura japonica (Lischke, 1873)
分布：北海道南部〜屋久島，韓国，中国東シナ海沿岸の潮間帯の岩礁域　　体長：5cm　　F1

　磯歩きをしているとよく見かける，カメの甲羅のような形をした貝です。本種は巻貝（腹足綱）でも二枚貝（二枚貝綱）でもなく，背面に殻板と呼ばれる殻がならんだ多板綱に属する貝です。
《食べる》本種は食用になります。塩茹でして身の部分を取ってそのまま食べるか，さらに甘辛く煮るか，バター焼きなどで食べます。食感はややパサパサしていて，あまりおいしいとはいえません。

ヒザラガイの塩茹で　　ヒザラガイ

マツバガイ （ヨメガカサ科）

Cellana nigrolineata (Reeve, 1839)
分布：房総半島・男鹿半島〜九州南部，朝鮮半島の岩礁域の潮間帯　　殻長：6cm　　E3

　"巻かない巻貝"カサガイの仲間で，磯でよく見かける貝です。赤褐色の線が放射状に入った個体が多いですが，色彩の変異が多いようです。
《食べる》味噌汁にすると良いだしがとれ，ややかたいですが身も風味があっておいしいです。

マツバガイの味噌汁　　マツバガイ側面　　マツバガイ背面　　腹面

オオベッコウガサ （ヨメガカサ科）　地方名：ゆがむ

Cellana testudinaria (Linnaeus, 1758)
分布：奄美諸島以南の太平洋西部の岩礁域の潮間帯　　殻長：7cm　　E3

　本種は奄美地方に多い"南のカサガイ"です。黒褐色の太い放射状の線と網目模様がまじった，カメの甲羅のような模様の貝です。
《食べる》バター焼きはやわらかく旨みもあっておいしいです。

オオベッコウガサのバター焼き　　オオベッコウガサ側面　　オオベッコウガサ背面　　腹面

1:あまりおいしくない　2:まあまあ　3:おいしい　4:とてもおいしい　5:文句なくおいしい

貝・イカ・タコのなかま

ベッコウガサ（ヨメガカサ科）
Cellana grata (Gould, 1859)
分布：北海道南部〜奄美諸島，朝鮮半島の岩礁域の潮間帯上部　　殻長：4cm　　F3

　潮間帯でよく見かけるカサガイの仲間で，殻高が高く，殻に放射肋があり表面はオオベッコウガサのようにすべすべしていません。
《食べる》塩茹ではほどよいかたさの歯ごたえと内臓のほろ苦さがあり，おいしいです。

ベッコウガサの塩茹で　　ベッコウガサ側面　　ベッコウガサ背面　　腹面

ヨメガカサ（ヨメガカサ科）
Cellana toreuma (Reeve, 1854)
分布：北海道南部〜沖縄，朝鮮半島，台湾，中国の岩礁域の潮間帯　　殻長：4cm　　F3

　殻は前後に長い長円形で，殻高が低い貝です。本種も磯でよく見かける貝ですが，他のカサガイの仲間と同様に市場に出回ることはほとんどありません。
《食べる》本種は風味豊かな貝で，味噌汁などでおいしくいただけます。

ヨメガカサの味噌汁　　ヨメガカサ側面　　ヨメガカサ背面　　腹面

ウノアシ（ユキノカサガイ科）
Patelloida saccharina form *lanx* (Reeve, 1855)
分布：房総半島・男鹿半島〜奄美諸島，朝鮮半島の岩礁域の潮間帯　　殻長：2cm　　F2

　ウノアシは「鵜の足」からきた名前ですが，7〜10本の放射肋の先端が突起状になっているために，鳥の足のように見えます。ヒザラガイや他のカサガイの仲間とともに磯でよく見かける小型の貝です。
《食べる》小さいので身は少ないですが，味噌汁にすると良いだしがとれます。

ウノアシとフクロフノリの味噌汁　　ウノアシ

A：とても簡単に手に入る　B：簡単に手に入る　C：普通に手に入る　D：地域や季節によっては手に入る　E：なかなか手に入らない　F：ほとんど手に入らない

貝・イカ・タコのなかま

クロアワビ （ミミガイ科）　地方名：あわび, おとこがい, くろ, おっきゃ, おんがい
Haliotis (Nordotis) discus discus Reeve, 1846
分布：茨城以南の太平洋側, 日本海側全域〜九州の岩礁域, 潮間帯〜水深20m　　殻長：12cm　　**C 4**

　九州を含む南日本近海には, 本亜種のほかにメガイアワビ（*H. (N.) gigantean* Gmelin, 1791）とマダカアワビ（*H. (N.) madaka* (Habe, 1979)）がいますが, 九州では本種がもっとも多く見られます。クロアワビは腹面の足の部分が黒っぽく, 他の2亜種よりも細長い形をしています。殻には3〜4個の呼水孔がならびます。
《食べる》本種は刺身のほか, 焼き物や蒸し物などで食べてもおいしいです。アワビやサザエ, イセエビの仲間などは自分で海に潜って採りたいところですが, そうはいきません。まずは漁業権の対象になっていると思ったほうが良いでしょう。漁業者によって採られたものを購入して食べるようにしましょう。

クロアワビ背面　　腹面
クロアワビの刺身　　クロアワビの焼き物

トコブシ （ミミガイ科）　地方名：ながらめ, とこぼし, うえじ, いそもん, ういず, おいず, ながれこ
Haliotis (Sulculus) diversicolor aquatilis Reeve, 1846
分布：北海道南部〜九州, 台湾の岩礁域の潮間帯　　殻長：8cm　　**C 4**

　トコブシは呼水孔がアワビ類よりも多く7〜8個あり, アワビのように孔の周囲が管状に高くなることがありません。奄美以南ではやや丸みのあるフクトコブシ（*H. (S.) diversicolor diversicolor* Reeve, 1846）が多くなります。南九州ではトコブシは人気がある高価な貝で, 増養殖も行われています。
《食べる》刺身や種子島の伝統料理の味噌焼きなどがおいしいです。

トコブシの味噌焼き　　トコブシ背面　　腹面

イボアナゴ （ミミガイ科）　地方名：まあなご
Haliotis (Sanhaliotis) varia Linnaeus, 1758
分布：伊豆大島, 紀伊半島以南の岩礁域の潮間帯　　殻長：6cm　　**D 3**

　ミミガイ科の貝は殻に"あな"（呼水孔）がならんでいるため, 本種のように「○○アナゴ」という和名のものがいます。イボアナゴは奄美地方に多く, 殻の形状にはかなり個体変異があります。
《食べる》甘みがあっておいしいですが, ややかたいです。

イボアナゴのガーリックバター焼き　　イボアナゴ

1:あまりおいしくない　**2**:まあまあ　**3**:おいしい　**4**:とてもおいしい　**5**:文句なくおいしい

貝・イカ・タコのなかま

クマノコガイ （ニシキウズガイ科）　地方名：みな，くろみな，びな，たかみな，さんかくみな

Chlorostoma xanthostigma A. Adams, 1853
分布：福島・能登半島以南の岩礁域の潮間帯〜水深20m　　殻高：2.5cm　　**C2**

　殻がほとんど平滑な黒い巻貝です。臍孔（殻底の中央）は開かず，その周辺は淡緑色です。九州では鮮魚店で見かける機会の多い貝です。
《**食べる**》小さいのでやや食べにくいですが，茹でると味はまあまあです。

クマノコガイの塩茹で 　　クマノコガイ

ヘソアキクボガイ （ニシキウズガイ科）　地方名：みな，びな，さんかくびな，たかみな

Chlorostoma turbinatum A. Adams, 1853
分布：北海道南部〜九州の岩礁域の潮間帯〜水深20m　　殻高：2cm　　**C2**

　本種は鹿児島ではクマノコガイと区別されずに「みな」として売られていますが，殻がざらざらしているのと斜めの帯があることで簡単に見分けられます。むしろ，クボガイ（*C. argyrostoma lischkei* Tapparone-Canefri, 1874）とそっくりです。本種は外唇（殻口の外側）が長く張り出し，殻口が殻底の半周くらいを取り巻きます。またほとんどの個体は臍孔が開いています。クボガイは殻口が殻底の1/3くらいしか取り巻きません。
《**食べる**》食材としての用途はクマノコガイと同様です。塩茹でポン酢は弱火で茹でたあとにつま楊枝を身の部分に刺して殻の中から内臓ごと軟体部を取り出して盛り付けてみました。このようにすれば食べるときに楽ですね。

ヘソアキクボガイ
塩茹でポン酢 　　ヘソアキクボガイの煮付け 

バテイラ （ニシキウズガイ科）　地方名：さんかくみな，たかしろう

Omphalius pfeifferi pfeifferi (Philippi, 1846)
分布：青森以南の太平洋側の岩礁域の潮間帯〜水深20m　　殻高：3cm　　**D3**

　横から見ると正三角形に近い形をした巻貝で，太平洋側のみに分布します。臍孔は深く開き，周辺は白色です。東日本ではおなじみの貝ですが，九州では少ないです。
《**食べる**》身の量が多く，磯の風味豊かなおいしい貝です。

バテイラの煮付け 　　バテイラ

A：とても簡単に手に入る　**B**：簡単に手に入る　**C**：普通に手に入る　**D**：地域や季節によっては手に入る　**E**：なかなか手に入らない　**F**：ほとんど手に入らない

貝・イカ・タコのなかま

オオコシダカガンガラ （ニシキウズガイ科）　地方名：さんかくみな, みな, たかみな
Omphalius pfeifferi carpenter (Dunker, 1882)
分布：北海道南部以南〜九州の日本海側の岩礁域の潮間帯〜水深20m　殻高：3cm　**D 3**

　本亜種はバテイラよりも縦に細長い形をしています。バテイラは太平洋側, オオコシダカガンガラは日本海側で, すむ場所がちがう亜種どうしです。殻の表面はごつごつしていますが, 海藻が付着していることが多いです。九州では西岸で採られます。
《**食べる**》バテイラと同様に, 磯の香りがただよう貝です。塩茹でや煮付けでどうぞ

オオコシダカガンガラの煮付け 　　オオコシダカガンガラ

ギンタカハマ （ニシキウズガイ科）　地方名：しったか, たかせがい, たかせみな, さんかくみな, たかじ, たかみなもどき
Tectus pyramis (Born, 1778)
分布：房総半島以南の岩礁域の潮間帯上部　殻高：5cm　**C 3**

　本種はきれいな正円錐形の大型の貝で, 九州ではニシキウズガイ科のなかでもっともたくさん売られている種ではないかと思います。
《**食べる**》そのまま弱火で茹でるのも良いですが, かなづちで殻を割って身を取り出してから料理すると食べやすくなります。

ギンタカハマの塩茹で 　　アスパラガスのガーリックソテー  　　ギンタカハマ

イシダタミ （ニシキウズガイ科）　地方名：みな
Monodonta labio form *confuse* Tapparone-Canefri, 1874
分布：北海道南部以南〜九州の岩礁域の潮間帯　殻高：2.5cm　**D 2**

　潮間帯の岩の上にたくさんいる貝です。「どこにでもいるこんな小さな貝が食べられるの？」と思ってしまいますが, 極希に市場に出回ることもあります。
《**食べる**》できるだけ大きなものを塩茹でで食べてみてください。磯の香りがします。

イシダタミの塩茹で　　イシダタミ

1:あまりおいしくない　2:まあまあ　3:おいしい　4:とてもおいしい　5:文句なくおいしい

貝・イカ・タコのなかま

サザエ （サザエ科）　地方名：いし
Turbo (*Batillus*) *cornutus* Lightfoot, 1786
分布：北海道南部〜九州，朝鮮半島の潮間帯下部から水深30m　　殻長：10cm　　**C4**

　もっとも有名な巻貝の一つ。殻から突き出した太い棘がサザエのシンボルともいえますが，棘のないサザエもいます。棘の有無は生まれつきではなく，すんでいるところの環境によって棘の形成が始まったり止まったりすることもあるようです。
《食べる》刺身やつぼ焼きは定番ですね。

サザエの刺身　　サザエのつぼ焼き　　サザエ

チョウセンサザエ （サザエ科）　地方名：さざえ，かたんにゃ
Turbo (*Marmarostoma*) *argyrostomus* Linnaeus, 1758
分布：種子島・屋久島以南の岩礁域の潮間帯から水深30m　　殻長：8cm　　**D4**

　いわゆる"南のサザエ"で，奄美・沖縄地方でサザエといえば本種のことです。殻にはサザエにあるような棘がまったく見当たらず，太い螺肋（縞状の彫刻）がならんでいます。
《食べる》本種は九州本土のサザエよりも一回り小さいですが，食材としての用途は変わりません。味も良いです。

チョウセンサザエのつぼ焼き　　チョウセンサザエ

スガイ （サザエ科）　地方名：みな
Turbo (*Lunella*) *cornatus coreensis* (Récluz, 1853)
分布：北海道南部〜九州の岩礁域の潮間帯　　殻長：2cm　　**D3**

　殻頂が尖らずやや扁平にみえる小さな巻貝ですが，これでもサザエの仲間です。殻の表面はカイゴロモ（*Cladophora conchopheria* Sakai 1964）という緑藻におおわれていることが多いです。
《食べる》小さいので食べごたえはありませんが，サザエの仲間だけあって味は結構良いです。ていねいに身を取りだしていただきましょう。

スガイの塩茹で　　スガイ

206　A：とても簡単に手に入る　B：簡単に手に入る　C：普通に手に入る　D：地域や季節によっては手に入る　E：なかなか手に入らない　F：ほとんど手に入らない

貝・イカ・タコのなかま

ヤコウガイ （サザエ科）　地方名：やくげ
Turbo (Turbo) marmoratus Linnaeus, 1758
分布：種子島・屋久島以南の水深30mまでの浅の岩礁域　　殻長：15cm　　D 4

　本種はサザエの仲間ではもっとも大きくなる貝で，蓋が真っ白ですべすべしています。幼貝のうちは殻に光沢があります。奄美諸島ではイセエビ類を狙った素もぐり漁などで採られています。殻は工芸品としても利用されています。
《食べる》身のやわらかい部分は刺身，かたい部分は薄く切ってバター焼きなどにすればおいしくいただけます。

ヤコウガイの刺身　　ヤコウガイのバター焼き　　ヤコウガイ　　ヤコウガイ幼貝

ウラウズガイ （サザエ科）　地方名：みな
Astralinm haematragum (Menke, 1829)
分布：房総半島・男鹿半島以南の岩礁域の潮間帯〜水深20m　　殻長：2.5cm　　E 3

　横から見ると三角形，上から見ると歯車のような形の巻貝で，本種もサザエの仲間です。殻の色は白っぽく，殻口の内側（内唇〜軸唇）は紫色です。
《食べる》味はスガイに似ていて，おいしいです。小さくて食べにくいのが難点です。

ウラウズガイの塩茹で　　ウラウズガイ

ウミニナ （ウミニナ科）　地方名：ほうじゃ
Batillaria multiformis (Lischke, 1869)
分布：北海道南部〜九州の干潟，潮間帯の泥底　　殻長：3cm　　D 2

　細長い巻貝で，有明海沿岸地方ではほうじゃと呼ばれています。ホソウミニナ（*B. cumingii* (Crosse, 1862)）とそっくりですが，本種は殻口外唇が張り出しているので識別が可能です。
《食べる》塩茹でが定番です。この貝を食べるときには５円玉を用意します。中央の輪に殻頂を通し，先端部分を折ってそこからストローのように軟体部を吸います。おかずというよりはおやつかおつまみです。

ウミニナの塩茹で　　ウミニナ

1:あまりおいしくない　2:まあまあ　3:おいしい　4:とてもおいしい　5:文句なくおいしい

貝・イカ・タコのなかま

マガキガイ（ソデボラ科） 地方名：とっぴな，とっみな，どびんにゃ，とびんにゃ，てらんじゃ，てらじゃ，てぃだじゃ，ちゃんばらみな

Strombus (*Conomurex*) *luhuanus* Linnaeus, 1758
分布：房総半島以南，太平洋熱帯域の潮間帯の岩礫底やサンゴ礁の潮だまり　　殻長：5cm　　C4

はじめてこの貝を見た人は，あのおそろしい猛毒をもったイモガイの仲間かと思ってしまうことでしょう。しかし，まったく別の仲間です。ふつうの巻貝は足で海底をはいますが，本種は刀のように細長く尖った形をした蓋で海底を蹴って移動します。蓋を動かす様子から，高知では本種はちゃんばらがいと呼ばれています。
《食べる》煮付けがとてもおいしいので，ぜひご賞味ください。

マガキガイの煮付け 　　マガキガイ　　マガキガイの眼

スイジガイ（ソデボラ科）

Lambis (*Harpago*) *chiragra* (Linnaeus, 1758)
分布：紀伊半島以南，熱帯インド－西太平洋の岩礁域やサンゴ礁域の砂底　　殻長：20cm　　F2

角状の突起が6本あり，漢字の「水」の形をしているのが和名の由来です。しかし幼貝にはこの突起はなく，成長にともなって形成されます。
《食べる》魔除けや装飾品，貝細工の材料として利用されますが，食べることもできます。塩茹ではややかたいので薄く切ると良いです。

スイジガイの塩茹でポン酢 　　スイジガイの軟体部 　　スイジガイ

オオナルトボラ（オキニシ科）

Tutufa bufo (Röding, 1798)
分布：千葉・山口以南，熱帯インド－西太平洋の岩礁域の潮間帯下部　　殻長：15cm　　F3

大型の巻貝ですが，軟体部がカラフルな橙色をしているため食用としては敬遠されています。
《食べる》スライスして醤油バター炒めにして食べてみたところ，おいしかったです。

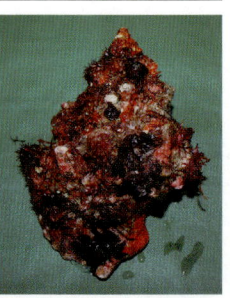

醤油バター炒め 　　オオナルトボラの軟体部 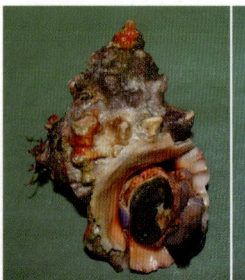　　オオナルトボラ

A：とても簡単に手に入る　B：簡単に手に入る　C：普通に手に入る　D：地域や季節によっては手に入る　E：なかなか手に入らない　F：ほとんど手に入らない

貝・イカ・タコのなかま

ミヤコボラ（オキニシ科）　地方名：にしがい
Bufonaria rana (Linnaeus, 1758)
分布：房総半島・山口以南，西太平洋熱帯域の細砂底，水深20〜100m　　殻長：7cm　　E 3

　砂底で獲られるやや大型の巻貝で，縦張肋とその上にある短い棘が目立ちます。
《食べる》茹でたあと身が取り出しやすいので食べやすいです。風味があっておいしい貝です。

ミヤコボラの塩茹でポン酢 　　ミヤコボラの煮付け 　　ミヤコボラ

ボウシュウボラ（フジツガイ科）
Charonia lampas sauliae (Reeve, 1844)
分布：千葉・山口以南，フィリピンの岩礁域，潮間帯〜水深50m　　殻長：20cm　　F 3

　さらに大型で殻の厚い巻貝です。私が小さいころ，自宅のリビングにこの貝の殻が飾ってあったことを思い出しました。
《食べる》本種は刺身でも，スライスして煮付けにしてもコリコリとした食感で風味も豊かです。

ボウシュウボラの刺身 　　ボウシュウボラの煮付け 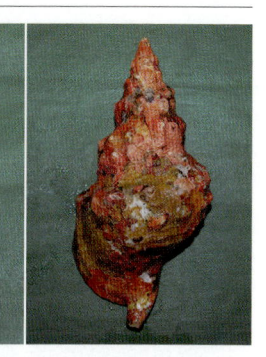 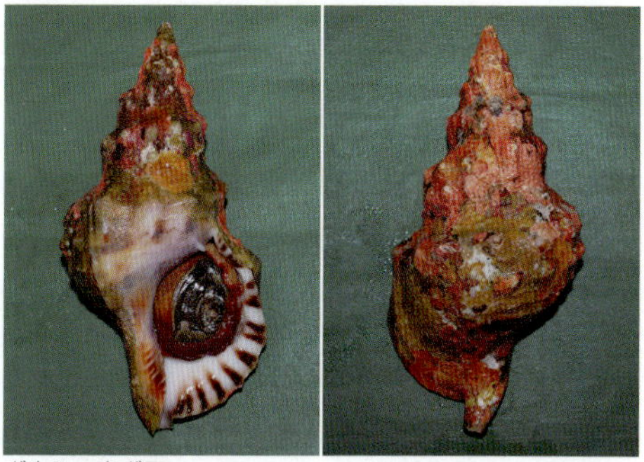　　ボウシュウボラ

シノマキ（フジツガイ科）　地方名：おにさざえ
Cymatium pileare Linnaeus, 1758
分布：紀伊半島・山口以南，インド-太平洋の熱帯域の岩礁域の潮間帯　　殻長：8cm　　E 3

　縦張肋上に毛が生えています。また，外唇と軸唇が赤く白いひだが見られるのも特徴です。写真の個体はどういうわけか「おにさざえ」という名前でセンジュガイモドキ（次ページ）にまじって売られていました。
《食べる》風味豊かなおいしい貝です。

シノマキの塩茹でポン酢　　シノマキ

1：あまりおいしくない　2：まあまあ　3：おいしい　4：とてもおいしい　5：文句なくおいしい

貝・イカ・タコのなかま

センジュガイモドキ（アッキガイ科）　地方名：おにさざえ

Chicoreus (Triplex) torrefactus (Sowerby, 1842)
分布：紀伊半島以南, インド－西太平洋の熱帯域の砂礫底, 水深300m以浅　　殻長：10cm　　**D3**

　アッキガイ科の仲間は似ているものが多く, 南九州では「おにさざえ」という名前であまり区別されずに売られていますが, その多くは本種か"本家"オニサザエです。殻口が橙色なのと水管溝が短いのが特徴です。
《**食べる**》旨みがあり煮ても焼いてもおいしい貝です。

センジュガイモドキの煮付け  　　センジュガイモドキ

オニサザエ（アッキガイ科）　地方名：みな

Chicoreus (Chicoreus) asianus Kuroda, 1942
分布：房総半島・能登半島以南, 台湾, 中国の沿岸の岩礁域, 水深30m以浅　　殻長：10cm　　**D3**

　本種が正真正銘のオニサザエです。センジュガイモドキとのちがいは, 殻口が白く, 水管溝が長いことです。
《**食べる**》両種は味にそれほどちがいはなく, 本種もおいしい貝です。塩茹ではポン酢がよくあいます。

オニサザエの塩茹でポン酢 　　オニサザエのつぼ焼き  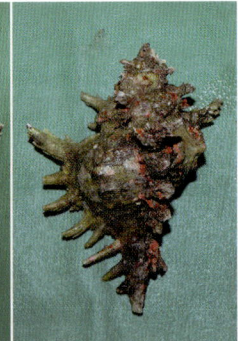　　オニサザエ

イボニシ（アッキガイ科）　地方名：びな, みな

Thais (Reishia) clavigera (Küster, 1860)
分布：北海道南部・秋田以南の岩礁域の潮間帯　　殻長：3cm　　**D2**

　「どこにでもいる貝」ですね。小さいので採って食べようという気にはならないかもしれませんが, 鮮魚店にならぶこともあります。
《**食べる**》小さくて身が取り出しにくいので, 火にかける前に鍋に入れ, くれぐれも弱火で煮るようにしましょう。味はまあまあです。

イボニシの煮付け  　　イボニシ

210　**A**：とても簡単に手に入る　**B**：簡単に手に入る　**C**：普通に手に入る　**D**：地域や季節によっては手に入る　**E**：なかなか手に入らない　**F**：ほとんど手に入らない

貝・イカ・タコのなかま

アカニシ（アッキガイ科）　地方名：まるげ, にしがい
Rapana venosa (Valenciennes, 1846)
分布：北海道南部以南, 台湾, 中国の沿岸の砂泥底, 水深30m以浅　　殻長：7cm　　D 3

　砂泥底にいる巻貝で, 肩がやや角ばった印象があります。殻口が広く, 内側は朱色です。九州では有明海で春から夏にかけて比較的多く採られています。
《食べる》やや大型の貝なので刺身で食べてもコリコリとしておいしいです。

アカニシの刺身
アカニシの黄味酢和え 
アカニシとアスパラガスのバター焼き  
アカニシ 

ミクリガイ（エゾバイ科）　地方名：がら, がらみな
Siphonalia cassidariaeformis (Reeve, 1843)
分布：本州〜九州, 朝鮮半島, 中国の沿岸の砂底, 水深10〜300m　　殻長：4cm　　B 3

　「がらみな」として売られている小型の巻貝で, かごなどで採られます。黄褐色のものや黒っぽいものなど, 色彩の変異が大きいようです。九州では鮮魚店でよく見かけるおなじみの貝です。
《食べる》塩茹でや煮付けなどで食べると甘くておいしいです。焼酎のおつまみにどうぞ。

ミクリガイの塩茹で
ミクリガイ

シマミクリ（エゾバイ科）　地方名：がら, がらみな
Siphonalia signa (Reeve, 1846)
分布：房総半島〜九州の砂底, 水深10m前後　　殻長：4cm　　C 3

　本種はミクリガイとよく似ていますが, 殻がすべすべしており, 暗褐色の帯が入っているのが特徴です。
《食べる》市場ではミクリガイと区別されないことが多く, 食材としての用途も味も変わりません。

シマミクリの煮付け
シマミクリ

1：あまりおいしくない　2：まあまあ　3：おいしい　4：とてもおいしい　5：文句なくおいしい

貝・イカ・タコのなかま

シマアラレミクリ （エゾバイ科）　地方名：ごまべ, よだれみな
Siphonalia pfefferi Sowerby, 1900
分布：紀伊半島〜九州の砂底, 水深10〜50m　　殻長：4cm　　**C 4**

　丸みのある殻に暗褐色の小点が規則的にならんでいます。ミクリガイの仲間でもとくに粘液が多く, よだれみなとも呼ばれています。
《食べる》本種はミクリガイよりもワンランク上の味です。

シマアラレミクリの塩茹で　　シマアラレミクリの煮付け　　シマアラレミクリ

マユツクリガイ （エゾバイ科）　地方名：がら, がらみな
Siphonalia spadicea (Reeve, 1846)
分布：北海道南部〜九州の砂泥底, 水深20〜250m　　殻長：5cm　　**D 3**

　本種はミクリガイとそっくりで, 鮮魚店でも「がらみな」の総称で区別されずに売られていますが, 殻が細長く, 螺肋（縞状の彫刻）が浅いので別種であることがわかります。
《食べる》味はミクリガイと同様です。塩茹で, 煮付けなどでおやつやおつまみにどうぞ。

マユツクリガイの煮付け　　マユツクリガイ

バイ （エゾバイ科）　地方名：べ, びゃーがい
Babylonia japonica (Reeve, 1842)
分布：北海道南部〜九州, 朝鮮半島の砂底, 水深10m前後　　殻長：7cm　　**B 5**

　淡褐色地に暗褐色の斑列がある美しい巻貝で, 南九州では「べ」と呼ばれています。玩具の「ベーごま」の名前はバイに由来しています。
《食べる》やや大型の貝で身づまりが良く, 本種の煮付けは味, 食感ともに極上です。バイは私の大好きな貝の一つです。

バイの煮付け　　バイ

A：とても簡単に手に入る　B：簡単に手に入る　C：普通に手に入る　D：地域や季節によっては手に入る　E：なかなか手に入らない　F：ほとんど手に入らない

貝・イカ・タコのなかま

テングニシ （テングニシ科）　地方名：ながげ, こうかい, つのにし
Hemifusus tuba (Gmelin, 1781)
分布：房総半島以南, インド－太平洋の熱帯域の砂底, 水深10～50m　　殻長：15cm　　D 3

　かなり大型の細長い巻貝です。「甲貝」という名前で売られていることが多いです。
《食べる》身を取り出して塩でぬめりを取り除いたあと, スライスして刺身にします。歯ごたえが良く, 適度な甘みがあります。バター焼きなどにしてもおいしいです。

テングニシの刺身　　テングニシのバター焼き　　テングニシ

イトマキボラ （イトマキボラ科）
Pleuroploca trapezium trapezium (Linnaeus, 1758)
分布：紀伊半島以南, 熱帯西部太平洋の岩礁域の潮間帯　　殻長：15cm　　F 1

　本種は殻が厚く, 表面に糸を巻いたような模様が見られます。身の部分はカラフルな赤紫色をしています。
《食べる》身の表面部分はかたいので切り落とし, 中の白い部分を食べると良いでしょう。味はそれほど良いとはいえません。

イトマキボラの刺身　　イトマキボラの軟体部　　イトマキボラ

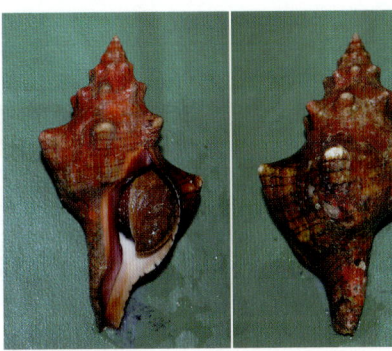

ミガキナガニシ （イトマキボラ科）
Fusinus undatus (Gmelin, 1791)
分布：紀伊半島以南, インド－太平洋, 潮間帯～水深20m　　殻長：15cm　　F 3

　すべすべした細長い巻貝で, 食用というよりは貝殻のコレクターに人気のありそうな貝です。
《食べる》塩茹でにして食べてみましたが, 予想に反し（?）, やわらかくておいしかったです。十分食用になる貝です。

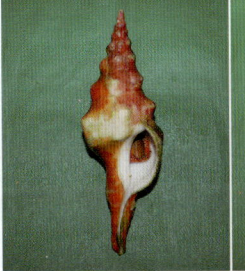

ミガキナガニシの塩茹で　　ミガキナガニシ

1：あまりおいしくない　2：まあまあ　3：おいしい　4：とてもおいしい　5：文句なくおいしい

貝・イカ・タコのなかま

アカガイ （フネガイ科）

Scapharca broughtonii (Schrenck, 1867)
分布：北海道〜九州, 朝鮮半島, 中国の沿岸内湾の泥底, 水深5〜50m　　殻長：10cm　　C 3

　黒褐色の毛の生えた白色の二枚貝です。私たち人間の血と同じ赤色のヘモグロビンが含まれるため, 身は橙色をしています。アカガイの仲間（アカガイ属）の殻は放射肋と呼ばれる筋が発達し, 種によって数が異なります。本種は42本前後です。
《食べる》アカガイの刺身は独特の風味があります。

アカガイの刺身 　　アカガイ

サルボウガイ （フネガイ科）　地方名：もがい, あかがい, みろっげ

Scapharca kagoshimensis (Tokunaga, 1906)
分布：本州中部以南, 北海道〜九州, 朝鮮半島, 中国の沿岸内湾の砂泥底, 潮間帯〜水深10m　　殻長：6cm　　D 3

　本種はアカガイとよく似ており, 身も同様に橙色ですが, 放射肋が32本前後あることで区別できます。アカガイよりもやや小型で,「赤貝の缶詰」によく使われる貝です。九州では有明海に多く, もがいと呼ばれています。
《食べる》味はアカガイに似ています。刺身よりも煮るのが定番です。

サルボウガイと大根の煮物 　　サルボウガイ

ハイガイ （フネガイ科）　地方名：ししがい

Tegillarca granosa (Linnaeus, 1758)
分布：伊勢湾以南, 東南アジア, インドの内湾の泥底, 潮間帯〜水深10m　　殻長：4cm　　E 3

　本種は有明海にかなりたくさんいたのですが, 今では少なくなってしまいました。放射肋が20本前後と少なく, しし（4×4＝）16本ということでししがいとも呼ばれています。今回, 佐賀県の道の駅鹿島千菜市で手に入れることができました。
《食べる》小さいので佃煮にしましたが, 歯ごたえがあっておいしかったです。

ハイガイの佃煮 　　ハイガイ

A：とても簡単に手に入る　B：簡単に手に入る　C：普通に手に入る　D：地域や季節によっては手に入る　E：なかなか手に入らない　F：ほとんど手に入らない

貝・イカ・タコのなかま

ムラサキインコ （イガイ科）　地方名：からすがい，けげ
Septifer virgatus (Wiegmann, 1837)
分布：北海道南西部〜九州の岩礁域の潮間帯　　殻長：2.5cm　　D2

　インコのくちばしのような形の紫色の二枚貝です。岩礁に付着するための足糸をもっており，多数の個体がぎっしりと集まってベッドを形成します。
《食べる》 味噌汁のだしに良いです。食べる際に足糸がじゃまになりますが，パエリアの具にもなります。

ムラサキインコの味噌汁 　　ムラサキインコ他のパエリア 　　←足糸　　ムラサキインコ

リシケタイラギ （ハボウキガイ科）　地方名：けん，けんがい
Atrina (Servatrina) lischkeana (Clessin, 1891)
分布：瀬戸内海，有明海の泥底，水深30m以浅　　殻長：20cm　　D4

　有明海にはずべと呼ばれるタイラギ（A. (S.) pectinata (Linnaeus, 1767)）もいましたが絶滅し，今ではけんと呼ばれる本種のみになりました。タイラギは殻に棘がありませんが，リシケタイラギの殻には小さな棘が多数見られます。
《食べる》 旬は冬。風味豊かで味は極上です。

リシケタイラギの刺身 　　砂に潜るリシケタイラギ　　リシケタイラギ 　　タイラギ

ツキヒガイ （イタヤガイ科）
Amusium japonicum japonicum (Gmelin, 1791)
分布：房総半島・山陰〜九州の砂底，水深10〜50m　　殻高：12cm　　D4

　左殻が深紅色で太陽を，右殻が淡黄色で月を表すので「月日貝」。すばらしい命名ではないですか！　ふだんは左殻を上にして砂底に横たわっていますが，かなりの距離を泳いで移動することもあります。
《食べる》 貝柱がおいしい貝です。

ツキヒガイのバター焼き 　　ツキヒガイ

1：あまりおいしくない　2：まあまあ　3：おいしい　4：とてもおいしい　5：文句なくおいしい

イワガキ （イタボガキ科）

Crassostrea nippona (Seki, 1934)

分布：陸奥湾〜九州の岩礁域の潮間帯　　殻高：15cm

D3

　カキといえばふつうは冬に食べるものですが，イワガキは夏が旬の大型のカキで，写真は天然物です。
《**食べる**》一口では食べきれないほど身が大きいものもあるので，そのようなときは生がきといえども切り身にします。貝殻を開けるのが一苦労ですが，濃厚な味を楽しむことを思えばなんのその。ぜひ，夏にカキをお楽しみください。

イワガキの生がき

イワガキ

ナミノコガイ （フジノハナガイ科）　地方名：なんげ，なんだげ，したげ

Latona cuneata (Linnaeus, 1758)

分布：房総半島以南，インド−太平洋の熱帯域の砂底，潮間帯上部　　殻長：2cm

E3

　鹿児島県の吹上浜には，潮が満ちてくるといっせいに波打ち際の砂の中からにょっこり立ち上がり，沖からやってくる波に乗ってさらに岸のほうにころころと移動する小さな二枚貝がいます。それがナミノコガイです。逆に波が海のほうに引き返すときには流されないように素早く砂の中に潜ります。彼らが集団でとるこのような行動を見ていると，環境にうまく適応した生き物のすばらしさを実感します。
《**食べる**》地元では風味豊かな食材としていろんな料理で食べられています。私も年に一度は貝飯と味噌汁を作ります。自分で採っても良し，買っても良し。渚の香りを楽しみましょう！

ナミノコガイ

ナミノコガイの貝飯

ナミノコガイの味噌汁

ヤマトシジミ （シジミ科）　地方名：しじみ，しじみげ

Corbicula japonica Prime, 1864

分布：本州〜九州の河口の汽水域の砂底　　殻長：3cm

D3

　シジミといえば青森県の十三湖や島根県の宍道湖があまりにも有名ですが，九州にも産地があり，有明海などで汽水域にいるヤマトシジミが採られています。
《**食べる**》味噌汁が定番。アラニンなど，肝臓の働きを助ける栄養素を豊富に含むので"肝臓の特効薬"とも呼ばれています。

ヤマトシジミの味噌汁

ヤマトシジミ

貝・イカ・タコのなかま

マテガイ（マテガイ科）
Solen strictus Gould, 1861
分布：北海道南西部〜九州，朝鮮半島，中国の沿岸内湾の砂中，潮間帯下部　　殻長：10cm　　D3

　ご存知，潮干狩りで人気の細長い長方形をした二枚貝です。砂に深く潜っているので採るためには工夫が必要です。くわやスコップなどで砂の表面を平たくけずると小さな穴が見つけやすくなるので，そこに少し塩をまきます。しばらく待っていると，にょきっとマテガイが"顔"を出すのでそれを素手でつかみます。採るのもおもしろいですが，鮮魚店でも売られています。
《食べる》独特の風味がある貝です。

マテガイと野菜の味噌炒め　　マテガイ

アサリ（マルスダレガイ科）　地方名：あさりげ
Ruditapes philippinarum (Adams and Reeve, 1850)
分布：北海道〜九州，サハリン，朝鮮半島，中国の沿岸の砂礫泥底，潮間帯中部〜水深10m　　殻長：4cm　　A4

　初夏の潮干狩りでは主役的存在，そして鮮魚店ではいつでも売られているアサリ。本種はハマグリとともに日本人にもっともよく知られ，もっともよく食べられている二枚貝でしょう。アサリはあまり深く潜らないので採りやすい貝です。
《食べる》食材としての用途はいろいろ。砂抜きをしてから食べましょう。

アサリのワイン蒸し　　アサリのスパゲティー　　アサリ

オキアサリ（マルスダレガイ科）　地方名：いしげ，あさり
Gomphina semicancellata (Philippi, 1843)
分布：房総半島以南，台湾，中国南岸の砂底，潮間帯下部　　殻長：3cm　　E3

　本種は外海に面した砂浜にすんでいます。近縁種のコタマガイ（*G. melanegis* Römer, 1861）によく似ていますが，本種のほうが小さく，殻が正三角形に近い形をしています。
《食べる》身づまりが良く，風味豊かな貝です。

オキアサリの吸い物　　オキアサリの佃煮　　オキアサリ

1：あまりおいしくない　2：まあまあ　3：おいしい　4：とてもおいしい　5：文句なくおいしい

貝・イカ・タコのなかま

バカガイ （バカガイ科）　地方名：しらがい, きぬがい, したげ
Mactra chinensis Philippi, 1846
分布：サハリン, 北海道～九州, 中国の沿岸の潮下帯下部～水深20mの砂泥底　　殻長：8cm　　D3

　黄褐色の地に茶褐色の放射色帯の入った二枚貝です。関東地方を中心に, 本種のむき身は「あおやぎ」と呼ばれています。
《食べる》少なめの水でさっと茹でたあと, 軟体部の砂を取り除き, 再び茹でて汁にしばらく浸してから料理に使います。

バカガイの酢味噌和え  　バカガイ

ハマグリ （マルスダレガイ科）　地方名：じはまぐり
Maretrix lusoria (Röding, 1798)
分布：北海道南部～九州, 朝鮮半島の内湾の砂泥底, 潮間帯下部～水深20m　　殻長：8cm　　C4

　二枚貝の代名詞です。しかし, 市場に出回っている「はまぐり」の多くは養殖物のシナハマグリ (*M. pethechialis* (Lamarck, 1818)) です。両種のちがいは, ハマグリでは後背縁が直線的で殻に光沢があるのに対し, シナハマグリは後背縁に丸みがあり殻が光沢に乏しいことです。ハマグリは今や希少種で, 瀬戸内海の周防灘や有明海などで獲られている程度です。本種の質の良し悪しは, 両手に1つずつ持って軽くたたき合ったときの音で見分けます。カチカチと乾いた高い音が出るものを選びましょう。にぶく低い音が出るのは良くない貝です。パック詰めだとこれができません。
《食べる》焼きはまぐりや吸い物が定番ですが, 小型のものはバター焼きにするとアサリよりも歯ごたえがあります。

ハマグリ 　外套湾入が浅い
シナハマグリ 　焼きはまぐり（ハマグリ）  

チョウセンハマグリ （マルスダレガイ科）　地方名：じはまぐり
Maretrix lamarckii Deshayes, 1853
分布：鹿島灘以南, 台湾, フィリピンの外洋に面した砂底, 潮間帯下部～水深20m　　殻長：10cm　　E4

　本種は外洋に面した砂浜域で採られ, 内湾にいるハマグリとは産地が異なります。関東では鹿島灘, 九州では宮崎県の日南海岸などが主産地です。ハマグリとの見分け方は, 本種のほうが前後に長く, 腹縁がハマグリよりも直線的であることです。また, 身を取り出したあとの殻の内側に見られる白い部分の縁を外套線といい, 後下方の弧の部分を外套湾入といいますが, ハマグリはこの湾入が浅く, チョウセンハマグリは深く湾入しています。
《食べる》本種は大型で殻が厚く, 身も肉厚で歯ごたえがあり, 味はハマグリと甲乙つけがたいです。

チョウセンハマグリ
外套湾入が深い  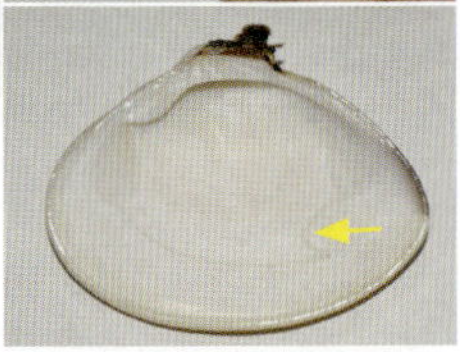
チョウセンハマグリの吸い物 

A：とても簡単に手に入る　B：簡単に手に入る　C：普通に手に入る　D：地域や季節によっては手に入る　E：なかなか手に入らない　F：ほとんど手に入らない

貝・イカ・タコのなかま

カミナリイカ（コウイカ科）　地方名：こういか，あおいか，もんご
Sepia (Acanthosepion) lycidas Gray, 1849
分布：房総半島以南，東シナ海，南シナ海の沿岸〜陸棚域　　外套長：25cm　　D 4

　本種をはじめとするコウイカ科のイカの外套膜背側にある石灰質の舟形の物体は，貝殻です。本種は背面に唇のような形の小紋が散在するので他のコウイカ類と簡単に区別できます。
《食べる》肉厚な身はもちもちとして甘みもあり，とてもおいしいです。

カミナリイカの刺身 　　カミナリイカの外套膜の模様 　　カミナリイカ 　　甲（貝殻）

コウイカ（コウイカ科）　地方名：こいか，こぶいか，まいか
Sepia (Platysepia) esculenta Hoyle, 1885
分布：関東以南，東シナ海，南シナ海の沿岸〜陸棚域　　外套長：15cm　　D 4

　背面に黒褐色の横帯があり，鰭の付け根には銀色の帯が走っています。本種は関東地方ではすみいかと呼ばれているイカです。
《食べる》甘み，食感ともにまずまずです。

コウイカのカルパッチョ 　　コウイカのげそのから揚げ 　　コウイカ 　　甲（貝殻）

ハリイカ（コウイカ科）
Sepia (Platysepia) madokai Adam, 1939
分布：関東・能登半島以南，朝鮮半島東南岸，東シナ海の陸棚域砂泥底の海底付近　　外套長：8cm　　F 3

　貝殻の後端が針状で，体の外に顕著に突き出ていることからこの名が付けられました。
《食べる》小型でやや甘みに欠けますが，コリコリとした食感が楽しめます。

ハリイカの刺身 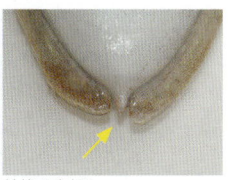　　針状の突起 　　ハリイカ 　　甲（貝殻）

1:あまりおいしくない　2:まあまあ　3:おいしい　4:とてもおいしい　5:文句なくおいしい

貝・イカ・タコのなかま

トサウデボソコウイカ（コウイカ科）

Sepia (Doratosepion) subtenuipes Okutani and Horikawa in Okutani, Tagawa and Horikawa, 1987

分布：駿河湾, 土佐湾, 鹿児島湾, 東シナ海上部陸棚斜面域　　外套長：8cm　　F2

背面には目立った模様はありませんが, 雄の第1腕が著しく長く, 先端付近まで細くならないのが特徴です。写真は雄です。まとまって獲られないので市場に出回ることはほとんどありません。
《食べる》煮付けの味はまあまあです。

トサウデボソコウイカの煮付け 　　トサウデボソコウイカ 　　甲（貝殻）

シリヤケイカ（コウイカ科）　地方名：こういか, あみいか, いどいか, くろいか, しりやけ, しりくさり

Sepiella japonica Sasaki, 1929

分布：本州以南, 西部太平洋熱帯海域の陸棚域の砂泥底の海底付近　　外套長：12cm　　C3

本種の背面には白色斑点が散らばっています。また, 腹面後部が分泌物によって茶褐色になっていることが多く, "尻が焼けた"ようにみえます。これが和名の由来です。甲（貝殻）の後方（写真では下方）がスプーン状になっており, 後端に棘がないのも特徴です。「こういか」として安価で売られている小型のイカは本種のことが多いです。
《食べる》コウイカほどではないですが, 本種もおいしいイカです。

シリヤケイカの刺身 　　シリヤケイカの天ぷら 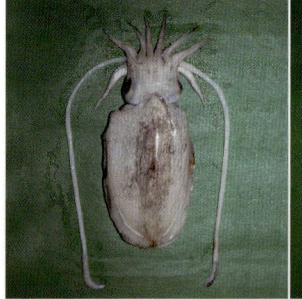　　シリヤケイカ 　　甲（貝殻）

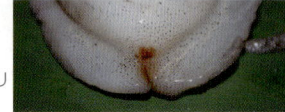

腹面後部の分泌物がシリヤケイカの和名の由来

コブシメ（コウイカ科）　地方名：こぶしめ

Sepia (Sepia) latimanus Quoy and Gaimard, 1832

分布：奄美諸島以南, 東南アジアのサンゴ礁域の浅海　　外套長：40cm　　D3

本種は"南のコウイカ"で, 大きいものは外套長50cm以上にもなります。九州本土で本種に出合うのは難しいですが, 奄美や沖縄ではめずらしくはありません。秋から冬に比較的よく出回ります。
《食べる》甘みのあるおいしいイカです。

コブシメの刺身 　　コブシメ

A：とても簡単に手に入る　B：簡単に手に入る　C：普通に手に入る　D：地域や季節によっては手に入る　E：なかなか手に入らない　F：ほとんど手に入らない

ギンオビイカ （ダンゴイカ科）

Sepiolina nipponensis (Berry, 1911)
分布：駿河湾以南, フィリピン, オーストラリア南部の陸棚斜面　　外套長：3cm　　F 3

　小型の丸いイカで, 外套膜腹側面に太い銀色の帯があるのが和名の由来です。鹿児島湾のとんとこ網や, より深海を漁場とする底曳網などで混獲されます。
《食べる》市場に出回ることはまずありませんが, 茹でて食べるとほんのり甘くておいしいです。

ギンオビイカの塩茹で 　　ギンオビイカ背面 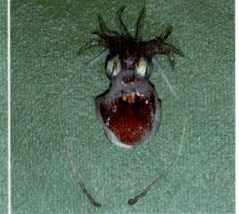　　腹面

ミミイカ （ダンゴイカ科）　地方名：びいか

Euprymna morsei (Verrill, 1881)
分布：北海道南部〜九州の潮間帯から陸棚上　　外套長：4cm　　E 3

　本種はギンオビイカとよく似ていますが, 銀色の帯がないことで区別できます。丸い鰭が耳のようでかわいいですね。
《食べる》本種も小型なのでめったに市場には出回りませんが, 味は良いです。

ミミイカの塩茹で 　　ミミイカの煮付け 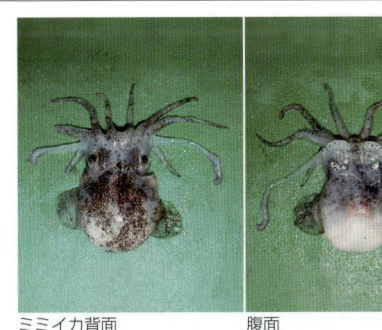　　ミミイカ背面　　腹面

スルメイカ （アカイカ科）　地方名：まついか, がんせきいか

Todarodes pacificus Steenstrup, 1880
分布：日本各地, 東シナ海の近海の表層から中層　　外套長：25cm　　A 3

　もっとも安価でもっともたくさん売られているイカですが, 九州南部ではあまり獲られていません。アカイカ科にはよく似たイカが多いですが, スルメイカの特徴は外套の背面に暗色の縦帯があることです。
《食べる》本種は刺身も OK ですがケンサキイカなどに比べて食感や味がやや劣るため, 加熱用として売られていることが多いです。いろんな料理に使われます。

スルメイカ

スルメイカの刺身 　　スルメイカとサトイモの煮物 　　スルメイカの照り焼き 　　アスパラガスのマヨネーズ炒め

貝・イカ・タコのなかま

ケンサキイカ（ヤリイカ科）　地方名：あかいか, なついか, やりいか, まいか, すいりいか, するめいか
Loliolus (Photololigo) edulis Hoyle, 1885
分布：本州中部以南, 東シナ海, 南シナ海, インドネシアの沿岸から近海　　　外套長：20cm　　**B 5**

　本種は九州でもっとも人気のあるイカの一つです。「やりいか」として売られているイカはほとんどの場合は本種で, 有名な佐賀県呼子のイカの姿造りもケンサキイカです。
《食べる》 やはり定番は刺身でしょう。身が薄いですが, 歯ごたえ, 味ともに極上です。

ケンサキイカの刺身　　ケンサキイカのげその塩焼き　　ケンサキイカ背面　腹面　　軟甲

ヤリイカ（ヤリイカ科）　地方名：あかいか, ささいか
Loliolus (Heterololigo) bleekeri Keferstein, 1866
分布：北海道南部以南, 黄海, 東シナ海の沿岸から近海　　　外套長：35cm　　**E 5**

　九州ではやりいかという名前をよく聞きますが, それはケンサキイカのことなので, 意外に"本家"ヤリイカに出合える機会は少ないです。槍のように細長く, 触腕を含め, 腕が細くて短いのが本種の特徴です。
《食べる》 本種も文句なくおいしいイカです。

ヤリイカの刺身　　げその醤油バター焼き　　ヤリイカ背面　腹面　　軟甲

アオリイカ（ヤリイカ科）　地方名：みずいか, まいか, ききゅういか, しろいか, もいか
Sepioteuthis lessoniana Lesson, 1830
分布：北海道南部以南, インド-西太平洋の温帯～熱帯域の沿岸から近海　　外套長：15～35cm　　**A 5**

　アオリイカはみずいかなどとも呼ばれ, 釣りの対象としてとても人気のあるイカです。本種専用の疑似針（エギ）も多数あり, 多彩なエギを駆使して釣果をあげるアオリイカ釣りは奥が深い趣味です。
《食べる》 釣り人以外にも人気のある食材で, 刺身のもちもち感と甘みは極上です。東南アジアからの安価な輸入物もありますが, 味は地元産と雲泥の差です。

アオリイカの刺身　　アオリイカ（上下とも）

A：とても簡単に手に入る　B：簡単に手に入る　C：普通に手に入る　D：地域や季節によっては手に入る　E：なかなか手に入らない　F：ほとんど手に入らない

貝・イカ・タコのなかま

ジンドウイカ（ヤリイカ科）　地方名：こいか，あかいか
Loliolus (*Nipponololigo*) *japonica* Hoyle, 1885
分布：北海道南部以南の沿岸域　　外套長：6cm

B 3

　外套長数cmの小型のイカです。同属の近縁種が数種いますが，触腕掌部の形状などで区別されます。量的には本種が多いと思います。
《食べる》本種のような小型のイカは煮付けが定番です。

ジンドウイカの煮付け 　　ジンドウイカ

ナンヨウホタルイカ（ホタルイカモドキ科）
Abralia (*Heterabralia*) *andamanica* Googrich, 1896
分布：南日本〜インド—西太平洋の熱帯海域　　外套長：6cm

F 3

　富山湾などで獲られるホタルイカ（*Watasenia scintillans* (Berry, 1912)）にそっくりなイカが九州にもいます。一回り小さいナンヨウホタルイカです。市場に出回ることはほとんどありませんが，食べるとおいしいイカです。沖合に多いため漁獲後の鮮度を保つのが難しいのですが，鹿児島湾のとんとこ網で混獲されるものはその日のうちに食べることができます。このような漁業の利点，特性を生かして未利用・低利用の水産資源の有効利用を実現させたいところです。
《食べる》ホタルイカに比べるとやや甘みに欠けますが，刺身は十分おいしいです。

ナンヨウホタルイカ
ナンヨウホタルイカの刺身 　　古参竹の味噌和え 

ソデイカ（ソデイカ科）　地方名：だいおういか，せいか，ばかいか，あかいか
Thysanoteuthis rhombus Troschel, 1857
分布：世界中の温帯〜熱帯の外洋域　　外套長：80cm

C 3

　大きなイカで，鰭は三角形で外套の全側にわたります。鹿児島ではだいおういかと呼ばれています。沖縄や奄美諸島の沖合で盛んに獲られていて，秋から冬に水揚げが多くなります。真っ白な切り身で売られていることが多いです。
《食べる》本種の刺身は見た目も食感も餅のようです。甘みがあり，味は結構良いです。

ソデイカの刺身 　　魚市場にならぶソデイカ 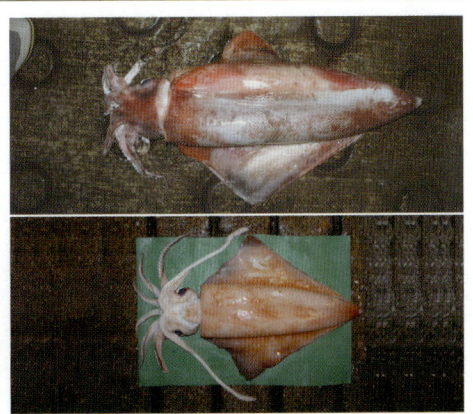　　ソデイカ背面（上），小型個体腹面（下）

1：あまりおいしくない　2：まあまあ　3：おいしい　4：とてもおいしい　5：文句なくおいしい

貝・イカ・タコのなかま

マダコ（マダコ科）　地方名：たこ
Octopus vulgaris Cuvier, 1797
分布：常磐・能登半島以南の各地の沿岸域　　全長：60cm

A 5

　もっともふつうに見られるタコで，これといって目立つ模様はありませんが，体表面が網目状になっているのが特徴です。現在は世界各地に本種と同じ学名の種が分布するとされていますが，別種の可能性があります。日本産のマダコでも，夏から秋に産卵し，ほとんど移動しない「地付きだこ」と春に産卵し，移動性のある「渡りだこ」がいるといわれています。九州のマダコについてはこのような生態についてまだよく調べられていません。マダコの雌雄は右第3腕の形状で見分けることができます。雄の右第3腕は交接腕で，先端が交接器になっています。この腕を雌の外套膜の中に挿入して精莢（せいきょう）と呼ばれる精子の入った袋を送り込みます。そのため，精莢の通る溝があります。一方，雌の右第3腕には溝はありません。母ダコは産卵後，子どもが孵化するまで何も食べずに卵を守ります。孵化後の子どもはしばらくプランクトンとして生活した後に着底し，海底での生活に移ります。ところで，「イカとタコのちがいは体の形が△と○」と思っていませんか？　実は，両者のちがいは体の形ではなく腕の数なのです。イカは10本，タコは8本。イカの仲間には，生まれたときは腕が10本あるのに成長するにつれて2本の触腕を失い，腕が8本になってしまうものがいます。そのイカの名前は，ずばり，タコイカ（*Gonatopsis borealis* Sasaki, 1923）です！　また，イカとタコは墨にもちがいが見られます。イカの墨はネバネバしていて，噴出されたあと塊になります。襲われそうになったとき，敵には墨の塊もイカのように見えるので，そちらを襲っている間に逃げるという"分身の術"を使うのです。一方，タコの墨はサラサラしていて，噴出されると煙幕のように広がります。
《食べる》マダコの食べ方は様々。茹でても揚げてもおいしいです。もちろん刺身もOK。たこ焼きも良いですね。

マダコ

溝がある　　　溝がない
雄の右第3腕 　　雌の右第3腕

交接器
雄の交接器（右第3腕） 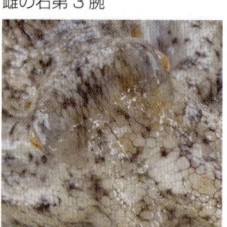　　体表面が網目状

マダコの刺身 　　マダコのたこのまるかじり 　　マダコのたこ飯 　　から揚げ ガーリック醤油風味

A：とても簡単に手に入る　B：簡単に手に入る　C：普通に手に入る　D：地域や季節によっては手に入る　E：なかなか手に入らない　F：ほとんど手に入らない

貝・イカ・タコのなかま

ワモンダコ（マダコ科）　地方名：しまだこ
Octopus cyanea Gray, 1949
分布：四国以南のインド－西太平洋のサンゴ礁域　　全長：80cm　　D 4

　マダコと同様に体表面は網目状です。第2, 3腕の腕膜上に眼状紋がありますが，水揚げ後は不明瞭になります。本種は"南のタコ"で，奄美地方ではしまだこと呼ばれてよく食べられています。
《食べる》塩茹でされた身は甘く，適度な歯ごたえもあります。

ワモンダコの刺身 　　ワモンダコ

テナガダコ（マダコ科）　地方名：てなが，あしながだこ
Octopus minor (Sasaki, 1920)
分布：日本各地の浅海域から水深400m付近まで　　全長：60cm　　D 3

　外套膜は細長く，体表面はほぼ平滑です。泥底を好み，底曳網でよく獲られます。長い腕は釣りエサにもされます。
《食べる》本種の身はマダコほど歯ごたえがなく物足りない感じがありますが，新鮮なものを煮るとほど良い硬さでおいしいです。

テナガダコの煮付け 　　テナガダコ

イイダコ（マダコ科）
Octopus ocellatus Gray, 1849
分布：北海道南部以南の各地の浅海域　　全長：25cm　　C 3

　全長20～30cm前後の小型のタコですが，本種の卵は大きく"あたま（外套膜）にご飯粒が入っている"ことからイイダコという名前がつきました。第2, 3腕の腕膜上にある金色の眼紋と両眼の間にある淡色の模様が特徴です。マダコとちがい，本種の孵化後の子どもはプランクトン生活を送らず，すぐに親と同じ底生生活に入ります。九州では有明海に多く，クマサルボウ（*Scapharca globosa ursus* (Tanaka, 1959)）などの貝殻で作ったたこ壺を縄にたくさんくくりつけた，たこ縄と呼ばれる伝統的な漁具で獲られます。
《食べる》冬が旬で，煮付けやおでんの具に最適です。

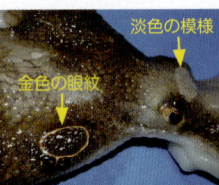

淡色の模様　金色の眼紋
イイダコの特徴
イイダコとジャガイモの煮物 　　イイダコ 

1：あまりおいしくない　2：まあまあ　3：おいしい　4：とてもおいしい　5：文句なくおいしい　　225

貝・イカ・タコのなかま

シマダコ （マダコ科）　地方名：すがり
Octopus ornatus Gould, 1852
分布：紀伊半島以南の南日本の沿岸，とくにサンゴ礁域　　全長：70cm　　D4

　テナガダコに負けないくらい腕の長いタコです。生きている時は赤褐色で，断続的な淡色の縦帯が見られます。奄美地方で「しまだこ」と呼ばれるタコはワモンダコで，実は本種が標準和名シマダコです。奄美の冬の風物詩，イザリ（大潮の干潮時にモリなどの道具を使ってタコや貝を採る磯遊び）で採られるタコは本種です。すがるように人間の足元にからみつくことから「すがり」という地方名がついたらしいです。本種は生命力が強く，イザリの際に捕まえて背中のかごに入れたはずが逃げ，気がつかずにまた捕まえてかごにいれ，また逃げて捕まえて…，3匹捕まえたつもりが実は1匹だったという逸話があります。スジアラやシロダイなどの夜釣りのエサにも使われます。
《食べる》 見た目はぐにゃぐにゃですが，本種のから揚げは歯ごたえがあり絶品です。

シマダコのから揚げポン酢

シマダコ

オオメダコ （マダコ科）　地方名：みずだこ
Octopus megalops Taki, 1964
分布：遠州灘〜九州沖　　全長：70cm　　F2

　その名の通り眼が大きく，体表面はつるつるしています。本種は薩南海域（水深300〜400m）のヒゲナガエビを狙った底曳網でときどき混獲されますが，自家消費される程度で市場に出回ることはほとんどありません。その風貌から漁業者たちは「みずだこ」と呼んでいますが，もちろん北海道から三陸沖にかけて分布するミズダコ（*O. (Enteroctopus) dofleini* (Wüker, 1910)）とは別種です。
《食べる》 刺身で食べてみたところ，やや水っぽく旨みに欠けますが，味はまずまずでした。しゃぶしゃぶでも良さそうです。

オオメダコの刺身

オオメダコ

A：とても簡単に手に入る　B：簡単に手に入る　C：普通に手に入る　D：地域や季節によっては手に入る　E：なかなか手に入らない　F：ほとんど手に入らない

ウニ，クラゲなどのなかま

ガンガゼ （ガンガゼ科）　地方名：ひとうに，ひとさしうに，おんがぜ，うに
Diadema setosum Leske, 1778
分布：房総半島以南，インド–太平洋の岩礁域やサンゴ礁域の潮間帯下部から潮下帯　　殻径：5cm　　D 3

　黒紫色のとても長い棘をもったウニです。全国的にはあまり食用にされませんが，「錦江湾産うに」として売られているウニは本種です。また，熊本県天草地方や鹿児島県阿久根近辺でも冬に採取されます。ウニの可食部分は生殖腺ですが，本種は他のウニに比べて大きさで劣ります。棘はもろく，刺さると痛いので自分で生殖腺を取り出す際は要注意です。
《食べる》 小さいですが，九州の冬の味覚です。

ガンガゼのにぎり寿司（軍艦）　　ガンガゼ

ムラサキウニ （ナガウニ科）　地方名：うに，くろうに
Anthocidaris crassispina (A. Agassiz, 1863)
分布：茨城・秋田〜九州，台湾，中国南東部の沿岸域，潮間帯〜潮下帯　　殻径：5cm　　B 3

　日本でもっとも水揚げ量の多いウニで，「うに」といえば本種を指すことが多いです。素潜り漁などで採られますが，資源保護のために限られた時期だけに漁を行う地域が多く，鹿児島県阿久根では3月中旬の大潮の日から5月10日までの間に水深2〜3mの場所で採集されます。
《食べる》 ウニのなかでは味はあっさりしたほうです。

ムラサキウニのうに丼　　ムラサキウニ

アカウニ （オオバフンウニ科）　地方名：うに
Pseudocentrotus depressus (A. Agassiz, 1863)
分布：陸奥湾〜九州，韓国済州島の沿岸域，潮間帯〜潮下帯　　殻径：7cm　　D 4

　本種は棘が短く，赤紫色や淡紅色など，個体によって色彩が異なります。もっとも大きな特徴は，高さが低くかなり扁平な形をしていることです。漁期は夏で，砂礫底に岩が点在する水深12mくらいまでのやや深い場所で採集されます。
《食べる》 ムラサキウニよりも甘みが強くて渋みがない，高級なウニです。

アカウニの生うに　　横から見るとかなり扁平　　アカウニ

1:あまりおいしくない　2:まあまあ　3:おいしい　4:とてもおいしい　5:文句なくおいしい

ウニ，クラゲなどのなかま

バフンウニ （オオバフンウニ科）　地方名：がぜ

Hemicentrotus pulcherrimus (A. Agassiz, 1863)
分布：北海道南部〜九州の沿岸の岩礁域　　殻径：4cm

E 4

　暗緑色や淡紅色の短い棘が密に生えた扁平なウニです。どこの磯でも見られそうですが，小型のためか市場に出回る量は極めて少ないです。とてもおいしいウニなのに，名前と味がこれほどミスマッチな生き物が他にいるでしょうか？
《食べる》生殖腺は赤みが強く橙色をしています。末永水産加工（長崎県壱岐市）の末永丈右さんたちが4〜6月の大潮の日に採られたバフンウニをそのまま茹でて中身をすべて取り出し，ウニ：味噌＝7：3に砂糖少々を加えてすり混ぜ，がぜ味噌を作っています。素朴な壱岐の伝統料理です。生殖腺以外の内臓も含んだがぜ味噌はこくがあり，ご飯によくあいます。

バフンウニ
バフンウニの生うに
バフンウニのがぜ味噌ご飯

シラヒゲウニ （ラッパウニ科）　地方名：がしつ

Tripneustes gratilla (Linnaeus, 1758)
分布：房総半島以南，インド-西太平洋の沿岸域，潮間帯〜潮下帯　　殻径：7cm

D 3

　棘が白いので「シラヒゲウニ」ですが，橙色のものや両方の色がまじったものもいます。本種は"南のウニ"。奄美地方では7〜11月の期間限定の素潜り漁で採られ，漁業者の手によってすぐに生殖腺が取り出されてビン詰めにされます。
《食べる》ミョウバンによる脱水を行わず，味重視で出荷される南国の高級ウニです。

シラヒゲウニの生うに
シラヒゲウニ

マナマコ （シカクナマコ科）　地方名：なまこ

Apostichopus japonicus (Selenka, 1867)
分布：北海道〜九州の浅海の転石帯　　体長：25cm

B 3

　あかなまこ，あおなまこ，くろなまこなど，色彩のちがいによって呼び名が異なりますが，すべて同種のマナマコです。
《食べる》本種は両端を切り落としたあと縦に切れ目を入れ，内臓を取り出してから薄い輪切りにして酢の物にするのが一般的です。コリコリとした食感の，おいしい冬の味覚です。

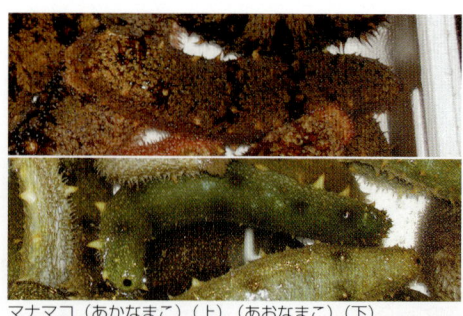

マナマコのなまこ酢
マナマコ（あかなまこ）（上），（あおなまこ）（下）

A：とても簡単に手に入る　B：簡単に手に入る　C：普通に手に入る　D：地域や季節によっては手に入る　E：なかなか手に入らない　F：ほとんど手に入らない

ウニ，クラゲなどのなかま

マヒトデ（ヒトデ科）　地方名：ひとで，ごほんがぜ

Asterias amurensis Lütken, 1871

分布：北海道〜九州，北太平洋沿岸の砂泥底，オーストラリア・タスマニア（外来）

輻（ふく）長（中心から腕の先までの長さ）：10cm

F 2

　ヒトデといえば，大量発生して貝類などに被害を与える有害種，あるいはサポニンという生理活性物質の研究材料として知られていますが，食べることもできるのです！　中国の一部の地域や熊本県の天草地方などでは春の産卵期に本種を食べる習慣が残っています。

《食べる》塩茹でにすると手で簡単に割ることができ，なかの生殖腺を取り出して食べます。ウニとはまったく異なり，どちらかといえばカニ味噌に似た乙な味です。

マヒトデの塩茹で 　　マヒトデ背面 　　腹面

ミドリシャミセンガイ（シャミセンガイ科）　地方名：めかじゃ

Lingula anatina (Lamarck, 1801)

分布：陸奥湾，大槌湾，女川湾，相模湾，静岡県下田沖，瀬戸内海，有明海，奄美大島，沖縄島の干潟または潮下帯の砂泥中　　殻長：3cm

E 2

　本種は貝の仲間ではなく，腕足動物門という分類群に属する動物です。殻から出ている細長い部分は肉茎といいます。とても希少で，比較的多く見られるのは有明海くらいではないでしょうか。食材として売られている地域は福岡県柳川市などの限られた場所です。

《食べる》煮物や味噌汁などで食べられます。味うんぬんよりもめずらしさですね。

ミドリシャミセンガイの煮付け 　　ミドリシャミセンガイ

イシワケイソギンチャク（ウメボシイソギンチャク科）　地方名：わけ，わけのしんのす

Gyractis japonica (Verrill, 1899)

分布：本州中部以南の干潟　　直径：3cm

E 3

　有明海の干潟にいるイソギンチャクです。ムツゴロウやワラスボなどとともに有明海の郷土料理には欠かせない食材。地方名のわけのしんのすは「若い者の尻の穴」という意味です。……納得？

《食べる》味噌煮や味噌汁が定番で，不思議な食感ですが味はおいしいです。

イシワケイソギンチャクの味噌煮 　　イシワケイソギンチャク

1：あまりおいしくない　2：まあまあ　3：おいしい　4：とてもおいしい　5：文句なくおいしい

ビゼンクラゲ（ビゼンクラゲ科）　地方名：くらげ，あかくらげ

Rhopilema esculenta (Kishinouye, 1891)
分布：有明海，瀬戸内海　　傘長：50cm

D 2

　有明海沿岸地方で夏に好んで食べられているクラゲです。漁業者は漁獲したあと，塩とミョウバンで脱水してから出荷します。
《食べる》塩漬けになったものを安価で手に入れることができます。細く切ったあと水につけて塩分を取り除き，生姜醤油やマヨネーズなどで食べるか，ごま和え，酢の物にします。まるでそうめんのように大量に食べる人もいます。コリコリした食感は食べてみる価値あります。

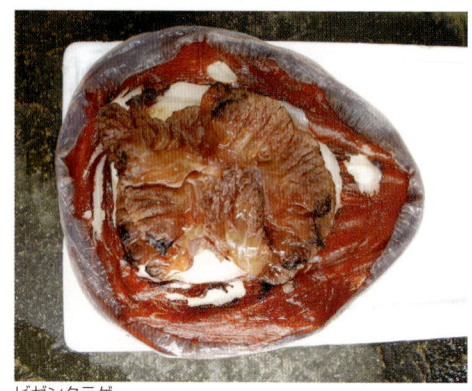

ビゼンクラゲとキュウリのごま和え　　ビゼンクラゲ

ヒゼンクラゲ（ビゼンクラゲ科）　地方名：くらげ，しろくらげ

Rhopilema hisphidum (Vanhöffen, 1888)
分布：有明海　　傘長：80cm

E 2

　本種も有明海の夏の味覚の一つです。色のちがいから，ビゼンクラゲが「あかくらげ」，本種が「しろくらげ」です。ヒゼンクラゲはビゼンクラゲに比べると市場に出回る量はやや少ないです。
《食べる》食べ方はビゼンクラゲと同じですが，ややわらかい食感です。地元では「お年寄り向き」とのことです。

ヒゼンクラゲとビゼンクラゲの刺身（塩漬け）　　ヒゼンクラゲ

　食用になるクラゲといえば，ほかに同科のエチゼンクラゲ（*Nemopilema nomurai* Kishinouye, 1922）がいます。東シナ海，黄海，渤海，日本海に分布し，傘長2m以上にもなる世界最大級のクラゲです。本種は古くから大量発生を繰り返していますが，近年はその頻度が増し，異常発生といえる年もあります。本種が大量に漁業の網に入ると本来漁獲対象としている魚介類の入網を妨げ，とくに日本海では深刻な漁業被害をもたらす年もあります。エチゼンクラゲは今や有用種ではなく有害種といっても過言ではないですが，食品としてのより有効な利用策も練られているようです。

エチゼンクラゲ

海藻のなかま

ヒトエグサ （ヒトエグサ科）　地方名：あおさ, おさ
Monostroma nitidum Wittrock 1866
分布：日本各地の潮間帯上部〜下部　　直径：5〜10cm

D 4

　いわゆる"食べられる緑色の海藻"です。本種は養殖もされていますが, 地域によっては天然物も採取されています。九州では奄美地方などで多く採られ, 春先の風物詩ともいえるでしょう。他のアオサ目の海藻は藻体の断面を顕微鏡でみると2層の細胞がならんでいますが, 本種は1層です。これが和名の由来です。
《**食べる**》見た目はよく似ていても他のアオサ目の海藻はかたくて食べることができませんが, 本種はやわらかいので食用にされるのです。これぞ"磯の香り"というくらい風味の良い海藻です。

ヒトエグサ

ヒトエグサとしらすの吸い物 　　ヒトエグサの天ぷら 　　岩に付着するヒトエグサ

ワカメ （チガイソ科）　地方名：めのは
Undaria pinnatifida (Harvey) Suringar 1872
分布：北海道南部〜九州（一部の海域を除く）　　長さ：1m

C 3

　本種は日本人が古くから食用にしていた褐藻です。現在はほとんどが養殖物で, そのまま味噌汁の具材などにできる便利な乾燥わかめも売られています。しかし, 少量ながら冬から春先にかけて出回る天然の生ワカメは風味と歯ごたえがまったく異なり, 本来のワカメの味を楽しむことができます。
《**食べる**》さっと湯通しし, 酢味噌をそえればワカメが主役の立派な一品になります。茎はうす切りで。ねばねばのめかぶもおいしいです。

ワカメの湯通し 　　ワカメ 　　海中のワカメ

生ワカメめかぶのたたき 　　わかめそば 　　茎ワカメの佃煮 　　茎ワカメの炒め物

1：あまりおいしくない　2：まあまあ　3：おいしい　4：とてもおいしい　5：文句なくおいしい

海藻のなかま

ヒジキ（ホンダワラ科）
Sargassum fusiforme (Harvey) Setchell 1931
分布：北海道以南，朝鮮半島，中国南部の外海に面した岩礁域の潮間帯下部　　長さ：1m　　A 5

　波当たりの強い磯で冬から春に繁茂し，そのあと流れ藻となる一年生の海藻です。
《食べる》一般的には乾燥品を購入し，水で戻して料理に使います。乾燥したものは黒いですが，生きているヒジキは黄褐色です。

乾燥ヒジキの炒り煮　　生ヒジキの天ぷら　　ヒジキ　　海中のヒジキ

マクサ（テングサ科）　地方名：てんぐさ
Gelidium elegans Kützing 1868
分布：日本各地の潮下帯　　高さ：10〜20cm　　C 3

　一般的にてんぐさと呼ばれ，寒天の材料にされます。葉体は紅紫色ですが，水洗いと乾燥を繰り返すと色が抜け，良質の寒天の材料になります。近縁種のオバクサ（*Pterocladiella tenuis* (Okamura) Shimada, Horiguchi and Masuda 2000）もてんぐさと呼ばれています。本種やオバクサが属するテングサ科には，テングサという標準和名の海藻は存在しません。
《食べる》寒天を購入するのが一般的ですが，たまには乾燥てんぐさを使ってところてんやゼリーを作ってみるのも良いでしょう。

マクサ　　海中のマクサ　　マクサのゼリー　　オバクサ　　海中のオバクサ

ハナフノリ（フノリ科）　地方名：ふのり
Gloiopeltis complanata (Harvey) Yamada 1932
分布：本州中部太平洋岸以南の高潮線付近から飛沫帯の岩上　　高さ：3cm　　E 3

　古くから，フノリの仲間は煮つめて糊として利用されてきました。奄美地方では，接着力の弱い本種の糊は大島紬の仕上げの糊付けに使われる，欠かすことのできないものでした。フノリを漢字で書くと「布糊」です。もちろん食用にもされます。
《食べる》前川水産（鹿児島県奄美市）の南秀子さんの得意料理，ふのりだき（53ページ）は独特の食感と磯の香りが楽しめる逸品です。

ハナフノリのふのりだき　　ハナフノリ　　繁茂するハナフノリ

海藻のなかま

フクロフノリ （フノリ科）　地方名：ふのり

Gloiopeltis furcata (Postels and Ruprecht) J. Agardh 1851
分布：本州中・南部太平洋岸，四国，九州の岩礁域の潮間帯　　高さ：10cm　　E3

本種もハナフノリと同様に，元々は糊として使われてきました。近縁のマフノリ（*G. tenax* (Turner) Decaisne 1842）とよく似ていますが，本種は体の中が中空なのに対し，マフノリは中空ではありません。九州本土西岸を中心に冬から早春にかけて採取されます。乾燥品などにされて出回りますが，その量は多くありません。
《食べる》おすすめは味噌汁です。磯の香りとシャキシャキとした食感が楽しめます。ただし，長く煮過ぎると食感が失われますので，くれぐれも煮過ぎには注意してください。1〜2分で十分だと思います。

フクロフノリ
繁茂するフクロフノリ
フクロフノリの味噌汁
マフノリ
繁茂するマフノリ

トサカノリ （フノリ科）

Meristotheca papulosa (Montagne) J. Agardh 1872
分布：日本各地の潮下帯　　高さ：30cm　　E3

形がニワトリのとさかに似ているのでこの名前がつきました。生の状態で塩漬けにされたものは赤く，茹でると緑色になり，それを水にさらすと色素が抜けて白くなります。それぞれ「赤とさか」「青とさか」「白とさか」と呼ばれています。
《食べる》本種が主役のサラダをどうぞ！

トサカノリのサラダ
トサカノリ
海中のトサカノリ

ツルシラモ （オゴノリ科）　地方名：おごのり，そうめんのり

Gracilariopsis chorda (Holmes) Ohmi 1958
分布：全国各地の小石や砂地の漸深帯　　長さ：30cm〜1m　　E3

ひものように長い体をした紅藻で，寒天の材料の代表種の一つです。産地では春に乾燥品が出回ります。「乾燥おごのり」として売られていることが多いでしょう。
《食べる》軽く茹でて酢の物にすると歯ごたえがあり，ほんのりと磯の香りがただよいます。味噌汁や吸い物の具材にしてもOKです。

ツルシラモの酢の物
ツルシラモ
海中のツルシラモ

1：あまりおいしくない　2：まあまあ　3：おいしい　4：とてもおいしい　5：文句なくおいしい

九州の伝統漁法

水深0mの伝統漁業
有明海で今なお続く

長崎，佐賀，福岡，熊本の4県にまたがる有明海は，日本でもっとも水産業が盛んな海の一つです。干潮時と満潮時の海面の高さの差は大きいところで7m。この日本一の干満の差によってできる干潟の面積も日本一で，とくに大潮の干潮時にはこれが海かと思ってしまうほど広大な干潟がすがたを現します。この"泥の海"にすんでいる生き物はめずらしいものが多く，エツ，アリアケシラウオ，ハゼクチ，ムツゴロウ，ワラスボなど，日本では有明海周辺にしかいない特産種もいます。有明海では，対象種の行動や生態，潮の干満を利用した伝統的な漁業が今でも行われています。そのいくつかは，水ではなく泥のなか，つまり水深0mで行われます。ガタスキーに乗って泥の上を進み，ムツゴロウをひっかけて釣り上げるむつかけは熟練を要する漁業です。ぜひ体験してみたいですね！

すぼかきは長さ1.5mほどの竹の先に鉄かぎをつけた漁具で泥の中をかいて，潜っているワラスボをとる漁業です。

あなじゃこ釣りは，巣穴の奥深くにひそんでいるアナジャコを採るための方法です。巣穴の入り口に筆をさし，それを敵だと思って追い出しにやってきたところを釣り上げます。

九州の伝統漁法

繁網（右）は木製の支柱で船を固定し、船首から大きなすくい網を海中に入れて潮流に乗ってやってきた魚類をすくい採ります。網が大きいので、漁業者が柄の部分に乗ってテコの原理で揚げるのです。

上の写真はイイダコを獲るたこ縄。クマサルボウなどの貝殻で作ったたこつぼを縄にたくさんつけて海に沈めます。

棚じぶ（右）は、海岸に建てたやぐらから四つ手網を下ろし、しばらくして引き上げます。干満の差を利用して魚やエビを獲る素朴な漁法です。

九州の伝統漁法

有明海の海の幸
この風味がたまらない

「夫が干潟でムツゴロウをかける。妻が串にさす。夫が炭火で焼く。妻が甘露煮にする。」佐賀県鹿島市の小柳勉さん，ヤス子さんご夫妻のリレーです。焼き加減は文字ではなく体に染みついたレシピ。「甘露煮は砂糖よりもざらめが良い」のは経験から。有明海ではあたりまえの，しかし他の海ではありえない郷土の味です。

いったい1日に何尾のウナギをさばくのでしょうか。峰松うなぎ屋（佐賀県鹿島市）の峰松芳明さんは手際よく生きたニホンウナギを開いていきます。

そしてそれを母のマス子さんが秘伝のたれで蒲焼きにします。私がおうかがいしたのは1年でもっとも忙しい土用の丑の日の前日。それにもかかわらず，（特別に）貴重な海ウナギを焼いていただきました。私はあの味を生涯忘れません。

九州の伝統漁法

福岡県柳川市の江崎鮮魚店

　有明海沿岸の鮮魚店にならぶ魚種の豊富さには目を見張るものがあります。しかもその多くは他の地域では見かけないような，有明海ならではの海の幸です。大型のスズキやヒラ，エツ，アカエイからデンベエシタビラメ，ムツゴロウ，ハゼクチまで，貝類各種にビゼンクラゲ，イシワケイソギンチャク，ミドリシャミセンガイなど。ありとあらゆる魚介類が食材として利用されています。それは，沿岸の人々にとって昔から有明海がとても身近な存在だったことの証だと思います。このような食文化を大切にし，次世代に伝えていきましょう。

地魚を使った有明海の郷土料理

むつごろうの蒲焼き　　わけの味噌煮　　めかじゃの煮付け　　えつの刺身

らげときゅうりのごま和え　　まじゃくのから揚げ　　わらすぼの干物の素揚げ　　くっぞこの煮付け

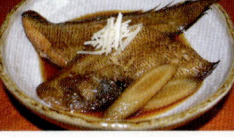

237

九州の伝統漁法
八代海のけた打瀬網漁
風の力でエビを獲る

熊本県芦北町のけた打瀬網漁

ふつうの漁船漁業では，風はやっかいなものです。ところが，風がなければ成り立たない漁業があります。それは八代海のけた打瀬網漁。漁期は11〜3月。寒風の吹くなか，木製のマストを立てた船が出漁します。洋上に出ると船頭の合図でみるみる8〜10枚の白い帆がはられていきます。

網口につめのついた底曳網を次々と海底に下ろし，あとは風の力で曳網します。風向きを読み，潮流を読み，20個を超える網を操り狙うのはクマエビです。大型のクルマエビが入網することもあります。

クマエビは熊本県芦北地方や鹿児島県北薩地方では正月の雑煮に欠かせない「焼きえび」の原料です。

九州の伝統漁法

　現在，鹿児島県出水市でただ1軒，クマエビの焼きえびを作っている柴田水産は漁の解禁から年の瀬にかけて大忙しです。昔ながらの手作業で串にさし，炭火で焼いて天日干しします。
　このエビがないと正月を迎えられないという家庭がまだまだあります。このような食文化を絶やしてはいけません。

今なお続く柴田水産（鹿児島県出水市）の焼きえび作り

239

九州の伝統漁法

鹿児島湾のとんとこ網漁
狙うは"世界でここだけ"のエビ

火山活動による陥没で生まれた鹿児島湾は，半閉鎖的内湾でありながら中央部の水深が230 mを超える"どんぶか"の海です。港から船で10分も走れば，そこはもう深海。鹿児島湾のように内湾でありながら深海でもある海は，日本でほかにはありません。

九州の伝統漁法

　鹿児島湾ではとんとこ網と呼ばれる伝統的な底曳網漁業が行われており，他の内湾では目にすることがないめずらしい深海性の生き物が網に入ります。とんとこ網の操業方法は独特です。漁場の水深が深いので，船尾から2000m近くにもおよぶ長いロープをのばして網を海底まで下ろし，それをゆっくりまきとります。この長いロープをたくみに操るのが漁業者の技なのです。

　とんとこ網で獲られるのはナミクダヒゲエビ，ヒメアマエビ，オオメハタ，ヨロイイタチウオ，アマダイ類，ソコイトヨリなど。とくに，多くの漁業者が主対象にしているナミクダヒゲエビは「このエビを専門に獲る漁業があるのは世界中で鹿児島湾だけ」という希少な存在です。

"世界でここだけ"のターゲット―ナミクダヒゲエビ

ときにはこんな珍客も―ホウズキイカ

九州の伝統漁法
鹿児島湾のサヨリ漁
深海の達人が浅海で格闘

　サヨリは春を告げる魚。鹿児島湾のサヨリ漁は3月に行われます。漁場は海岸のすぐそば。海面に網を広げ、2隻の船で曳きます。

　サヨリ漁を行っているのは、実はとんとこ網の漁業者たちです。ふだんは湾中央部の深海底で網を曳いている彼ら。岸側の船は水深が人間の背たけもないようなところを走ることもありますが、船底が海底について座礁してしまっては大変です。

　深海の達人たちは、サヨリの時期だけは海岸すれすれのところで"海の浅さ"と戦っているのです。いちばん深い場所からいちばん浅い場所まで、鹿児島湾の漁業者たちは自分たちの海を知りつくしているのです。

九州の伝統漁法

甑島のキビナゴ漁
キラキラ輝く「じゃこ」

　甑島の人たちは，キビナゴのことを親しみをこめて「じゃこ」と呼びます。その昔，まだ地曳網が漁業として成り立っていたころ，甑島ではたくさんのキビナゴが獲られていました。甑島漁業協同組合里本所（鹿児島県薩摩川内市）のベテラン漁業者たちは言います。「地曳網だといろんな大きさのじゃこがまじって獲れるが，刺網だと型がそろう。」今では流し刺網が主流です。
　夏は午前2時，冬は午前4時に出港。3〜4時間の漁を終え，新鮮なまま出荷するため，早朝には港にもどります。今でこそ魚群探知機で魚群を探し，集魚灯で集めますが，昔は船のへさきから細い竹の棒を暗い海のなかにさし込み，こつんこつんと当たる魚の感触で魚群を探していたとのことです。
　キビナゴ流し刺網に必要なのは網に魚をおびき寄せる集魚灯（右中央の写真）。海中の網のそばまで沈めます。
　引き揚げる網にはキラキラと輝くキビナゴが鈴なりに。小さい個体は網目をすり抜けるので獲られる魚は大きさがそろうのです。ところで，網にかかったたくさんのキビナゴを傷つけないように網から外す方法をご存知でしょうか？　手で外すのではなく，振り落とすのです。
　足の踏み場もないほど船上いっぱいに山になったキビナゴは，木箱に入れられて出荷されます。つい先ほどまで海を泳いでいたキビナゴは，数時間のうちに市場にならぶのです。

九州の伝統漁法

佐多岬周辺のウツボ漁
九州本土最南端の冬の風物詩

きだか，標準和名ウツボ。九州本土最南端の冬の味覚の一つです。ふだんはキビナゴを獲ったりブリを釣ったりしている大隅半島佐多岬周辺の漁業者たちの何人かは，冬になると「きだかてご」と呼ばれる筒でウツボを狙います。

おおすみ岬漁業協同組合佐多支所（鹿児島県南大隅町）の宮田歳己さんが使う筒は約60個。夕方海に沈め，翌朝に揚げます。漁場の水深は数mから50m。筒の中に入れたエサの小さなカタクチイワシは，一晩で大きなウツボに"変身"します。

ウツボの干物加工を一手に引き受けるのはエビス堂濱尻海産（鹿児島県南大隅町）の濱尻博幸さんのご家族。濱尻さんが開くウツボは大きいもので全長1m。要領はウナギと同様ですが，魚体が大きいので使う力は半端ではありません。

九州の伝統漁法

　開いたあとは天日干しです。「ウツボを乾かすのは日光ではなく風です。風が冷たくないと良い干物にはなりません。」ウツボは一年中海にいますが，濱尻さんが干物を作るのは寒い時期に限られます。
　ほどよく乾いたものを収穫し，切断機で成形して商品にします。ウツボの干物はとても地方色豊かな海の幸としてファンに喜ばれています。

九州の伝統漁法
とびうおロープ曳き浮敷網
世界自然遺産の島の日本一の漁業

小さなアヤトビウオから全長 50 cmを超える大型のハマトビウオまで，九州近海には季節ごとにいろんな種類のトビウオが来遊します。世界自然遺産に登録されている鹿児島県の屋久島はトビウオ類の水揚げ量日本一の島で，その主力となっているのはとびうおロープ曳き浮敷網と呼ばれる漁業です。

上の写真は魚が網に入ったところ。胸鰭の模様から，アヤトビウオと思われます。

ハマトビウオ

本船と片船の 2 隻で，海面で円を描くように網を張って魚群を囲み，最後に網を絞って魚を船上に揚げます。このとき，片船からは人が海に飛び込み，魚が網の外に逃げないようにします。まき網と追い込み漁を合わせたような漁業です。

九州の伝統漁法

奄美のシラヒゲウニ漁
南国の夏の味覚

　ウニというと"北のもの"というイメージが強いですが、南国にもいるのです。奄美地方では素潜り漁でシラヒゲウニが採られています。漁期は7～11月。人の背が立つくらいの浅い場所で、シュノーケルとフィンだけをつけて漁が行われます。

　採ったばかりのシラヒゲウニはその場ですぐに処理されます。透き通った青い海のほとりの白い海岸に作業を行うためのテントがならぶのは奄美の夏の風景です。

　まずは包丁でウニを真っ二つに割ります。次にスプーンを使って生殖腺を取り出し、ビンに詰めます。それだけです。
　通常、ムラサキウニやガンガゼなどはこの段階で脱水のためにミョウバンに浸けますが、奄美のシラヒゲウニは何もせずビンに詰めた状態で出荷されます。この"南のウニ"は素朴なウニ本来の味が楽しめるのです。

主な文献

大谷貴美子, 饗庭照美編. 2003. 栄養科学シリーズNEXT調理学実習. 講談社サイエンティフィク, 東京.
大富　潤. 2004. かごしま海の研究室だより. 南日本新聞社, 鹿児島.
大富　潤. 2009. 特集「鹿児島湾－深奥な魅力を探る」にあたって. 海洋と生物, 180: 3-5.
大富　潤, 熊谷憲治, 明石和貴. 2009. 鹿児島湾の底棲魚介類. 海洋と生物, 180: 21-27.
大富　潤, 渡邊精一編. 2003. エビ・カニ類資源の多様性. 恒星社厚生閣, 東京.
奥谷喬司編著. 2000. 日本近海産貝類図鑑. 東海大学出版会, 東京.
奥谷喬司, 河野　博, 渋川浩一, 土井　敦, プラチヤー・ムシカシントーン, 茂木正人. 1999. 食材魚貝大百科　第2巻　貝類＋魚類(多紀保彦, 奥谷喬司, 近江　卓監修). 平凡社, 東京.
奥谷喬司, 河野　博, 渋川浩一, 土井　敦, 茂木正人. 2000. 食材魚貝大百科　第3巻　イカ・タコ類ほか＋魚類(多紀保彦, 奥谷喬司, 近江　卓監修). 平凡社, 東京.
奥谷喬司, 田川　勝, 堀川博史. 1987. 日本陸棚周辺の頭足類. 日本水産資源保護協会, 東京.
小値賀漁業集落, 小値賀お魚ブック制作委員会編. 2010. 小値賀お魚食図鑑. 小値賀漁業集落, 小値賀.
河野　博, 渋川浩一, 多紀保彦, 武田正倫, 土井　敦, 茂木正人. 1999. 食材魚貝大百科　第1巻　エビ・カニ類＋魚類(多紀保彦, 武田正倫, 近江　卓監修). 平凡社, 東京.
河野　博, 渋川浩一, 田中次郎, 土井　敦, プラチヤー・ムシカシントーン, 茂木正人. 2000. 食材魚貝大百科　第4巻　海藻類＋魚類＋海獣類ほか(多紀保彦, 近江　卓監修). 平凡社, 東京.
小西英人編著. 2007. 釣り人のための遊遊さかな大図鑑－釣魚写真大全(中坊徹次監修). エンターブレイン, 東京.
佐藤正典編. 2000. 有明海の生きものたち　干潟・河口域の生物多様性. 海游舎, 東京.
新調理研究会編. 1995. これからの調理. 理工学社, 東京.
田中次郎, 中村庸夫. 2004. 日本の海藻　基本284. 平凡社, 東京.
千原光雄. 2002. フィールドベスト図鑑　11　日本の海藻. 学研教育出版, 東京.
中坊徹次編. 2000. 日本産魚類検索　全種の同定　第二版. 東海大学出版会, 東京.
西村三郎編著. 1995. 原色検索日本海岸動物図鑑II. 保育社, 大阪.
畑江敬子. 2005. さしみの科学－おいしさのひみつ－. 成山堂書店, 東京.
馬場敬次, 林　健一, 通山正弘. 1986. 日本陸棚周辺の十脚甲殻類. 日本水産資源保護協会, 東京.
林　健一. 1992. 日本産エビ類の分類と生態　I. 根鰓亜目. 生物研究社, 東京.
林　健一. 2007. 日本産エビ類の分類と生態　II. コエビ下目(1). 生物研究社, 東京.
福岡県有明海漁業協同組合連合会. 1995. 有明海のさかな.
藤山萬太. 2004. 私本　奄美の釣魚. 奄美.
益田　一, 尼岡邦夫, 荒賀忠一, 上野輝彌, 吉野哲夫編. 1984. 日本産魚類大図鑑. 東海大学出版会, 東京.
山田芳梅, 時村宗春, 堀川博史, 中坊徹次. 2007. 東シナ海・黄海の魚類誌. 東海大学出版会, 秦野.
ロム・インターナショナル. 2007. 料理人が教える魚の捌き方と仕込み(宮川昌彦監修). 成美堂出版, 東京.

索 引

ア行

アイアナゴ……………………… 59, 60
アイゴ………………………… 13, 156
アイナメ………………………………… 85
アイブリ……………………………… 104
アオダイ……………………………… 118
アオチビキ…………………………… 118
アオハタ………………………………… 89
アオブダイ……………………… 151, 176
アオミシマ…………………………… 43, 154
アオメエソ……………………………… 66
アオヤガラ……………………………… 73
アオリイカ…………………………… 222
アカアジ………………………… 36, 106, 107
アカアマダイ…………………………… 98
アカイサキ…………………………… 41, 97
アカイシガニ………………………… 197
アカイセエビ………………………… 191
アカウニ…………………………… 20, 227
アカエイ……………………… 13, 178, 237
アカエビ……………………………… 183
アカガイ……………………………… 8, 214
アカカマス……………………… 158, 159
アカササノハベラ…………………… 149
アカシタビラメ……………………… 273
アカシュモクザメ…………………… 177
アカタチ……………………………… 138
アカタマガシラ……………………… 120
アカテノコギリガザミ……………… 195
アカニシ…………………………… 49, 211
アカハタ……………………………… 93
アカヒメジ…………………………… 137
アカマンボウ………………………… 64
アカムツ……………………………… 86
アカメバル…………………………… 81
アカモンガニ………………………… 198
アカモンミノエビ…………………… 189
アカヤガラ……………………………… 73
アキアミ……………………………… 186
アザハタ……………………………… 95
アサヒガニ…………………………… 193
アサリ…………………………… 42, 50, 217
アジアコショウダイ………………… 124
アナジャコ……………………… 193, 234
アマミイセエビ……………………… 191
アマミスズメダイ……………… 43, 141
アマミフエフキ……………… 35, 133
アミフエフキ………………………… 134
アミメノコギリガザミ……………… 195
アメリカンバターフィッシュ
………………………………… 146
アヤトビウオ………………… 76, 246
アヤメカサゴ………………………… 78
アユ…………………………………… 67
アラ…………………………………… 94
アリアケシラウオ…………… 67, 234
アリアケヒメシラウオ……………… 67
アンコウ…………………… 13, 40, 70, 168
イイダコ……………………… 225, 235
イサキ………………………… 31, 37, 123
イシガキダイ………………………… 143
イシガニ……………………………… 197
イシダイ……………………………… 143
イシダタミ…………………………… 205
イシフエダイ………………………… 117
イシワケイソギンチャク
……………………………… 52, 229, 237
イズカサゴ………………………… 78, 79
イズズミ……………………………… 144
イズミエビ…………………………… 189
イセエビ……………………… 17, 26, 190
イソキホウボウ……………………… 83
イソゴンベ…………………………… 138
イソフエフキ………………………… 132
イソマグロ…………………………… 162
イタチウオ…………………………… 68
イチモンジブダイ…………………… 152
イッテンアカタチ…………………… 138
イッテンフエダイ…………………… 114
イトヒキアジ………………………… 109
イトフエフキ………………………… 132
イトマキボラ………………………… 213
イトヨリダイ………………………… 121
イヌノシタ…………………………… 172
イネゴチ………………………… 35, 85
イブリカマス………………………… 159
イボアナゴ…………………………… 203
イボダイ……………………… 28, 31, 146, 147
イボニシ……………………………… 210
イラ…………………………………… 148
イロブダイ…………………………… 152
イワガキ……………………… 19, 216
インドオキアジ……………………… 109
ウスバハギ…………………………… 173
ウスメバル…………………………… 81
ウチワエビ………………… 17, 48, 191
ウッカリカサゴ……………… 9, 40, 78
ウツボ……………………… 60, 244, 245
ウノアシ……………………………… 202
ウマヅラハギ……………… 12, 173, 174
ウミニナ……………………………… 207
ウミヒゴイ…………………………… 136
ウメイロ……………………………… 119
ウメイロモドキ……………………… 119
ウラウズガイ………………………… 207
ウルメイワシ………………………… 62
エチゼンクラゲ……………………… 230
エツ………………………… 63, 234, 237
エビスダイ…………………………… 71
エンコウガニ………………………… 198
オアカムロ…………………………… 107
オオウナギ…………………………… 58
オオグチイシチビキ………………… 117
オオクチハマダイ…………………… 116
オオコシダカガンガラ……………… 205
オオシタビラメ……………………… 172
オオスジハタ………………………… 89
オオナルトボラ……………………… 208
オオニベ……………………………… 126
オオバウチワエビ…………………… 191
オオヒメ……………………………… 120
オオベッコウガサ……………… 201, 202
オオメカマス………………………… 158
オオメダコ…………………………… 226
オオメナツトビ……………………… 76
オオメハタ……………………… 87, 241
オオモンハタ…………………… 91, 93
オキアサリ…………………………… 217
オキアジ……………………………… 109
オキエソ……………………………… 65
オキゲンコ…………………………… 171
オキザヨリ…………………………… 77
オキトラギス………………………… 153
オキナヒメジ………………………… 136
オキナワチヌ………………………… 129
オキヒイラギ……………… 22, 112
オジサン……………………………… 135
オナガメイチダイ…………………… 131
オニオコゼ…………………………… 80
オニカサゴ…………………………… 80

索引

オニカマス ……………………… 159
オニサザエ ………………… 7, 210
オバクサ ………………………… 232
オビブダイ ……………………… 152
オヤビッチャ …………………… 140

カ行

カイゴロモ ……………………… 206
カイワリ ………………………… 111
カケハシハタ …………………… 91
カゴカキダイ ……………… 125, 141
カゴカマス ……………………… 160
カゴシマニギス ……………… 31, 64
カサゴ ……………………… 77, 78
ガザミ ……………………… 26, 194, 195
カスミアジ ………………… 39, 108
カスミサクラダイ ……………… 97
カタクチイワシ
 ……………… 16, 28, 39, 63, 244
カタボシイワシ ………………… 61
カツオ …………… 11, 23, 30, 44, 163, 164
カナガシラ ……………………… 82
カナド …………………………… 83
カノコイセエビ ……… 6, 48, 55, 191
カマスサワラ …………………… 167
カマストガリザメ ……………… 177
カミナリイカ …………………… 219
カメノテ ………………………… 200
カメレオンブダイ ……………… 152
カラストビウオ ……………… 54, 76
カワハギ …………… 12, 21, 156, 173, 174
ガンガゼ ……………………… 227, 247
カンパチ ……………… 27, 103, 104, 111
カンモンハタ …………………… 92
キアマダイ ……………………… 98
キアンコウ ………………… 13, 40, 70
キイヒラアジ …………………… 110
キジハタ ………………………… 93
キダイ …………………………… 128
キチヌ …………………………… 42, 129
キツネブダイ …………………… 152
キツネベラ ……………………… 150
キハダ ………… 53, 162, 164, 165, 166
キビナゴ
 ………… 16, 38, 39, 62, 63, 243, 244
キビレアカレンコ ……………… 128
キビレカワハギ ………………… 174
キビレブダイ …………………… 152
キビレミシマ …………………… 154
キホシスズメダイ ……………… 141
キュウシュウヒゲ ……………… 68
キュウセン ……………………… 149
ギンオビイカ …………………… 221

ギンガメアジ …………………… 108
ギンタカハマ ……………… 26, 49, 205
キントキダイ …………………… 99
キンメダイ ………………… 71, 99
クエ ……………… 19, 41, 89, 93
クサカリツボダイ ……………… 137
クサヤモロ ………………… 32, 106
クジメ …………………………… 85
クボガイ ………………………… 204
クマエビ
 ……… 21, 42, 46, 181, 238, 239
クマササハナムロ ……………… 122
クマサルボウ …………………… 225
クマノコガイ …………………… 204
クラカケトラギス ……………… 153
クルマエビ ………… 181, 182, 238
クロアジモドキ ……………… 33, 102
クロアワビ ……………………… 203
クロウシノシタ ………………… 171
クロカジキ ……………………… 157
クロサギ ………………… 111, 120
クロサバフグ …………………… 175
クロダイ ………………………… 129
クロヒラアジ ……………… 110, 111
クロボシヒラアジ ……………… 107
クロホシフエダイ ……………… 114
クロホシマンジュウダイ ……… 154
クロマグロ ……… 162, 165, 166
クロムツ ………………………… 99
クロメジナ ……………………… 145
クロメバル ……………………… 81
ゲンコ …………………………… 171
ケンサキイカ ………… 8, 49, 221, 222
コイチ …………………………… 126
コウイカ ………… 8, 25, 219, 220
コウライアカシタビラメ ……… 172
コウライマナガツオ …………… 147
コクチフサカサゴ ……………… 78
コクハンアラ …………………… 88
コクハンハタ …………………… 94
ゴシキエビ ……………………… 190
コシナガ ………………………… 166
コショウダイ …………………… 124
コタマガイ ……………………… 217
コトヒキ ………………………… 142
コノシロ ……………… 23, 64, 147
コブシメ ………………………… 220
コブセミエビ …………………… 192
コブダイ …………………… 33, 148
ゴマサバ ……………… 23, 43, 161
コロダイ ……………… 123, 124
コンジンテナガエビ ……… 26, 187

サ行

サカタザメ ……………………… 177
サガミアカザエビ ……… 34, 48, 193
サクラエビ ……………………… 186
サザエ ……………… 18, 33, 206
サザナミダイ …………………… 131
サッパ …………………………… 61
サツマカサゴ …………………… 79, 80
サヨリ ……………………… 74, 242
サルエビ ………………………… 185
サルボウガイ ……………… 49, 214
サワガニ ………………………… 198
サワラ ……………… 33, 44, 167
シイラ ……………………… 41, 101
シオイタチウオ ………………… 69
シナハマグリ …………………… 218
シノマキ ………………………… 209
シバエビ ………………… 28, 182
シマアオダイ ……………… 15, 118
シマアジ ………………………… 111
シマアラレミクリ ……………… 212
シマイサキ ……………………… 142
シマイシガニ …………………… 196
シマイセエビ …………………… 190
シマウシノシタ ………………… 173
シマセトダイ …………………… 125
シマダコ ………………………… 226
シマハタ ………………………… 95
シマミクリ ……………………… 211
シャコ ……………… 6, 26, 199, 200
ジャノメガザミ ………………… 195
シラエビ ……………… 24, 186
シラタエビ ……………………… 186
シラヒゲウニ ……………… 228, 247
シリヤケイカ …………………… 220
シロアマダイ …………………… 98
シロウオ ………………………… 156
シロエビ ……………… 47, 183
シロカジキ ……………………… 157
シロギス ……………… 134, 153
シログチ ………………………… 125
シロクラベラ …………………… 148
シロサバフグ …………………… 175
シロザメ ……………… 27, 176
シロシュモクザメ ……………… 177
シロダイ ……………… 130, 226
シロブチハタ …………………… 92
シロメバル ……………… 28, 81
ジンケンエビ …………………… 188
ジンドウイカ …………………… 223
スイジガイ ……………………… 208
スガイ ……………… 206, 207

スギ……………………………101	テンジクイサキ………………144	**ハ行**
スジアラ……………19, 88, 93, 226	テンジクガレイ………………169	バイ……………………………212
スジオシャコ…………………199	テンジクタチ…………………160	ハイガイ…………………29, 214
スジブダイ……………………152	テンス…………………………149	バカガイ………………………218
スズキ………………20, 86, 94, 237	デンベエシタビラメ	ハガツオ……………………162, 163
スズハモ………………………58	………………34, 173, 237	ハゲブダイ……………………152
スズメダイ………………22, 31, 140	トカゲエソ…………………53, 65	ハコフグ………………………176
スマ……………………………163	トカゲゴチ……………………85	バショウカジキ………………157
スミツキアカタチ……………138	ドクサバフグ…………………175	ハゼクチ……………36, 155, 234, 237
スルメイカ……………49, 50, 51, 221	トゲカナガシラ……………82, 83	ハダカエソ……………………66
セトダイ………………………125	トゲサケエビ…………………185	ハチジョウアカムツ
セミエビ………………………192	トゲシャコ………………199, 200	……………………42, 116, 117
センジュガイモドキ……209, 210	トゲノコギリガザミ…………195	ハチビキ……………………22, 113
センネンダイ…………………115	トコブシ……………18, 48, 203	バテイラ……………………7, 204, 205
ソウハチ………………………171	トサウデボソコウイカ………220	ハナフエダイ…………………117
ゾウリエビ………………26, 192	トサカノリ……………………233	ハナフエフキ…………………133
ソコアマダイ…………………138	トサダルマガレイ……………170	ハナフノリ…………53, 232, 233
ソコアマダイモドキ…………138	トビウオ………………………74	バフンウニ……………………228
ソコイトヨリ………………121, 241	トビハタ……………………93, 96	ハマグリ………8, 29, 50, 217, 218
ソコダルマガレイ……………170	トモメヒカリ…………………66	ハマダイ………10, 116, 117, 130
ソデイカ………………………223	トヤマエビ……………………187	ハマダツ………………………77
	トラエビ………………………183	ハマトビウオ………40, 75, 246
タ行	トラギス………………………153	ハマフエフキ……24, 42, 131, 132
タイセイヨウクロマグロ……165	トントコシロエビ……………184	ハモ……………………………58
タイラギ………………………215		ハヤマシャコ…………………199
タイワンガザミ…………194, 195	**ナ行**	バラチゴダラ…………………68
タイワンカマス………………159	ナガサキフエダイ…………34, 119	ハリイカ………………………219
タイワンダイ…………………152	ナガブダイ……………………151	ハリセンボン…………12, 44, 175
タカサゴ………………………122	ナガメイチ……………………130	ヒイラギ………………………112
タカノハダイ…………………139	ナガレメイタガレイ…………170	ヒゲソリダイ…………………124
タキベラ………………………150	ナミクダヒゲエビ…6, 18, 35, 45,	ヒゲダイ………………………124
タコイカ………………………224	46, 179, 188, 241	ヒゲナガエビ
タチウオ……………………27, 160	ナミノコガイ………………49, 216	……………18, 180, 184, 189, 226
タテフエダイ…………………114	ナンヨウカイワリ……………111	ヒザラガイ………………201, 202
タマガシラ………………120, 121	ナンヨウガレイ………………168	ヒジキ…………………52, 232
チカメキントキ………………100	ナンヨウキンメ……………21, 72	ヒゼンクラゲ…………………230
チダイ…………………………127	ナンヨウチヌ…………………129	ビゼンクラゲ…………52, 230, 237
チョウセンサザエ…………7, 206	ナンヨウブダイ………………151	ヒトエグサ…………………39, 231
チョウセンバカマ……………97	ナンヨウホタルイカ………51, 223	ヒトミハタ……………………93
チョウセンハマグリ…………218	ニギス…………………………64	ヒナダルマガレイ……………169
ツキヒガイ……………………215	ニザダイ……………………12, 156	ヒブダイ………………………151
ツクシトビウオ……………22, 75	ニジハタ……………………94, 95	ヒメアマエビ……9, 18, 24, 35, 47,
ツチホゼリ…………………88, 93	ニジョウサバ…………………162	48, 56, 188, 189, 241
ツノナガチヒロエビ…………180	ニセクロホシフエダイ………114	ヒメクダヒゲエビ……………180
ツバメコノシロ………………147	ニセタカサゴ…………………122	ヒメコダイ……………………96
ツボダイ……………………97, 137	ニセツマグロアナゴ………59, 60	ヒメコトヒキ…………………142
ツマリマツカサ………………70	ニベ……………………………126	ヒメジ…………………………135
ツムブリ………………………104	ニホンウナギ	ヒメソコカナガシラ…………83
ツルギサケエビ………………185	……………14, 32, 58, 59, 60, 236	ヒメダイ………………42, 119, 120
ツルシラモ……………………233	ヌタウナギ………………55, 178	ヒメヒイラギ…………………112
テッポウイシモチ……………100	ネンブツダイ…………………100	ヒメフエダイ…………………115
テナガダコ………………225, 226	ノトイスズミ………………43, 144	ヒラ……………………61, 237
テングニシ……………………213		

索 引

ヒラスズキ……………… 5, 20, 86
ヒラソウダ……………………… 163
ヒラタエイ………………… 5, 178
ヒラツメガニ…………………… 196
ヒラマサ………………… 32, 41, 103
ヒラメ……………… 11, 15, 24, 168, 169
ヒレグロハタ……………………… 93
ヒレナガカンパチ………………… 104
ビンナガ………………………… 166
フウセンキンメ…………………… 71
フエダイ………………………… 115
フエフキダイ…………………… 132
フクトコブシ…………………… 203
フクロフノリ…………………… 233
フサカサゴ……………………… 78
ブダイ…………………………… 150
フタホシイシガニ……………… 6, 196
ブチブダイ……………………… 152
フトミゾエビ…………………… 182
ブリ…… 27, 37, 102, 103, 186, 244
ヘソアキクボガイ……………… 204
ヘダイ………………………… 28, 128
ベッコウガサ………………… 7, 202
ベニガラエビ…………………… 184
ヘラガンゾウビラメ…………… 168
ボウシュウボラ………………… 209
ホウズキイカ…………………… 241
ボウズコンニャク……………… 147
ホウセキキントキ……………… 99
ホウセキハタ……………… 91, 93
ホウボウ……………………… 82
ホウライヒメジ………………… 136
ホオアカクチビ…………… 133, 134
ホシササノハベラ……………… 149
ホシザメ……………………… 27, 176
ホソウミニナ…………………… 207
ホトトビウオ…………………… 75
ホタルイカ………………… 186, 223
ホタルジャコ…………………… 87
ボタンエビ……………………… 187
ボラ…………………… 33, 73, 74

マ 行

マアジ…… 5, 16, 23, 31, 42, 53, 105, 161
マアナゴ……………… 14, 36, 38, 59
マイワシ………………… 38, 61
マエソ……………………… 65
マガキガイ…………………… 208
マクサ……………………… 56, 232
マゴチ……………………… 29, 84
マサバ………………… 15, 23, 29, 39, 161
マダイ………… 15, 31, 37, 123, 127, 168, 185
マダカアワビ………………… 203
マダコ……… 8, 14, 27, 51, 52, 224, 225
マツバガイ…………………… 201
マテガイ……………………… 50, 217
マトウダイ…………………… 21, 30, 72
マナガツオ…………………… 33, 147
マナマコ……………………… 52, 228
マハタ……………………… 41, 90, 93
マハタモドキ………………… 90, 93
マヒトデ……………………… 229
マフノリ……………………… 233
マユツクリガイ……………… 212
マルアオメエソ………………… 66
マルアジ……………………… 105
マルソウダ…………………… 163
マルヒウチダイ………………… 72
マルヒラアジ………………… 110
マンボウ……………………… 64
ミガキナガニシ……………… 213
ミカドシャコ………………… 199
ミギマキ……………………… 139
ミクリガイ…………… 28, 211, 212
ミシマオコゼ………………… 154
ミズダコ……………………… 226
ミドリシャミセンガイ… 229, 237
ミナミイスズミ……………… 144
ミナミクロサギ……………… 120
ミナミクロダイ……………… 129
ミナミシロエビ…………… 183, 184
ミナミゾウリエビ…………… 192
ミナミテナガエビ…………… 187
ミナミハタンポ……………… 137
ミノエビ……………………… 189
ミノカサゴ…………… 13, 80, 156
ミミイカ……………………… 221
ミヤコボラ………………… 7, 209
ミンサーフエフキ…………… 134
ムシガレイ…………………… 170
ムツ…………………………… 99
ムツゴロウ
……… 32, 155, 229, 234, 236, 237
ムツトゲシャコ……………… 199
ムラサキインコ…………… 49, 215
ムラサキウニ…………… 227, 247
ムロアジ……………………… 106
メアジ………………………… 107
メイタガレイ………………… 170
メイチダイ………………… 5, 130
メガイアワビ………………… 203
メカジキ……………………… 157
メジナ……………………… 96, 145
メダイ………………… 37, 146, 147
メナダ………………………… 74
メバチ……………………… 165, 166
モクズガニ…………………… 197
モヨウハタ…………………… 92
モンダルマガレイ…………… 169

ヤ 行

ヤコウガイ………………… 18, 207
ヤマトカマス……………… 31, 159
ヤマトシジミ………………… 216
ヤマブキハタ……………… 25, 96
ヤリイカ……………………… 222
ヤリガレイ…………………… 169
ヤンバルシマアオダイ……… 118
ユウダチタカノハ…………… 139
ユカタハタ……………………… 95
ユメカサゴ………………… 36, 79
ヨコシマフエフキ…………… 133
ヨコスジフエダイ…………… 114
ヨシエビ……………………… 182
ヨシノゴチ…………………… 84
ヨスジフエダイ……………… 114
ヨツトゲシャコ………… 199, 200
ヨメガカサ…………………… 202
ヨメヒメジ…………………… 135
ヨロイイタチウオ
…………………… 24, 39, 69, 241

ラ 行

リシケタイラギ……………… 215
リュウキュウアユ……………… 67
リュウキュウヨロイアジ
……………………… 109, 110
ロウソクチビキ…………… 34, 113
ロウニンアジ………………… 108
ロクセンスズメダイ………… 140
ロクセンフエダイ……… 113, 114

ワ 行

ワカメ……………………… 51, 231
ワキヤハタ…………………… 87
ワニエソ……………………… 65
ワニゴチ……………………… 85
ワモンダコ…………………… 225
ワラスボ…………… 155, 229, 234

おわりに

　かなり前から地魚と家庭料理をあわせたような図鑑が作りたいと思っていました。本書を企画し, 出版が決まったのは2008年の春頃でした。当初は50種の魚と料理の紹介を1年間で書き終える予定でしたが, 種数は約10倍になり, 取材と執筆に約3年間もかかってしまいました。その間, いろんな場所で実にたくさんの魚を食べました。週に10種, 15品の料理を自分で作って食べたこともありました。この間は片時も本書のことを忘れたことはなく, 出張先や旅行先でも鮮魚店やスーパーの前を通りかかると中に入って魚をチェックせずにはいられませんでした。いくつかの"行きつけの"鮮魚店には毎日のように通いました。今ふり返ると, 本書で紹介した一つ一つの魚, すべての料理にそれぞれの思い出があります。

　本書を締めくくるにあたり, お願いがあります。消費者のみなさん, 鮮魚店やスーパーにならんでいる魚だけが魚という思い込みを捨て, 食に貪欲になってください。つまり, 普段よく行く店にならんでいる魚の中だけから選ぶのではなく, 本書でお気に入りの魚を見つけ,「この魚はないの？」「あのエビはおいていないの？」と店に問いかけていただきたいのです。大勢の人がそれを繰り返すとそれは"世論"として需要を生み, 水揚げから消費までの流通を動かす力となるかもしれません。

　本書の料理に関しては, プロの料理人の方々からいろんなコツをお聞きしていながら,"簡単にできる家庭料理"を優先したために本書に反映しきれていないこともあります。料理人の方々にはさらなるアドバイスをいただければ幸いです。

　本書の趣旨にご賛同いただき, 希少な魚を求めていっしょに奔走してくださった漁業者, 卸売業者, 鮮魚店の方々。料理を作っていただくとともに貴重なレシピをお教えいただいたプロの料理人や消費者の方々。取材に快く応じてくださった水産加工業者の方々。本書を作成するにあたり, 本当にたくさんの方々にお世話になりました。ここに順不同でお名前を記し, 深甚の謝意を表します。これらの方々のご協力なしに本書の完成はありませんでした。

　コチ属2種の識別方法についてご教示いただいた増田育司氏（鹿児島大学水産学部）, 貝・イカ・タコ類数種の同定をしていただいた土屋光太郎氏（東京海洋大学海洋科学部）, 魚介類数種の地方名をご教示いただいた小値賀町産業振興課（長崎県小値賀町）, 漁業や水産加工についてご教示いただいた濱嶋秀文, 川畑三郎, 故日髙功, 大瀬美幸, 森忠信, 岩屋武夫, 梅本悟, 森武満, 柳田初生の各氏（鹿児島湾小型底曳網漁業者協会）, 塩田耕大郎, 溝上利成, 純浦念, 川添雄作の各氏（甑島漁業協同組合里本所）, 大久保匡敏氏（鹿児島県いちき串木野市　大久保水産）, 共進漁業生産組合（鹿児島県日置市）, 柴田水産（鹿児島県出水市）, 田畑浩氏（奄美漁業協同組合龍郷支所）, 西村協, 鮫島重美, 小湊芳洋, 松野下毅の各氏（鹿児島県枕崎市　枕崎水

産加工業協同組合），濱尻博幸氏（鹿児島県南大隅町 エビス堂濱尻海産），宮田歳己氏（おおすみ岬漁業協同組合佐多支所），有水港氏（鹿児島市 有水屋），小柳勉，小柳ヤス子の両氏（佐賀県鹿島市在住）。取材や写真撮影時に補助をしていただいた大内裕貴，熊谷憲治，萩原つばさの各氏（当時鹿児島大学水産学部学生）。

　貴重な写真をご提供いただいた安樂和彦氏（鹿児島大学水産学部・とびうおロープ曳き浮敷網），岩松慎一郎氏（福岡県太宰府市在住・むつかけ，すぼかき，棚じぶ），岡田和樹氏（広島県三原市在住・野生のムツゴロウ），佐藤正典氏（鹿児島大学大学院理工学研究科・あなじゃこ釣り），讃岐斉氏（錦江湾高等学校・シロクラベラ），佐野雅昭氏（鹿児島大学水産学部・ガンガゼ），陶山典子氏（水産大学校・繁網），寺田竜太氏（鹿児島大学水産学部・海藻類），並松実氏（鹿児島大学水産学部・けた打瀬網漁船），水産総合研究センター西海区水産研究所（水中のリシケタイラギ）。

　料理あるいはレシピをご提供いただいた，上野敏幸氏（北さつま漁業協同組合本所），日笠山誠氏（甑島漁業協同組合里本所），筑尚博氏（鹿児島県奄美市 飲喰屋K's），塩田京子氏（鹿児島県薩摩川内市 民宿小橋），高橋慎氏（鹿児島市 天よし），友添勝氏（福岡県柳川市 お食事処千十），原田裕介氏（鹿児島県薩摩川内市 時春），原永光則氏（鹿児島市 まんまるや騎射場），福重浩氏（宮崎市 板前料理福重），故濱島ミツ子，岩屋涼子，大瀬里美の各氏（鹿児島県垂水市在住），泉谷千代子，中島敏子，永吉和子，野中康子，比喜多紀子の各氏（佐賀県鹿島市在住），竹之内幸恵，橋本慶子の両氏（鹿児島市在住），萩原さゑ子氏（長崎県平戸市在住），南秀子氏（鹿児島県奄美市在住），ムルシダ・カトゥン，モスト・アフィア・スルタナの各氏（バングラデシュ在住），大富あき子氏（鹿児島純心女子短期大学），上西由翁，児玉正二，迫政幸，村下徳盛，山岡浩の各氏（鹿児島大学水産学部），バーナード・フランダ氏（鹿児島大学大学院連合農学研究科学生），白石宏己氏（鹿児島大学大学院水産学専攻学生），畠貴代志氏（鹿児島大学水産学部学生），峰松うなぎ屋（佐賀県鹿島市），ホテルニュー松美（大分県別府市），道の駅鹿島千菜市（佐賀県鹿島市），和処めっけもんドルフィンポート店（鹿児島市）。

　魚介類調達の便宜あるいはご提供いただいた石塚里司氏（熊本県水俣市 新水俣魚市場），且博文氏（名瀬漁業協同組合），川村軍蔵氏（元鹿児島大学水産学部），坂元広志氏（指宿市漁業協同組合岩本支所），末永丈右氏（長崎県壱岐市 末永水産加工），須田有輔氏（水産大学校），田中積氏（鹿児島市 田中水産），田辺俊哉氏（鹿児島市 マルヤ水産），名越文昭氏（鹿児島市川越水産），久永利一氏（鹿児島県奄美市在住），古川善良氏（佐賀県鹿島市 古川鮮魚店），三浦知之，吉田照豊の各氏（宮崎大学農学部），渡辺友義氏（鹿児島市 渡辺水産），山本智子氏（鹿児島大学水産学部），鮎川智氏（鹿児島大学水産学部学生），指宿市漁業協同組合岩本支所（鹿児

島県指宿市),江口漁業協同組合(鹿児島県日置市),江口蓬莱舘(鹿児島県日置市),江崎鮮魚店(福岡県柳川市),おいどん市場与次郎館(鹿児島市),九州中央魚市(鹿児島市),鹿児島県漁業協同組合連合会(鹿児島市),加世田市漁業協同組合(鹿児島県南さつま市),北さつま漁業協同組合本所(鹿児島県阿久根市),タイヨー西陵店(鹿児島市),司水産(鹿児島市),そして何度もおうかがいし,お世話になった前川水産(鹿児島県奄美市)。

　"魚大好き人間"の南方新社の向原祥隆社長には,企画の段階からいろいろと相談にのっていただきました。お互いに忙しい中での打ち合わせにもかかわらず,「あれはうまい,これもうまい。」と打ち合わせ時間の半分を地魚料理談議に費やしてしまうこともありました。おかげさまで,とても楽しい雰囲気の中で本書の執筆を進めることができました。最後に,本書作成中は来る日も来る日も魚,魚,魚で,家族には大変迷惑をかけてしまいました。お詫びのしるしに,今度おいしい魚料理でも食べに行こうかと思っております。

2011年6月

大富　潤

著者プロフィール

大富　潤（おおとみ　じゅん）

1963年兵庫県生まれ。東京大学大学院農学系研究科水産学専攻博士課程修了。鹿児島大学水産学部教授。農学博士。専門は水産資源生物学。

主な所属学会：日本水産学会，日本甲殻類学会，水産海洋学会，日本水産増殖学会，日本食生活学会，The Crustacean Society（USA）。

主な著書：『かごしま海の研究室だより』（南日本新聞社），『エビ・カニ類資源の多様性』（共編著，恒星社厚生閣），『水産動物の成長解析』（共著，恒星社厚生閣），『東京湾　人と自然のかかわりの再生』（共著，恒星社厚生閣）など。

九州発　食べる地魚図鑑
Edible Fishes and Shellfishes of Kyushu, Southern Japan

発行日　2011年8月31日　第1刷発行
　　　　2013年9月20日　第2刷発行

著者　　大富　潤　　Jun Ohtomi
ブックデザイン　オーガニックデザイン
発行者　向原祥隆　　Yoshitaka Mukohara
発行所　株式会社　南方新社
　　　　Nanpou Shinsya, Kagoshima
　　　　〒892-0873　鹿児島市下田町292-1
　　　　電話　099-248-5455
　　　　振替　02070-3-27929
　　　　URL http://www.nanpou.com/
　　　　e-mail info@nanpou.com

印刷・製本　モリモト印刷株式会社
乱丁・落丁はお取り替えします
ⓒ Jun Ohtomi 2011
Printed in Japan
ISBN978-4-86124-225-0 C2077